川の技術のフロント

辻本哲郎 監修　　財団法人 河川環境管理財団 編

RIVER

技報堂出版

●はじめに

　平成17年5月13日「第1回川の技術のフロントに関する研究会」が開催されました．そのときの議論をまず紹介しましょう．

　「河川工学に関わる技術は，社会基盤整備の進展と相まって飛躍的に向上してきた．そしてこれらは技術基準や各種マニュアル類にまとめられてはいる．しかしながら，平成9年の河川法の改定に伴う河川環境の内部目的化や河川整備計画策定時での住民との協働に見られるように，河川を取り巻く環境は激変しており，河川ごとの状況や地域のニーズに応じた新たな技術開発が求められている．また，一方で若い世代の土木離れの中で，意欲ある河川技術への新規参入者が減少傾向にある．

　このような状況に鑑み，現在河川技術の最前線で何が行われ，また行われようとしているのかを若い世代に伝え，彼らに川をよりよく知ってもらい，川に関する研究や仕事に魅力を感じてもらうすべを生み出したい．」

　そこで，新進の研究者，技術者にもメンバーになっていただいて研究会を構成し，以来，5回の研究会を重ねてきました．そこでは「川の技術のフロント」として紹介すべき事項や，その内容を出版する編集方針について議論されました．最終的に総勢52名の方に原稿の執筆をお願いし，いただいた原稿を，本研究会の議論を通して編集して仕上げたものが本書です．

　本書は，若い世代を河川に惹きつけたいという目的で編まれましたが，広く川に興味のある方々や，河川にかかわる仕事をしている方々にも読んでいただければ幸いです．川に対する新しい発見や，河川技術がこんなにも広がりのあるものかという驚きがあると信じています．

　なおこの研究会活動および出版は，河川整備基金による事業として実施されたものです．活動を支援いただいた河川整備基金，原稿を執筆していただいた方々，また(財)河川環境財団の事務局の方々に深く感謝します．

平成19年6月

土木学会水理委員会委員長
辻本　哲郎

●編集委員名簿

委員長	辻本	哲郎	名古屋大学大学院工学研究科社会基盤工学専攻 教授
委　員	山本	晃一	(財)河川環境管理財団河川環境総合研究所 所長
委　員	滝沢	智	東京大学大学院工学系研究科都市工学専攻 教授
委　員	立川	康人	京都大学大学院工学研究科都市環境工学専攻 准教授
編集事務局	阿部	徹	(財)河川環境管理財団河川環境総合研究所研究第二部 部長

●執筆者名簿

阿部	徹	(財)河川環境管理財団河川環境総合研究所研究第二部
天野	邦彦	(独)土木研究所水環境研究グループ河川生態チーム
和泉	恵之	沖縄県企画部
宇民	正	元 和歌山大学システム工学部環境システム学科
海野	修司	愛知県建設部河川課
大串	浩一郎	佐賀大学理工学部都市工学科
大西	亘	(財)国土技術研究センター調査第一部
大本	家正	(株)建設環境研究所技術本部河川部門
小川	鶴蔵	(財)河川情報センター
沖	理子	(独)宇宙航空研究開発機構地球観測研究センター
小栗	ひとみ	国土交通省国土技術政策総合研究所環境研究部緑化生態研究室
小野	諭	中央開発(株)関西支社地盤環境部
柏井	条介	(独)土木研究所水工研究グループ河川・ダム水理チーム
鼎	信次郎	人間文化研究機構総合地球環境学研究所研究部
萱場	祐一	(独)土木研究所水環境研究グループ自然共生研究センター
川崎	将生	国土交通省国土技術政策総合研究所河川研究部ダム研究室
木内	豪	福島大学共生システム理工学類環境システムマネジメント専攻
黒田	勇一	国土交通省北陸地方整備局富山河川国道事務所調査第一課
児島	利治	岐阜大学流域圏科学研究センター流域情報研究部門
後藤	仁志	京都大学大学院工学研究科都市環境工学専攻
小林	英之	国土交通省国土技術政策総合研究所高度情報化センター住宅情報システム
清水	康行	北海道大学大学院工学研究科北方圏環境政策工学専攻
新清	晃	応用地質(株)東京本社技術センター
末次	忠司	国土交通省国土技術政策総合研究所河川研究部河川研究室
鈴木	徹	(財)日本測量調査技術協会
角	哲也	京都大学大学院経営管理教育部経営管理専攻
瀬崎	智之	国土交通省国土地理院企画部企画調整課
滝沢	智	東京大学大学院工学系研究科都市工学専攻
田代	喬	(独)土木研究所水環境研究グループ自然共生研究センター

(所属は 2007 年 5 月現在)

委　員	横山　勝英	首都大学東京都市環境学部都市基盤環境コース 准教授
委　員	藤田　光一	国土交通省国土技術政策総合研究所環境研究部河川環境研究室 室長
委　員	天野　邦彦	(独)土木研究所水環境研究グループ河川生態チーム 上席研究員
編集事務局	柳沼　昌浩	(財)河川環境管理財団河川環境総合研究所研究第三部 主任研究員

(五十音順，所属は 2007 年 5 月現在)

立川	康人	京都大学大学院工学研究科都市環境工学専攻
田中	宏明	京都大学大学院工学研究科流域圏総合環境質研究センター
谷田	一三	大阪府立大学理学系研究科生物科学専攻
辻本	哲郎	名古屋大学大学院工学研究科社会基盤工学専攻
傳田	正利	(独)土木研究所水環境研究グループ河川生態チーム
戸田	圭一	京都大学防災研究所流域災害研究センター
戸田	任重	信州大学理学部物質循環学科
長岡	裕	武蔵工業大学工学部都市工学科
中川	一	京都大学防災研究所流域災害研究センター
中北	英一	京都大学防災研究所気象・水象災害研究部門
中西	博次	応用地質(株)滋賀支店
中西	史尚	(財)河川環境管理財団河川環境総合研究所研究第五部
中村	徹立	国土交通省国土技術政策総合研究所危機管理技術研究センター水害研究室
西田	修三	大阪大学大学院工学研究科地球総合工学専攻
服部	敦	国土交通省国土技術政策総合研究所河川研究部ダム研究室
深見	和彦	(独)土木研究所水工研究グループ水利・水文チーム
深見	親雄	(財)河川情報センター河川情報研究所研究第一部
房前	和明	国土交通省九州地方整備局筑後川河川事務所管理課
藤田	一郎	神戸大学工学部市民工学科
藤田	光一	国土交通省国土技術政策総合研究所環境研究部河川環境研究室
藤田	信夫	元(財)ダム水源地環境整備センターダム水源地環境技術研究所
松本	健作	群馬大学工学部建設工学科
武藤	裕則	京都大学防災研究所流域災害研究センター
村岡	敬子	(独)土木研究所水環境研究グループ河川生態チーム
山本	晃一	(財)河川環境管理財団河川環境総合研究所
横尾	泰広	国際航業(株)東日本事業本部デジタルセンシングセンター
横山	勝英	首都大学東京都市環境学部都市基盤環境コース
吉冨	友恭	東京学芸大学環境教育実践施設
渡邊	康玄	(独)北海道開発土木研究所寒地水圏研究グループ寒地河川チーム

もくじ

Chapter 1　川と技術 …… 1

1.1　川の技術とその変化要因 …… 2
1.2　今日の川の課題 …… 4
◇河川形態の規定要因 …… 8

Chapter 2　測る・知る …… 11

2.1　豪雨を捉える
- ドップラーレーダと偏波レーダ …… 12
- レーダ雨量計全国合成システム …… 14
- 全球降水観測計画（GPM） …… 16

2.2　地形・地中を測る
- 高分解能衛星データ …… 18
- GPSによる測量 …… 20
- 航空レーザ測量 …… 22
- 地上からのレーザプロファイラ …… 24
- マルチビーム測量（水中測量） …… 26
- 地下探査 …… 28

2.3　流れを測る
- ADCPによる三次元流速の観測 …… 30
- ATENASによる流量観測 …… 32
- 飛行機による洪水時の流速観測 …… 34
- PIVによる流速観測 …… 36

2.4　土砂移動を測る
- ダムや平野を「枡」に見立て，山から河川に供給される土砂を量る …… 38
- 洗掘センサ …… 40
- 河岸侵食を測る …… 42
- 年代測定技術を用いた堆積環境調査 …… 44
- 流砂量観測 …… 46
- 土砂移動量を知る …… 48
- マイクロチップによる河床砂利の移動観測 …… 50
◇土砂はどのように動くのか？ …… 52

2.5　水質を測る
- バイオアッセイ …… 54
- 内分泌攪乱物質と河川生態 …… 56
- リモセンによる水質測定 …… 58
- 自動連続観測 …… 60

●安定同位体比を用いて水質の由来を知る ････････････････････････ 62
　　　◇新しい水質指標 ･･ 64
　2.6　生態系を知る
　　　●テレメトリを用いた生物の位置，行動の同時追跡技術 ････････････ 66
　　　●安定同位体比分析を用いた食物網の構造把握 ･･････････････････ 68
　　　●遺伝子を計る ･･ 70
　　　●実験河川により生態系を知る ････････････････････････････････ 72

Chapter 3　予測する ･･････････････････････････････････････75

　3.1　降雨を予測する
　　　●衛星を用いた降雨予測(GFAS) ･･････････････････････････････ 76
　　　●地球環境変化による世界の降雨予測 ･････････････････････････ 78
　　　●地球環境変化による流域の降雨予測 ･････････････････････････ 80
　　　●短時間降雨予測手法 ･･･････････････････････････････････････ 82
　3.2　水量変化を予測する
　　　●分布型モデルによる洪水予測 ････････････････････････････････ 84
　　　●水循環解析による1年間の水量予測 ･････････････････････････ 86
　3.3　流れの変化を予測する
　　　●洪水時の河川水位・流速解析 ････････････････････････････････ 88
　　　●破堤氾濫シミュレーション ････････････････････････････････････ 90
　　　●内・外水複合氾濫シミュレーション ･･････････････････････････････ 92
　　　●粒子法による流れの解析 ････････････････････････････････････ 94
　　　●地下街を含む流れの解析 ････････････････････････････････････ 96
　3.4　土砂動態を予測する
　　　●流域全体の土砂動態予測 ････････････････････････････････････ 98
　　　●ダム貯水池の堆積土砂の予測 ･･････････････････････････････ 100
　3.5　地形変化を予測する
　　　●河床変動シミュレーション ･･･････････････････････････････････ 102
　　　◇千代田実験水路での地形変化観察 ･････････････････････････ 104
　　　◇現地実験(常願寺川) ･････････････････････････････････････ 106
　3.6　水質変化を予測する
　　　●ダム貯水池における水環境解析 ････････････････････････････ 108
　　　●汽水域における水環境解析 ････････････････････････････････ 110
　3.7　環境変化を予測する
　　　●生態系評価モデルによる評価(IFIM，HEP) ･･････････････････ 112
　　　●河原での植物と洪水のせめぎ合いを計算する ･････････････････ 114

Chapter 4　改善する　……117

4.1　洪水流出を制御する
- 降雨予測と連動したダム操作　……118
- 都市における洪水の制御　……120

4.2　土砂の流れを改善する
- ダムにおける排砂技術　……122

4.3　水質を改善する
- オゾンを用いた浄化　……124
- 逆浸透膜を用いた浄化　……126
- ダム貯水池における水質改善　……128
- ◇礫間浄化と植生浄化　……130

4.4　生態系を改善する
- 河道改変による自然再生　……132
- フラッシュ放流による人工攪乱試験　……134
- 堰による水位調節　……136
- ◇河口での干潟再生　……138
- ◇霞ヶ浦湖岸植生の復元　……140
- ◇堤防の植生管理　……142

Chapter 5　説明する　……145

5.1　河川情報データベース　……146
5.2　景観シミュレータ　……148
5.3　水中映像を組み合わせた展示空間におけるハビタットの創出　……150
5.4　インターネットによる情報配信　……152
- ◇ワークショップによる説明　……154

参考資料

- 資料－1　川の管理区分について　……158
- 資料－2　関連行政組織　……160
- 資料－3　日本の水制技術の変遷〜何が技術を動かすか〜　……162

◇印はコラム
本文中の⇒以下は，関連する事項が記載されている項目のタイトルを示す．

Chap.1 川と技術

山本　晃一

　河川技術の対象である河川は，物材と同じようにそれに働きかけて価値を高めることができるが，人間が意のままに生み出すことができないものであり，また多くの人の利害と関わるものであったこともあり，古くから社会的な材（公物）としてみなされてきた．

　河川のあり様・姿は，自然的環境に加え，社会・文化的環境（特に経済・生産様式）と密接な関係があり，河川技術は両者の関係の現われと言えるものである．この意味で河川技術のフロントを記述するには，文化・社会経済との相互関連性に関する考察が必要であるが，本書では河川技術の科学技術的側面のみ取り上げている．すなわち，河川技術開発の前線で行われている研究・技術開発の概要を紹介したものである．

　本章では，技術の前線で行われている事例の概要を述べる前に，イントロとして1.1に川の技術の特殊性とその発達変化要因について，1.2に今日の川に求められている国民的課題は何かを記述し，1.3に河川技術が適用される場所である河川の地形（形態）を支配する基本要素を示した．

伝統工法・聖石（江戸時代の水利）

黒部川巨大水制　右岸6.6km付近（1950年代の河床侵食防止技術）

Chapter 1 川と技術

1.1 川の技術とその変化要因

山本 晃一

　川は身近な存在であり，見慣れているものであるが，「あなたの生活と川はどのようにつながっていますか」ときかれたとき何と答えますか？

　若い人ほど，川と直接接することが少なく，うまく答えられないようである．年齢を重ねた人ほど，水害にあったり，水不足で農作物に被害が出たり，飲み水に困ったり，河川で遊んだりと，河川に関わる経験が豊富で，河川に対する思いも強く，川とのつながりについて2つや3つはすらすら答えられる．

　若い人ほど川とのつながり意識が少ないのは，生きてきた長さの短さによる経験不足が主因でしょうが，戦後，水害を防ぐため，また水不足解消のため多大の公共投資がなされ，水害や水不足に出会う機会が減少し，また社会経済環境の変化により生活様式が変わり，川と関わりあう遊びの機会が減ったことが大きいと思う．

　川に対する日本人の努力は，もっぱら治水（水害を防ぐ），利水（灌漑用水などの水の確保）に集中してきたが，今では，過去の反省を含めて身近な自然としての河川生態系を保全・再生すること，美しい潤いのある河川空間を創生しようということに，エネルギーを注ぐようになってきた．川が持つ社会的位置，人々が期待する川の機能が変わりつつある．この変化の主要因はわが国の政治経済の発展にあるが，川の技術を支える研究技術開発がこの変化を支えた．川に対する社会的位置づけが変わりつつある現在，新たな河川技術開発が求められている．

　ところで川の技術は，種々の土木技術の中でもかなり特殊性の強いものである．それは変化が激しく，その特性が十分に明らかにされていない河川という自然公物のなかで，また人々が長年にわたって河川に働きかけた歴史的蓄積物のうえに技術が発現しなければならないという性格によるものである．川の技術は各時代の社会の生産力，技術力，河川統制組織のもとで，河川に求める各種機能の増大を図る試みを積み重ね発展してきたもので経験的色彩の強いものであった．明治時代以降，科学的合理性のある論理的な技術体系となるように技術者の努力がなされ，現在では，ほぼ合理的な技術体系となったが，自然の変動性には限りがなくその仕組みが十分に解明されていないこと，また自然の変動に対して人間がどこまで対処するのかという社会的合意点が変化することにより，河川技術開発に対する需要には終わりがないようである．

　河川技術は，技術の対象とする空間スケールが大きいため，近世，近代を通じて一種の統制技術として社会的枠組みに強く規制されながら発展してきた．明治以降の技術の実質的な担い手は，内務省，建設省，都道府県の官庁技術者であったといえるが，これが大きく変わりつつある．大学等の学術研究者，民間コンサルタントの技術者，NPO活動家などの役割が大きくなってきている．また河川管理の目的・あり方が変わり，河川の計画にあたっての合意形成，技術の適用にあたっての社会的合意がより必要となり，論理的説明が求められるようになった．これは技術の変革を促す要因である．

　ここで河川技術の変革を促す要因について，以下の5つをあげておく．

① **技術適用の目的**

　人間がある目的意図を持って河川に働きかけるのは，働きかけによって好ましいと考えている効用を引き出すためである．したがって，河川に期待する目的と水準が変われば，河川技術の内容とその質が変わっていく．

② **河川に関する知見・理論**

　働きかけの対象である河川の流水・土砂・生態に

関する知見とその法則性に関する認識（理論）が，実践を通じて拡大し，あるいは他の領域での認識の増大，理論の革新がなされ，それが共通認識として認知されれば，それを土台として新しい河川技術が生まれる．

③ 河川に関する情報の蓄積と調査技術

河川に働きかけるには，まず対象河川・流域の実態を把握し，その特徴・性質を抽出しなければならない．河川に関する情報が少なければ，また確度の低い情報しかなければ，それに応じた技術としかなりえない．近代における連綿と続いた地形，水文，土質，地質，水質，生態などの自然情報と河川地域の人文地理情報の蓄積は，対象の特性と性質に関する認識レベルの転換となり，河川技術の質的転換の要因となる．

また調査技術の高度化は，従前では知りえなかった河川の特徴とその変動メカニズムを明らかにし，河川技術の革新要因になる．

④ 河川を取り巻く周辺技術

河川と直接関わらず発明開発された技術が，河川技術に応用されることにより河川技術が革新する．土木材料，情報通信技術などはその典型といえる．

⑤ 河川管理体制

計画に従ってどのような組織体制で工事を実施するのか，どのような組織で河川を維持管理していくのか，その組織がどれだけの範囲の空間を管理しうるのか，またこのための費用を誰がどのように分担し負担していくのかは，河川技術の内容と質を規定する．

以上，河川の技術の質および変化を促す要因を示した．このうち①，⑤は技術を規定する外的要因であり，②，③，④は内的要因といえる．河川技術は，社会経済という大きな枠組みの変化の中で，上述した外的要因と内的要因が相互に干渉し影響を及ぼしあいながら変化してきたものである．

河川技術として新しい課題が明示され，上述の5要因に変動の兆しが見える現在，河川に関わる仕事に携わろうとしている若者には，社会的に意義のある，変化に富む，挑むに値する対象が待っている．

参考文献

1) 山本晃一：河道計画の技術史，山海堂，1999．

⇒参考資料3の『日本の水制技術の変遷』

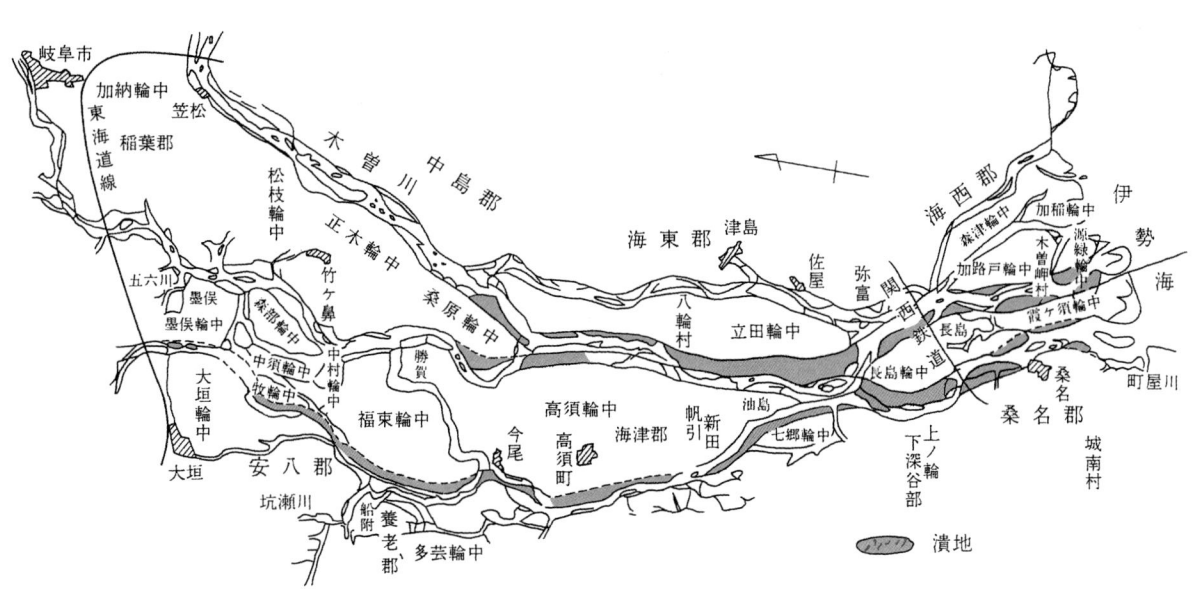

図1.1　明治初期の木曽川下流改修計画図

1.2 今日の川の課題

山本　晃一

　日本国民の河川に対する期待は，戦後60年という短い期間においても大きく変化している．終戦直後は水害の多発，食糧増産のため水害対策が最重点課題となり，国民経済の復興再建にあたっては電力および水資源開発が進められ利水が大きな課題となった．河川の技術はこの治水と利水の目的に対応をして研究課題と技術開発が進められ，1970年代には河川の技術をして法令，指針，技術基準として体系化が図られた．

　この時代，産業構造の変化に伴う人口の都市への集中，工業化に伴う問題，すなわち公害と都市の交通渋滞が大きな問題となった．河川については水質汚染と都市水害対策が課題となった．これに対しては，1970年代に公害対策基本法を含め種々の法律が策定され水質の改善がなされた．建設省の都市行政として下水道に大きな投資がなされ，また都市水害に対しては総合治水対策がとられ重点投資された．

　1973年，第一次石油危機が起り経済成長が止まった．前へ前への社会風潮から一度立ち止まって，公害に対する告発から自身の生活の質についても考えてみようという雰囲気に変わってきた．この頃から河川環境という言葉が広がりだした．

　1981年には，河川空間の管理計画と河川水量水質の管理計画という2つの柱からなる河川環境管理計画という新しい計画概念が生まれ，策定が目指された．空間管理計画とは，河川空間，特に高水敷の高度利用，すなわちレクリエーション空間整備などのウエイトの高いものであった．1980年代後半になると落ち着いた美しい空間を河川の中にどう造るかが課題となり，ふるさとの川モデル事業など地域の歴史・風土・文化を保全・創造し，また地域市民がそれらに参画するような実施体制の試みがなされた．

　平成の初め，バブル経済の破綻が目に見える時期，欧米を発信地とする地球環境問題が話題となり，また生態系という概念が導入され，自然に対する見方が変わり自然と共生という言葉が広がり認知された．1994年には河川が本来有している生物の良好な生育環境に配慮し，合わせて美しい自然景観を保全あるいは創生する多自然型川づくり事業が始まる．1997年には河川法が改正され，河川管理の目的に，治水，利水に加え河川環境の整備・保全が加えられた．

　2003年には，国土交通省の新しい時代の治水政策の基本的な方向性に対する社会資本整備審議会に対する諮問に対して審議会河川分化会が答申した．答申に付された参考資料には，今日の河川が抱えている課題と求められている技術や知見が明示されている．以下にこの概要を掲げる．

　これらの技術課題に答えるには，河川の自然の姿とその変動特性を知り，かつ河川流域の自然的・社会的・経済的・文化的状況とその歴史的変化を把握し，従来の目的別に築きあげられた河川技術体系を，統合化，総合化し新たな技術体系を作り出し，安全で美しい，潤いのある河川流域の形成に資することが求められている．今がそのときであり，挑むに値する課題が多々残されている．

■社会資本整備審査会河川分科会 答申概要

新しい時代における安全で美しい国土づくりのための治水政策のあり方

I. はじめに
(1) 従来の治水政策の効果と課題

＜水害・土砂災害＞	＜水利用＞	＜河川環境＞
●氾濫区域に集中する人口，資産 ●台風，集中豪雨の多い気象条件 ↓ ●効果的な洪水処理による実施 ●重点的な施策の展開 ・総合治水対策 ・激特事業，床上対策事業 ↓ ○死者行方不明者数，被害面積の減少 ○中小規模の洪水への対処 ×一般被害の増大	●水資源に恵まれない国土条件 ●高度成長に伴う水需要の増大 ↓ ●水資源開発施設の整備 ・多目的ダムの整備 ・流況調整河川の整備 ↓ ○水資源の一定確保 ○地盤沈下の抑制 ×少雨化傾向と利水安全度の低下	●四季を通じた豊かな自然環境 ●自然の恵みを通じた地域社会と河川との関係 ↓ ●環境に対する国民ニーズへの対応 ・河川敷空間の整備 ・河川環境管理基本計画の策定 ・多自然型川づくり，水資源浄化対策等の実施 ↓ ○水辺空間の整備 ○水質改善の一定効果 ×河川と地域社会との関わり希薄化

(2) 新たな時代の要請と治水政策上の課題

＜自然条件＞	＜社会条件＞	＜国民意識＞
・地球規模の気候変動 ・都市のヒートアイランド現象 ・極端な気象現象や台風の大型化	・少子高齢社会の到来 ・都市への人口，資産の集中 ・地下空間利用の増加 ・情報化社会	・自然環境への関心の増加 ・市民活動の活発化 ・防災情報への意識向上 ・行政手続きの透明性，客観性の向上

Ⅱ. 新しい時代における安全で美しい国土づくりための治水政策のあり方についての基本的考え方

※国土とは単に大地のみをさすのではなく，そこで人間や他の動植物が生きる有機的な空間であり，その営みまで含んだ複合体

＜安全な国土＞
- 災害に対する安全・安心
- 生活環境における安全・安心

＜美しい国土＞
- 多様で美しいわが国の自然環境
- 自然との共生を通じた個性ある文化，風土等
- 地域社会の意見形成

＜治水政策立案の視点＞
- 河川の持つ多様な機能の発揮
- 流域の循環系からの視点
- 河川毎に異なる個性の活用
- 地域社会と河川との関わり

＜治水政策を進める視点＞
- 行政と国民との河川情報の共有化
- 河川整備計画策定を通じた合意形成
- 市民団体等との連携
- 総合行政の展開

新しい時代における安全で美しい国土づくりのための治水政策

＊洪水政策とは治水，利水，環境に関わるハード・ソフト一体となった総合的な施策

Ⅲ. 主要な施策展開

安全で安心できる国土づくり

(1) 流域・氾濫地域での対策を含む効果的な治水対策の実施
- 総合的な治水対策の枠組みの対策
- 都市計画，下水道，公園行政等との連携の強化
- 下水道ポンプとの運転調整
- 輪中堤，宅地嵩上げ等の対策の実施
- 豪雨時の森林からの流木への対応
- 流域の特性に応じた治水対策の選択

(2) 治水施設の信頼性の向上と治水事業のいっそうの効率化
- 治水施設の機能の維持・向上
- 事業箇所のいっそうの重点化
- 既存治水施設の有効利用
- コスト縮減

(3) 被害最小化のためのソフト対策
- わかりやすい防災情報，渇水情報の提供
- 浸水想定区域の公表
- ハザードマップ作成と周知の支援
- 水害リスク情報の開発
- 地下空間での浸水対策の推進
- 土砂災害危険箇所の増加抑制
- 防災関係機関，利水者との連携

(4) 安心できる生活環境
- 安全な水の確保
- 災害弱者への対応

(5) 危機管理施策の推進
- 高規格堤防整備，異常渇水対策，火山砂防対策

美しい国土づくり

（1） 河川等を活かした地域づくり等の支援
- 地域のアイデンティティ機能の発揮
- 歴史，文化，風土を活かした河川整備
- 河川を活かしたまちづくり
- 都市計画合成等の連携
- 水辺都市再生の推進
- 都市周辺のグリーンベルトの整備
- 景観に配慮した良好な水辺空間の整備
- 火山地域等の観光地の安全確保

（2） 自然再生への取り組み
- 河川の持つ良好な自然環境の保全・再生
- アダプティブマネージメント手法の採用
- 専門家，市民団体等との連携

（3） 水環境の改善を通じた川らしさの確保
- 維持流量の確保
- 河川のダイナミズムの復元
- 一層の水質改善への取り組み推進
- 流域の貯留浸透によるうるおいのある川
- 流域の土砂管理による河床等の保全

（4） 環境学習等への支援
- 環境学習の場としての水辺の提供
- ホームページ等による情報提供

（5） 適正な河川利用の支援
- 安全性確保のための市民団体等の連携
- 河川利用者間の調整の支援

今後の治水事業の展開に向けて

（1） 総合的な水行政の展開
- 流域を基本単位として総合的な水行政
- 水環境の健全化の視点
- 総合的な水管理のための枠組み

（2） 河川環境の整備と保全に関する目標の検討
- 河川や流域毎に異なる環境の目標
- 河川環境の構造的な把握
- 治水計画への反映

（3） 治水事業のさらなる効率性の向上を目指して
- 降雨予測による，より正確な施設運用
- 気象予測の研究・開発
- リスク管理に関する研究

（4） 地球規模の気候変動等への対応
- 洪水と渇水の多発化への対応
- 地域温暖化による影響
- 海面上昇に伴う治水計画への影響
- 大都市のヒートアイランド現象による影響

コラム

河川形態の規定要因

山本　晃一

　河川は流水と，それを流下させる器である河床と河岸からなる．河川を流下する水は，主として降雨によってもたらされ，その降雨の集水範囲を流域という．河川・流域の地形（景観）は，内的営力による地殻変動や，外的営力である降雨，地下水，風，熱などによる物理的・化学的風化作用による山地の解体，流水による侵食・運搬・堆積という自然の作用，および人間社会の労働・生活活動に伴う人為作用により，絶えず変化しつつあるものである．

　自然の状態では，山地部は侵食が堆積を卓越する侵食空間であり土砂の生産域である．山から河川が出ると，侵食より堆積が卓越し平野を形成する．この平野を流れる河川を特に沖積河川という．ここ1万年間において，河川・波・潮汐・風によって運ばれた堆積物の上を流れている河川である．河床材料また氾濫原材料は洪水によって運ばれたものであり，その材料の質（大きさ）は洪水時の外力を表している．河川流下方向および横断方向に堆積物材料の質に差異が生じるのは，山間地で生産された土砂が粒径集団からなり，それが流水により分級・堆積することによる．

　降雨は河川に流水をもたらし，同時に土砂，有機物，無機塩類などの物質を侵食，運搬，堆積させ，河川地形および河川周辺の生態系を形成する主因となる．この結果が，上流から下流に向かって河川地形や河川周辺の植物や動物相を変化させ特徴ある風景を生じさせる．山間部，扇状地部，自然堤防帯，デルタ帯とその風貌が大きく変化する．

　このような地形の風貌の特徴に対応したスケールをセグメントといい，瀬と淵のような蛇行（砂州）単位のスケールをリーチといっている．河川は種々のスケールの地形単位が組織化・構造化されたものであり，絶えず変化しているものである．

　河川地形の変化を直接的に支配するのは流水と土砂である．人間を除けば，河川を生活の場あるいはその一部とする動物は河床材料を移動させたり巣穴を掘ったりするが，その土砂再移動能力は大きなものではなく，通常，水深規模程度以上の河川地形変化現象の支配要因とはならない．生態学の観点から微小地形（10 cm程度以下）を検討対象空間スケールとする場合には，水生動物を地形形成の説明因子として取り入れなければならないが，通常，河川地形を制御するという技術的対象の考慮スケールではない．

　河川沿いの草本・樹木は，流水に対して粗度となり流速を軽減したり，時には樹木の周辺の流速を速くしたりして，土砂の堆積や再移動に影響を及ぼす．また草本類は表層土壌の侵食を防ぎ，樹木の根は河岸侵食の抑制効果を持つ．河川およびその近傍に生育する植物は，洪水という攪乱を受け，これに耐えられる植物が生き残り河川植生という独自の植性景観を形づくる．なお河川植生については説明因子として，平常時の水量と水質（河川生態系に関わる生物の作用に大きな影響を受けている）を重要な説明因子として加え，その他に二次的説明因子として気候や周辺地形や周辺植生などを付加する必要がある．

　気候帯がほぼ同じところを流れている河川間では，河川地形さらには河床材料，氾濫原土壌，表層土壌水分がセグメント毎に変わるので，河川生態系の一般的特性を河川水質とセグメントにより分類・記載が可能である．すなわち，セグメントは河川生態系の河川縦断方向空間区分として利用することができる．

　ところで，わが国の河川に全くの手付かずの自然河川はない．現存する河川は，人間が河川に働きかけた歴史的産物であり，人間の手垢のついた二次的自然である．特に明治以降，近代的土木技

術の導入と日本の産業構造の変化に伴い，河川に対する働きかけの規模が大きくなった．1930年代になると巨大な電力ダムの建設も行なわれた．高度経済成長が始まる1960年頃になると，多目的ダムが多数建設され，また治水安全度の向上のため砂利採取がなされた．河川に対する行政投資は国民総生産量に比例して急増していった．1970年代になると，河川水質の悪化を通して河川生態系の変化が世情に認知されだした．1980年代には地球環境問題などや生態系の保全などが問題とされ，現在では河川本来の河川形態の再生，すなわち河川生態系の保全・再生が行政施策として行われている．

河川形態とその変化は，時代が下るにつれて自然的規定要因から，人為的規定要因の影響がより強くなってきたのである．河川技術とは，人間が意識的に河川に働きかける行為の様式，方式であり，その適用は河川に大きな影響を与えてきたのである．

このような人為的作用は，流量，土砂量，水質，河道の形を変化させ，また河川生態系を変化させている．人為的作用が河川地形，河川生態系のどのような影響を与えているかを把握し，未来を見えるようにすることは緊急の課題なのである．

参考文献
1) 山本晃一：構造沖積河川学，山海堂，2004．

⇒ 2.4の『土砂移動量を知る』
　 2.4のコラム『土砂はどのように動くのか？』

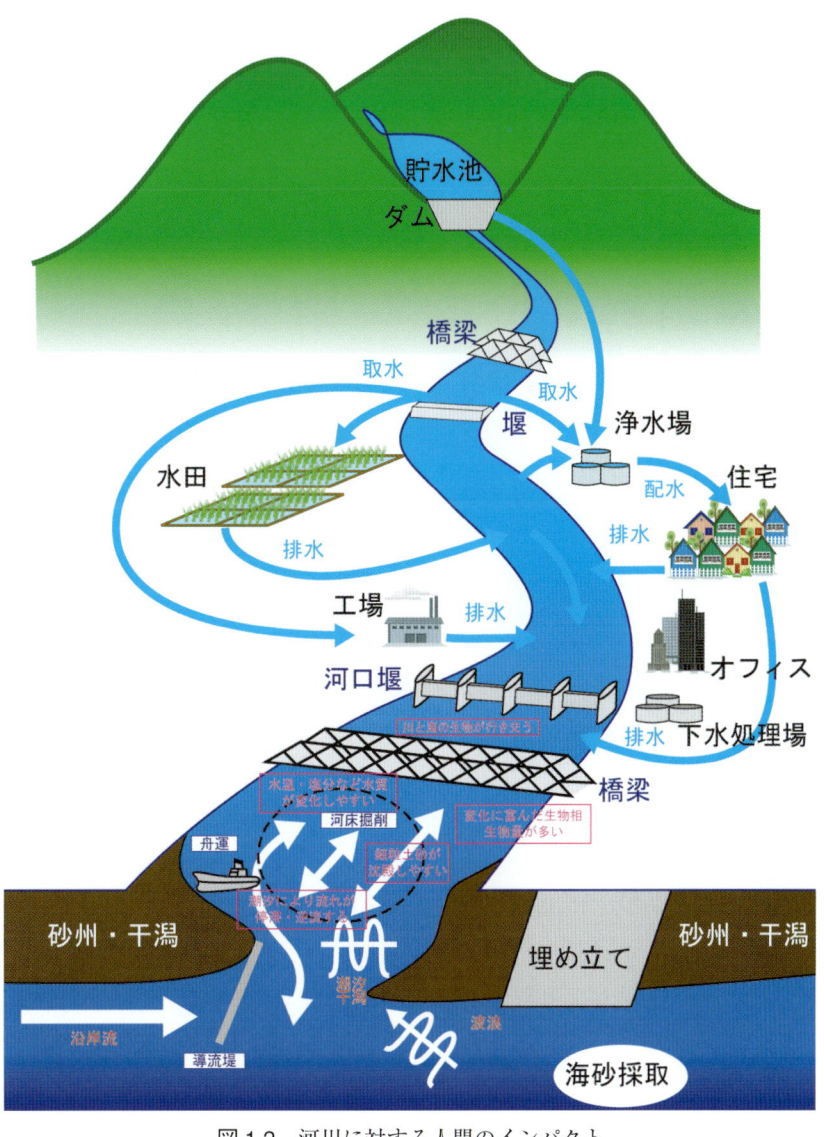

図1.2　河川に対する人間のインパクト

Chap.2 測る・知る

立川　康人

　自然を知ること，つまり自然現象を支配する法則を正しく理解することは，自然災害から我々の暮らしを守り，生活を豊かにすることに役立つ．また，自然現象のメカニズムを理解することは，それ自身，真理に近づくことの喜びとなる．

　自然現象を支配する法則を理解する（知る）ためには，自然の中で自然が動く様を捉える（測る）ことが基本となる．河川に関係する自然現象には，降水から始まって，河川を取り巻く流域空間での水や物質の流れがある．さらにそこに生息する様々な生物のふるまいがある．河川に関係する自然現象は実に多様で，それらの時間的・空間的スケールは様々である．自然の中で現象を捉えようとすると，実験室での計測にまして多くの工夫が必要となる．本章では，新しい技術やアイデアに基づく観測手法が示され，それらの適用例が紹介されている．

　河川を流れる水の源は降水であり，「豪雨を捉える」では局地的な豪雨や地球全体を対象とするグローバルな降水の観測手法が示される．地上に達した雨水は地形に従って流集し，流れは地表面や河道の形状を変化させる．

　そこで，「地形・地中を測る」では流域や河道の詳細な地形情報，地下の物性を測定する手法が紹介される．

　「流れを測る」と「土砂移動を測る」では，河道の中での2次元・3次元的な水の流れや水流に伴う土砂移動を捉えるために，新たな技術や工夫に富んだ観測方法が示される．豊かな生活空間を維持し創造するためには，水量とともに良好な水質や生態系が保たれねばならない．

　そこで，「水質を測る」では河川流域での新たな水質モニタリング手法や水質形成メカニズムの理解に役立つ観測方法が示される．

　また，「生態系を知る」では生物の生息環境と河川環境との関連を理解するための観測手法が示される．

　自然現象の正しい理解は，社会や経済活動を支える基盤整備や環境保全を適切に行うための財産となる．新たな観測技術によりいっそう自然現象を理解し，それを数式で表現することができれば，その現象の定量的予測が可能となる．予測は，我々がどのように行動すればよいかの指針となる．正確な予測を実現するためには，よく測り，よく知ることが大切である．

2.1 豪雨を捉える

ドップラーレーダと偏波レーダ

中北 英一

(1) ドップラーレーダ

通常の気象レーダは，レーダから送信された電波が雨粒(群)に当たって反射されてきた電波の強さ(レーダ反射因子 Z)をその位置とともに測定する．この強さ，位置のみを測定するレーダをコンベンショナルレーダという．

ドップラーレーダは，この機能に加えて，送信電波と受信電波の周波数(波長)の差を探知するレーダであり，研究用レーダでは当然の機能となっている．ドップラー効果により，電波が照射された雨粒(群)がレーダサイトから見て遠ざかっていれば送信電波に比べて受信電波の周波数は低くなる(波長は長くなる)．逆に近づいていれば受信電波の周波数は高くなる(波長は短くなる)．水平方向の雨粒の動きはかなりの精度で水平風速と一致しているので，電波の放射方向(レーダビーム方向)の水平風速成分を観測できる．

レーダは，電波を繰り返し発信しながら水平方向に回転するので，図2.1のように，各場所での雨滴群がビーム方向にいくらの速度で移動しているかの空間分布が得られる．この，ビーム方向の速度のことをドップラー速度という．図2.2には，レーダサイトから遠ざかる方向をプラスとして，このドップラー速度が表示されており，レーダ観測域内で平均的に見ると図の矢印の方向に風が吹いていることがこの図からわかる．図は，局所的に水平風速は位置の1次式で表されると仮定して算定(VVP法)される水平風速分布(VVP風速)である．

ドップラー速度やVVP風速は，降水系のメカニズムの解明，気象モデルによる降雨予測の初期値ばかりでなく，レーダ画像を用いた降雨予測における雨域の移動速度や上空で観測された雨や雪が地上に達するまでの移動距離を推定しての降雨強度推定精度の向上に用いられる．現在現業用ドップラーレーダとしては，国土交通省航空局の空港レーダ，河川局の深山レーダのみであり，気象庁では随時ドップラー化の予定である．

(2) 偏波レーダ

通常の気象レーダは，電界が水平面内にある電波(水平偏波)を送信して Z_H を受信するが，2偏

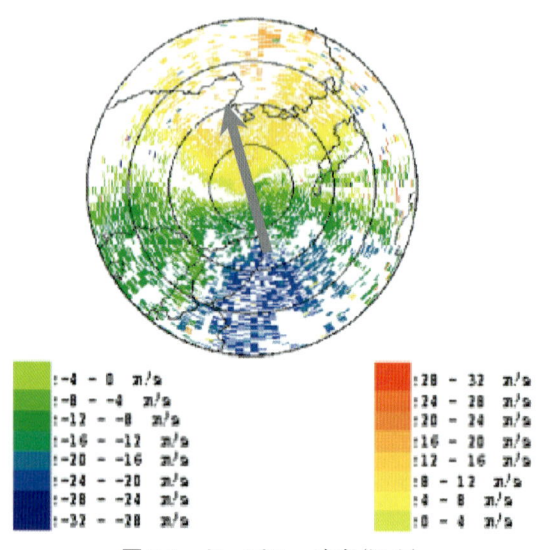

図2.1 ドップラー速度(深山)

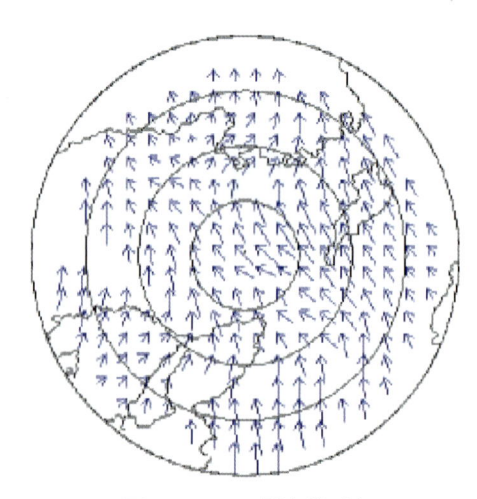

図2.2 VVP風速(深山)

波レーダでは水平，垂直偏波面によるレーダ反射因子 Z_H, Z_V, ならびにその反射因子差 Z_{DR}, 偏波間位相差 ϕ_{DP} とその伝搬方向の距離微分である伝搬位相差変化率 K_{DP} といったパラメータが観測され，2周波レーダとともにマルチパラメータレーダ（MPレーダ）と呼ばれる．電波を照射された降水粒子の形により，Z_{DR}, K_{DP} が異なるために降水粒子の種類（雨，雪，霰，雹等）が判別できる．また，大きい雨粒ほど扁平度が大きいために，雨滴の粒径分布の空間分布が実時間で推定可能である．送信スイッチの切り替えで一台の発信機を用いるものと，2台の発信機を用いるものとがあり，後者では斜め偏波，回転偏波も送信でき，直線偏波抑圧比 L_{DR}, 偏波間相関係数 ρ_{HV}, といったパラメータも観測され，降水粒子の識別への更なる情報となる．

約20年前から気象学や水文学の分野で，コンベンショナルレーダの次世代機とするべく偏波レーダの利用方法が開発されてきた．わが国でも，Xバンド（3 cm波）レーダを中心に20年前に研究が開始され，現在では国土交通省釈迦岳レーダで大型業務用Cバンド（5 cm波）レーダとして実用化されている．しかし，Z_H, Z_V, Z_{DR} のみの観測であり，開発黎明期の技術であったので，期待したほどの精度の向上が見られず，業務用大型レーダとしてはこれ以上広がっていない．その後海外では，アメリカ，ヨーロッパを中心にSバンド（10 cm波）レーダの改善・革新が進み，降雨量推定精度向上の見込みが立ち，2007年からの現業配備を予定している．

米欧の状況に比べ，わが国の現業用と見込まれるCバンドは現在世界で4機しかなくその取り組みが遅れており，国土交通省河川局のネットワークレーダの偏波化が望まれる．図2.3は（財）情報通信研究機構の実験用Cバンドレーダで観測された Z_H, Z_{DR}, K_{DP} の水平分布と，ある地点の10分降雨強度の雨量計観測値と Z_H, Z_{DR}, K_{DP} を用いた推定値を示している．K_{DP} を用いた場合の 20 mm/h 以上の推定値の精度が格段に高くなっていることがわかる．

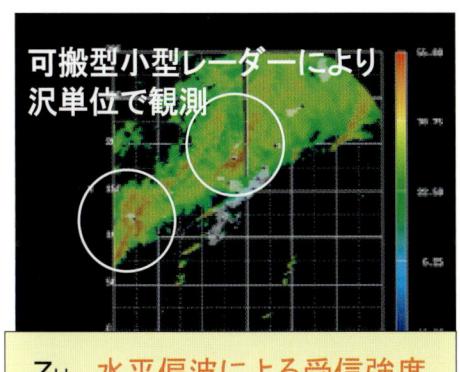

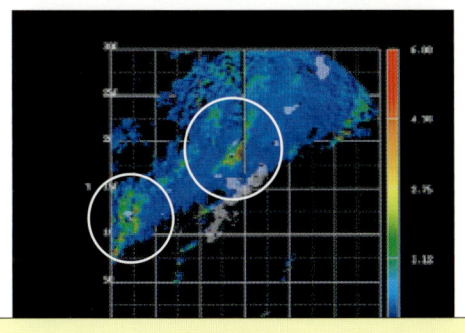

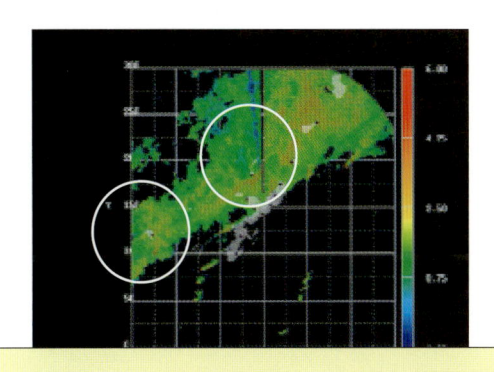

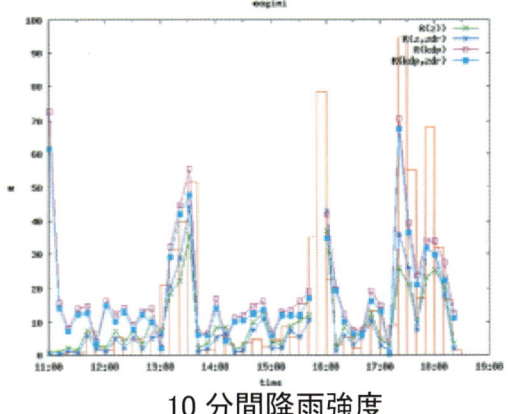

図2.3 偏波レーダによる観測事例（中北による解析事例）

Chapter 2

2.1 豪雨を捉える

レーダ雨量計全国合成システム

深見 親雄

(1) 技術の特徴

1976年，国土交通省(旧建設省)により，赤城山に日本で初めて雨量観測を目的としたレーダ雨量計が設置された．現在では26基のレーダ雨量計が全国に配置され，半径120 kmの定量観測範囲で全国をカバーし，精度の高い降雨観測を行っている．

2003年には新たに国土交通省のレーダ雨量計全国合成システムが構築され，全国26基のレーダ雨量計の連続的な合成手法と地上観測雨量を用いた精度の高い補正により，レーダ雨量計の全国合成処理が実施されている．この結果は一般向けの防災情報として提供されるほか，河川管理や道路管理の実務に有効に活用されている．

(2) レーダ雨量計による降雨観測

レーダ雨量計は，降雨を直接観測する地上雨量計とは異なり，雨量強度に応じて変化する雨滴粒子からの反射電波の受信電力を測定する機器である．これを雨量に変換するために，実際の降雨におけるレーダ反射因子 Z と地上雨量 R_g との関係式($Z \sim R$ 関係)を統計的に求めておくことによって雨量強度 R_r を算出する．

$Z \sim R$ 関係によって求めた雨量強度は統計的平均値であり，必ずしも時々刻々の雨量強度を定量的に示すものではない．レーダ雨量計全国合成システムでは，全国26基のレーダ雨量計を合成する過程で，遮蔽補正や地上雨量計による観測値を用いたオンライン補正を時々刻々行うことで，

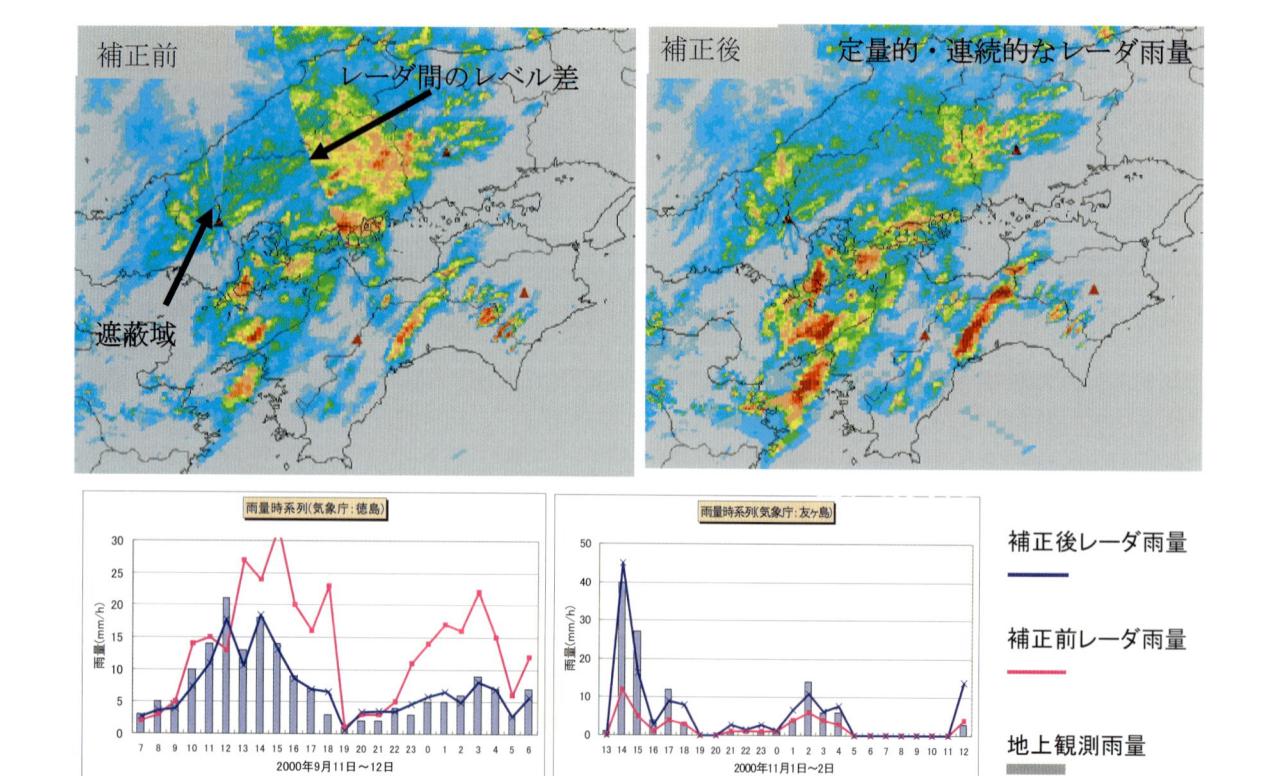

図2.4 合成レーダ雨量の補正結果

精度の高い雨量分布を求めることが可能となった．

(3) 全国合成レーダ雨量の活用事例

定量的な精度を有する全国合成レーダ雨量は，防災情報として提供されるほか，分布型流出解析モデルによる河川の洪水予測，災害履歴情報の検索システム，Xバンド小型レーダ雨量の補正システムなどに活用されている．

参考文献
1) 深見親雄ほか：全国合成レーダ雨量の精度検証，水文水資源学会研究発表会要旨集，pp.130〜131，2004.
2) 深見親雄ほか：レーダ雨量を用いた分布型洪水予測システム，河川情報シンポジウム講演集，pp.1〜6，2005.

⇒ 2.1 の『全球降水観測計画(GPM)』
　3.1 の『地球環境変化による世界の降雨予測』

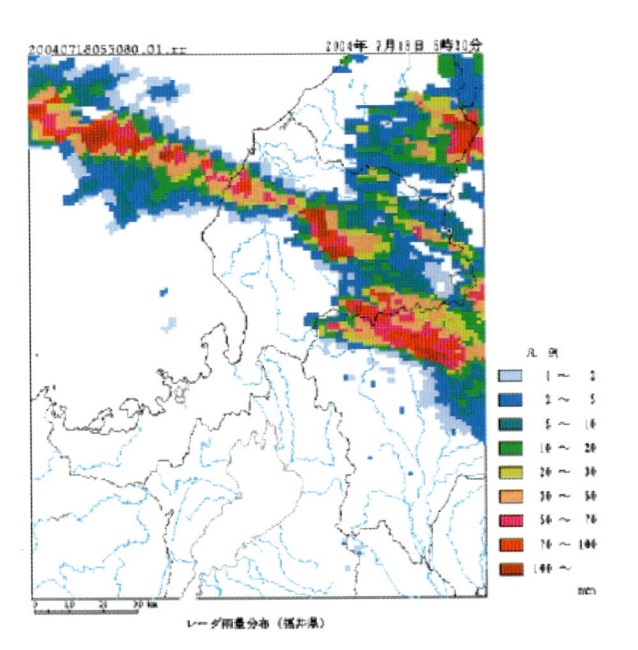

図2.5　レーダ雨量計が観測した福井豪雨の降雨分布

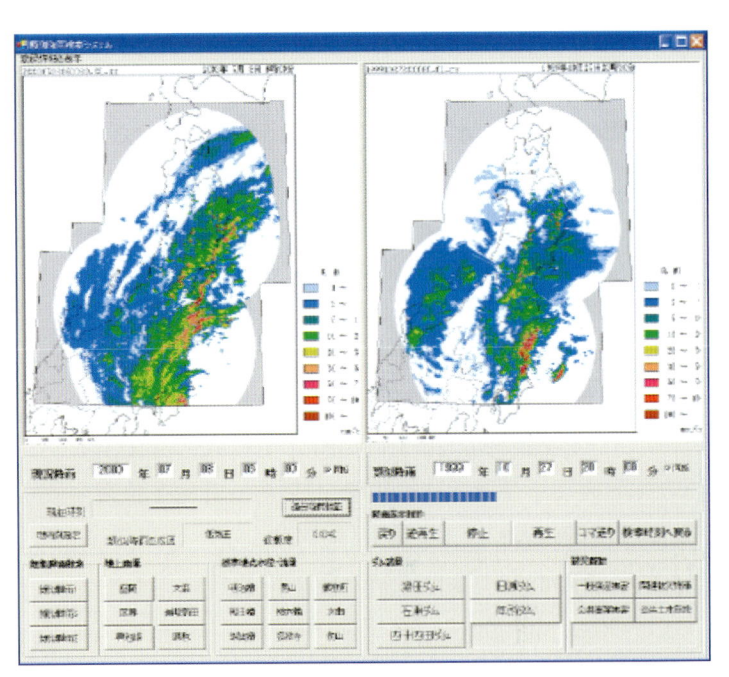

図2.6　レーダ雨量による災害履歴情報検索システム(類似降雨検索画面)

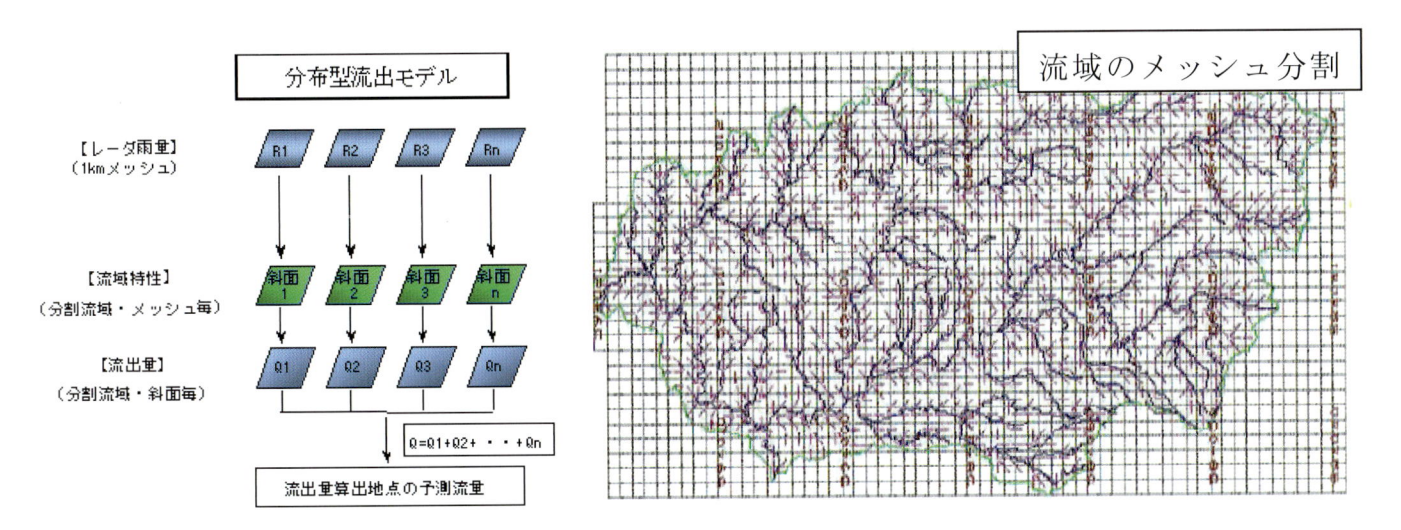

図2.7　レーダ雨量を利用する分布型流出解析モデル

Chapter 2 測る・知る

2.1 豪雨を捉える

全球降水観測計画(GPM)

沖 理子

(1) 技術の特徴

2010年頃の実現を目指して,全球降水観測計画(Global Precipitation Measurement ; GPM)という衛星観測プロジェクトの開発研究が日米を中心に進められている.国際協力による複数衛星観測により,全地球上の降水(雨や雪)を高精度(感度0.2 mm/h)高頻度(目標3時間毎)に観測して気象・気候学,水文学といった学問分野に有用なデータを提供するのみならず,データを準リアルタイムで配信することで天気予報や洪水予警報システムでの利用等,様々な実用的用途に役立てる道筋をつけることが目標である.GPMは,日米共同プロジェクトとして1997年に打上げられ,現在も観測を継続している熱帯降雨観測衛星(Tropical Rainfall Measuring Mission ; TRMM)の成功を受け,その後継・発展的な計画と位置づけられている.

TRMMには世界初の衛星搭載の降雨レーダ(Precipitation Radar ; PR)が搭載されて技術実証されたうえ,降水システムの3次元構造の全球的な気候値や,これまで全く観測のなかった地域の降水分布など,新しい情報の取得が可能となった.また他の従来型の受動型降水観測センサとの同時観測を通して,エル・ニーニョ,モンスーン,日周変化に伴う降水の変動や大規模力学などに関する新たな知見をもたらすなど,TRMMの観測データは高く評価されている.GPMにおいてもPRを高度化した2周波降水レーダ(DPR)が,開発,搭載される予定となっている.

(2) 全球降水観測計画(GPM)と2周波降水レーダ(DPR)の役割

地球温暖化問題は,今日の重要な環境問題の1つである.気温上昇の影響もさることながら,社会的な影響が大きいと考えられるのが水循環の変化である.降水は淡水資源の源であり,どこにどれだけ雨(雪)が降ったかを知ることは大変重要である.しかし時間・空間的な変動が激しいことから,これを正確に,地球規模で把握することは極めて難しく,広域の情報を得るにはTRMMやGPMのような衛星観測計画をおいて他に手段がない.

GPM全体システムの構成は,図2.8のようになっている.GPMは,高精度観測と高頻度観測,という2つの点でTRMMを発展させるものである.

高精度観測は,PRを発展させた2周波降水レーダ(DPR)によって実現する.DPRはGPMの中心を成すセンサで,TRMM/PRで用いられたK_u帯レーダと新たに加わるK_a帯のレーダで構成される.K_a帯レーダは弱い降雨や降雪の検出を可能にし,K_u帯レーダと組み合わせることにより,単周波レーダや他の受動型センサでは得られない情報の取得が実現する.DPRにより,全球の液相・固相を問わない降水の観測(降雨構造,降雨強度),雨滴粒径分布情報の取得,および2周波観測による降水推定精度向上など,TRMM以上の高精度な降水観測が期待されている.

高頻度観測は,国際協力による複数衛星観測によって実現させる.副衛星の分担はまだ最終決定されたものではないが,2006年春時点での見通しとしては,米国のNPOESS/IPO(International Project Office)が3機,NASAがGPM専用副衛星を1機程度提供する計画であり,ISRO(インド宇宙機関)とCNES(フランス宇宙機関)の共同プロジェクトでGPMに参加する意向がある.日本のADEOS-II後継衛星も実現されれば,これに加わることになる.

GPM全体としては,主衛星に搭載予定のDPR

とGMI（GPM Microwave Imager；GPMマイクロ波放射計）の観測結果の比較対照によってマイクロ波放射計観測に基づく降水推定アルゴリズムの精度を向上し，このアルゴリズムを他の衛星にまで広めることによって各単一衛星による観測推定値の高精度化を図り，複数衛星による高頻度観測と併せて，TRMMを超える品質の高い降水観測データの提供を実現する予定である．マイクロ波放射計搭載衛星群による高頻度観測により，観測頻度不足に由来する降水観測誤差を大幅に減少させることができると期待されている．

（3） 期待される成果

GPMが実現し，全球の降水システムに関する詳細な情報がTRMMなど他の衛星データとも合わせて長期間にわたって蓄積されれば，降水分布変動の検出や，気候モデルの試験，検証に用いることが可能となり，気象・気候学の発展に大いに寄与すると期待される．重要な入力データである降水の不確定性が大幅に小さくなることで，水文モデルの改良にもつながると期待される．

さらに，GPMの観測データを準リアルタイムでユーザーに配信することで，数値天気予報や比較的大きな河川に対する洪水警報等といった実利用の分野でも役立てられることが期待されている．

TRMMのマイクロ波放射計データを用いて予報精度が改善されることが知られており，すでに現業の数値天気予報に利用されている．GPM時代に利用可能なマイクロ波放射計の数が増えれば，更なる精度向上が期待できる．

洪水警報への利用では，TRMMを初めとする現状の衛星による降水推定データを用いて，IFNet（国際洪水ネットワーク）のGFAS（Global Flood Alert System）が開発されつつある．

現状のシステムは，衛星による日雨量のデータが，過去のデータから各地域で設定された，洪水をもたらす可能性のある強雨レベルを超えた場合に，当該地域について，あらかじめユーザー登録している利用者に電子メールで警報を配信する仕組みとなっている．将来的には水文モデルとの組み合わせによって，より信頼性の高いシステムが構築されていくことであろう．

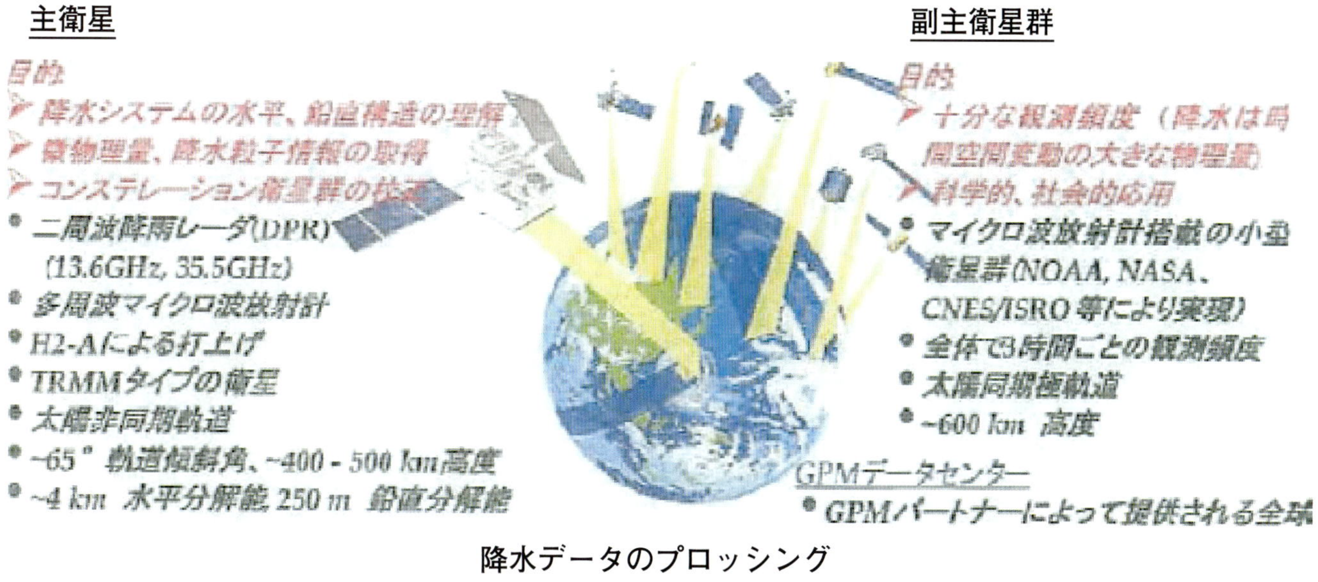

主衛星　　　　　　　　　　　　　　　　　　　**副主衛星群**

目的:
- 降水システムの水平、鉛直構造の理解
- 微物理量、降水粒子情報の取得
- コンステレーション衛星群の検証
* 二周波降雨レーダ（DPR）（13.6GHz, 35.5GHz）
* 多周波マイクロ波放射計
* H2-Aによる打上げ
* TRMMタイプの衛星
* 太陽非同期軌道
* ~65°軌道傾斜角, ~400-500km高度
* ~4km 水平分解能 250m 鉛直分解能

目的:
- 十分な観測頻度（降水は時間空間変動の大きな物理量）
- 科学的、社会的応用
* マイクロ波放射計搭載の小型衛星群（NOAA, NASA, CNES/ISRO等により実現）
* 全体で3時間ごとの観測頻度
* 太陽同期極軌道
* ~600km 高度

GPMデータセンター
* GPMパートナーによって提供される全球降水データのプロセッシング

図2.8　GPMの概念図

TRMMの直接の後継機となる主衛星にはDPRとGMIが搭載されて高精度な降水観測を実現し，副衛星群では高頻度観測を実現する．GPMの高精度・高頻度降水データが準リアルタイムでユーザーに配信されることで様々な分野での利用が期待される．

Chapter 2　測る・知る

2.2　地形・地中を測る

高分解能衛星データ

児島　利治

　高分解能衛星とは，1999年に運用が開始された米国の商用衛星イコノス（IKONOS）に代表される数mの空間分解能を持つ地球観測衛星のことである．従来，高分解能衛星と呼ばれていたLandsat/TM等の数10mの空間分解能を持つ衛星は，中分解能衛星と呼ばれるようになってきた．表2.1に主な高分解能衛星の一覧を示す．

　高分解能衛星のセンサは，可視から近赤外領域に複数の観測バンドを持つマルチスペクトラルと，より空間分解能を向上させるため，可視から近赤外波長全域を1つの観測バンドとし，観測できる反射エネルギー量を増加させたパンクロマチックに分けられる．マルチスペクトルセンサは，青（0.45〜0.52μm），緑（0.52〜0.60μm），赤（0.63〜0.69μm），近赤外（0.76〜0.90μm）の4つの波長域を観測バンドとしているものが多い．土壌水分量や積雪域の解析等に用いられる短波長赤外域や地表面温度の観測に用いられる熱赤外域は，観測できる放射エネルギー量が少ないため高分解能化が困難であり，高分解能衛星では採用されていない．

　また，ポインティング機能（斜め観測）を備え，直下視以外に斜め下方向を観測することができる衛星が多い．この機能により，再撮影可能日数はQuick Birdで1〜3.5日と非常に短期間で繰り返し撮影が可能となっている．

　高分解能衛星の利用範囲としては以下の項目があげられる．

（1）　土地被覆，植生タイプ分類

　可視域と人間の目で見えない近赤外波長域に合計4バンドを持つマルチスペクトルデータを用いることにより，土地被覆，植生タイプ等の判別，分類を行うことができる．図2.9に土地被覆，植生タイプ分類の例を示す．

　高分解能衛星データでは，1画素の面積が非常に小さいため，1画素内に複数の土地被覆が混在するミクセルは減少する．例えば植生タイプ分類では，1画素が1つのほぼ樹冠で覆われるため，図2.9のように，混交林という分類クラスは無くなり，針葉樹，広葉樹といった分類クラスで分類でき，広葉樹林内に侵入した針葉樹の割合等の解析も可能となる．また，可視と近赤外の波長を用いて，植生の密度，活力度を示す植生指数（Vegetation Index）を算出することも可能である．

（2）　地上の事物の判読，抽出

　航空写真に匹敵する高空間分解能を利用して，

表2.1　主な高分解能衛星

衛星	センサー	空間分解能	観測幅	運用開始年月
IKONOS	パンクロマチック	0.82 m	11.3 km	1999年9月
	マルチスペクトル	3.32 m		
EROS-A1	パンクロマチック	1.80 m	12.5 km	2000年12月
Quick Bird	パンクロマチック	0.61 m	16.5 km	2001年10月
	マルチスペクトル	2.44 m		
OrbView 3	パンクロマチック	1.00 m	8.0 km	2003年6月
	マルチスペクトル	4.00 m		

地上構造物の形状，河道位置，道路位置の判読，抽出が可能である．高分解能衛星は，航空写真と比較して撮影高度が高いため，地形による画像の歪みが少なく，撮影範囲も広い．そのため詳細地図の作成や代替としての利用に有効である．

特に山地森林域では，日本で利用可能な地形図のうち最も大縮尺な森林基本図でも，航空写真の立体視による判読を行う関係上，林道や稜線等の位置に数 m ～ 10 m 程度のずれが生じている場合がある．IKONOS プロダクトにおけるオルソエキスパートのように，正確なオルソ補正を施されたパンクロマチックデータは，山地森林域において最も正確な位置情報を得られるデータの一つであると考えられる．

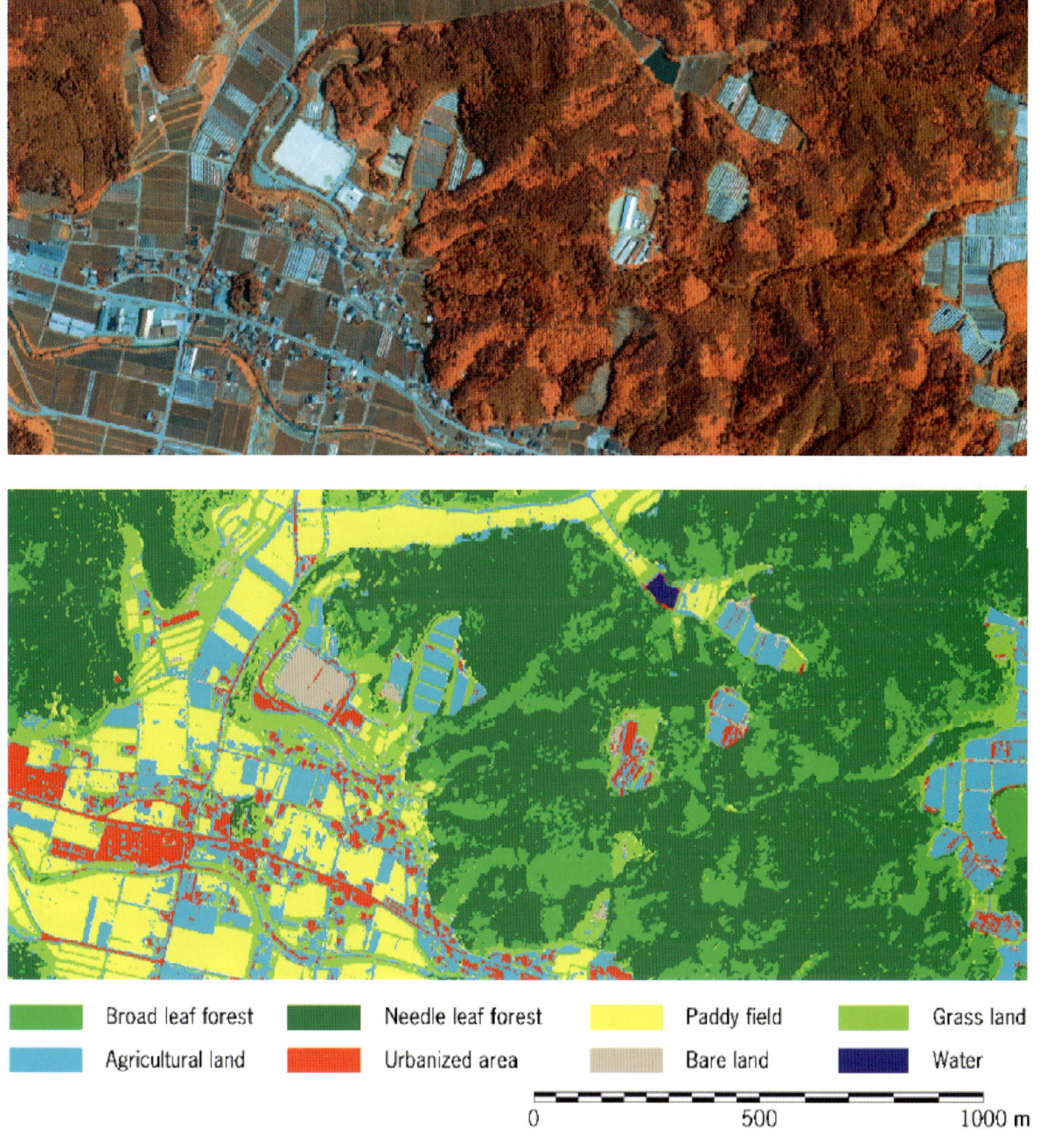

図 2.9　高分解能衛星画像（上図）と土地被覆分類図（下図）

2.2 地形・地中を測る

GPSによる測量

瀬崎 智之

(1) 技術の特徴

① GPSによる測位の概要

GPS(Global Positioning System)は，米国が開発した測位(位置を測ること)のためのシステムである．上空にあるGPS衛星4機以上からの距離を各衛星が同時に発信する電波信号の到達時間から求め，測位を行う．ただし，電離層での電波遅延等による誤差が生じるので，GPS受信機1機の測位だけでは通常10～30mの精度しかなく，要求される精度に応じ，他のセンサや他点での観測データを利用するなどして補正がなされている．

補正に要するハード，ソフトの違いによって，1万円前後のGPS付き携帯電話から数百万円の測量機まで様々な機器があり，また，使用する信号の種類や補正を即時に行うか後で行うか等の違いにより，実に多くの測位手法がある．これらの中で，ここでは数mm～数cmの精度を持ち，いわゆる「測量」に用いることができるRTK(Real Time Kinematic)-GPS測量という手法について紹介する．なお，GPSの原理の詳細やRTK-GPS以外の手法については，参考文献1)を参照されたい．

② RTK-GPS測量の特徴

RTK-GPS測量の概要を図2.10に示す．RTK-GPS測量は，測量を行いたい地点(以下，測点という)と測点から数km以内の位置がわかっている点(以下，既知点という)とで同時にGPS観測を行い，両地点の観測波の位相差から相対的な位置関係を精緻に解析する「干渉測位」と呼ばれる解析を測量中即時に行う手法である．既知点での観測は，①自ら準備したGPS観測機を設置するか，②国土地理院の電子基準点の1秒観測データを利用したデータ配信サービス[2]を受けるかによって行う．

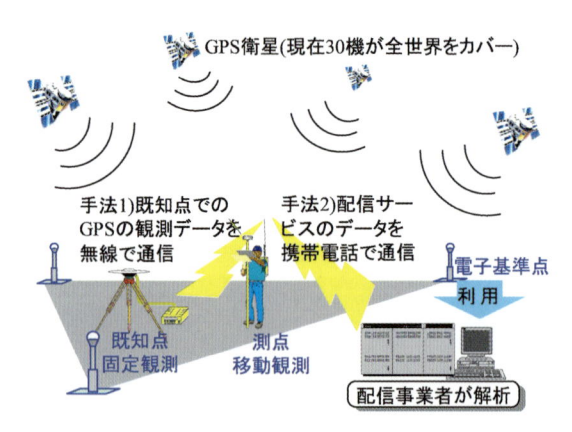

図2.10 RTK-GPS測量の概要

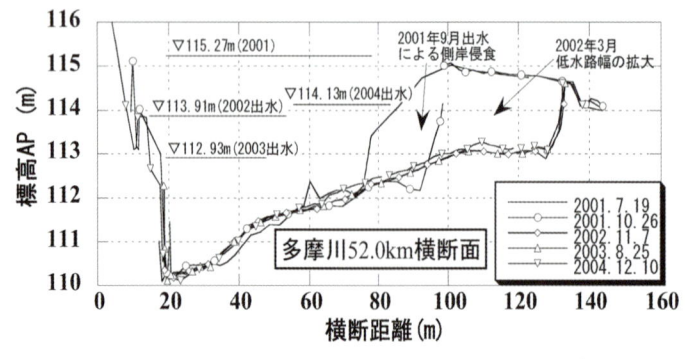

図2.11 多摩川永田地区における横断測量の一例[4]

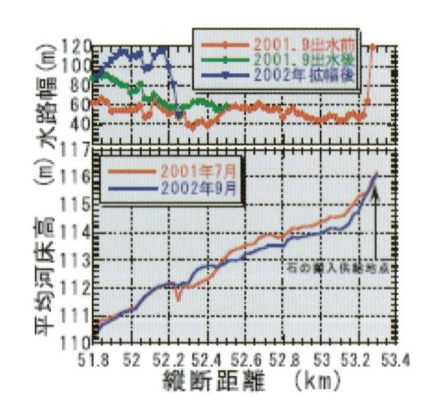

図2.12 多摩川永田地区の拡幅・石搬入供給後の河床変動[3]（縦断方向に25m間隔で行った横断測量の結果に基づく）

次に，河川での測量におけるRTK-GPS測量の長所と短所を述べる．

第一の長所は，狭い範囲に比較的多くの測点がある場合に作業効率が極めて高いことである．多少の練習をすれば一人で多くの点を測量できるようになる．(2)の①多摩川の事例では約700点，(2)の②阿武隈川の事例では約1,500点の測量を1名が1日で行った．また，川底でも浅ければ陸上と区別なく測量を行うことができる．

第二の長所は，あらかじめ測量機器上で位置座標を設定した測点や測線上に機器がナビゲートしてくれる点である．特に河川地形のモニタリングを行う場合には，測線等のマーカーが植物に覆われていたり，洪水で流失していたり，目視できない樹林の向こうにあったりして，測線の再現や植物の伐採に測量と同じぐらいの手間を要しがちである．

第三の長所は，熟練した測量技術者でなくとも高い精度が担保できる点である．実績として，既知点から1kmくらいの範囲で使用する限り，数mm〜1cm程度の再現性があった．

一方，短所は，4機以上の衛星を幾何学的に良い配置で観測する必要があるため，切り立ったがけの下，橋の下や森林の中など，仰角が15〜20°以上の上空がある程度開けていない場所では測量ができないか目標の精度が得られない点である．最近打ち上げが始まった次世代型のGPS衛星（上空に樹木がある場合等にも従来より高感度に受信できる信号を配信），ロシアのGLONASS（現在16機），欧州のGALILEO（2008年〜）や日本の準天頂衛星（計画中）などの利用によって，現在よりもGPS測量の適用範囲が広がることが期待されている．

(2) RTK-GPS測量の実施事例

① 多摩川における河道修復のモニタリング

関東地方整備局京浜河川事務所は，多摩川の上流部の東京都福生市永田地区での河床低下を抑制するために，数km上流で取水の障害になるため除去した石を永田地区の上流端に搬入すると共に低水路を拡幅した[3]．この効果を検証するために，上下流方向約1.6kmにわたり，低水路の地形を測量した（図2.11，図2.12）[3],[4]．

② 阿武隈川における試験施工のモニタリング

建設省東北地方建設局仙台工事事務所（当時）は，阿武隈川下流部の宮城県柴田町槻木地区において，洪水時の植物の土砂補足能力を利用して自然な形状の水際部を形成する「自然河岸形成工法」[5]の試験施行を行った．この効果を検証するために，年1回程度，施工区域の地形を測量した（図2.13，図2.14）．

参考文献

1) 土屋淳，辻宏道：新・GPS測量の基礎，社団法人日本測量協会，2002.
2) 電子基準点データ提供サービス，（社）日本測量協会ホームページ（http://www.jsurvey.jp/）．
3) 服部敦：河道の自然環境を支える仕組みを取り戻す河道修復，国総研アニュアルレポート，pp.70〜71，2003.
4) 福島雅紀：永田地区における河道修復事業の効果と今後の方向性，第7回河川生態学術研究会合同発表会概要集．
5) 宇多高明ほか：洪水流を受けた時の多自然型河岸防御工・粘性土・植生の挙動，土木研究所資料，第3489号，pp.445〜503，1997.

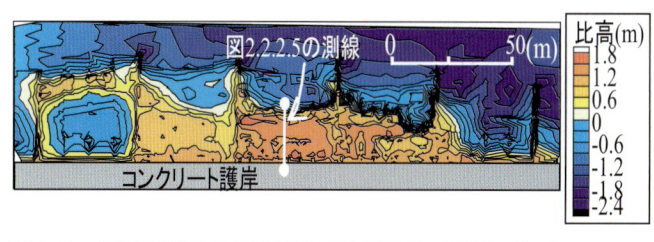

図2.13 阿武隈川自然河岸形成工法試験施工地区の施工5年後の地形（約2,000点の測量結果から作成）

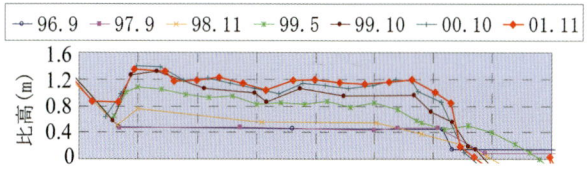

図2.14 施工地区中央部における横断測量（2000年10月と2001年11月の測量をRTK-GPS測量で実施．施工時の地形（青線）上に，厚く土砂が堆積している）

2.2 地形・地中を測る

航空レーザ測量

横尾　泰広

（1） 技術の特徴

近年，頻発する豪雨水害に対する効率的な事業計画の立案や避難警戒システムの構築などが求められており，水防法も改正された．よりいっそうの国土保全の推進を図るとともに，より安全な土地利用を実現し，安全で安心な社会の構築に資する技術が必要となってきた．

GPSによる測位と航空機に搭載した航空レーザ測量システムの融合技術が飛躍的に進歩してきており，従来，不可能であった航空機からの高密度かつ高精度な3次元地形データが安価かつ迅速に取得できることになった．これらの3次元データをもとに，治水対策や環境保全対策，迅速な災害復旧支援等の多面的な利用が可能となってきている．

（2） 航空レーザ測量による河川微地形の把握と河川分野での利用

① 航空レーザ測量

航空レーザ測量は，航空機にレーザスキャナ装置を搭載し，地上に向けて1秒間に最大約83,000発のレーザ照射によりおおむね2m×2mに1点程度の地形データ(X, Y, Z)の点群データを瞬時に取得するものである．同時にデジタルカメラによる画像データの取得も可能となっている．

データの精度は，GPSと航空機に搭載したIMUシステム（慣性計測装置）により誤差が生じるものの，陸上基準点の補正により水平精度±0.3m，鉛直精度±0.15mを確保することができる．これは，都市計画図（1/2,500）と比較して水平精度では同等もしくはそれ以上，鉛直精度では70cm以内とされているものに比して非常に精度の高いデータが取得できる．なお，水部のデータは水面の状態が不均一であることから，誤差が大きい．

② 河道および氾濫原の形状把握

航空レーザ測量で取得される3次元データは，航空機から地上に向けてレーザを照射して得られたものであるため，建物，樹木，高架構造物等を含んだもの（オリジナルデータ）である．地盤面のみのデータにするためには，除去すべき対象地物をフィルタリング処理という技術により処理・作成することとなる（グラウンドデータ）．

このグラウンドデータからTIN（三角形網）を発生させ，"任意"の河道横断図を作成することが可能となる．従来の定期横断測量の200m間隔に比べ，5m，10m間隔または必要な箇所の横

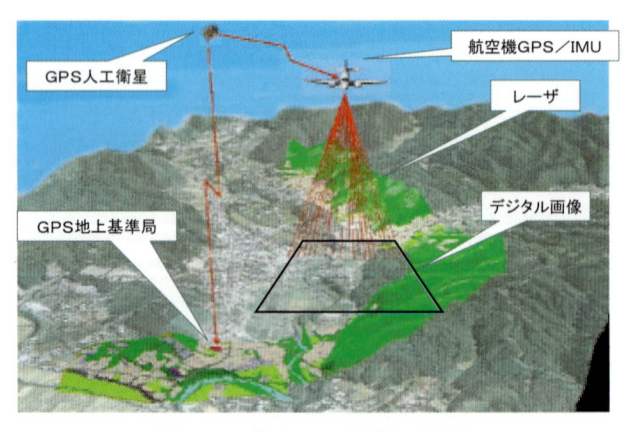

図2.15　航空レーザ測量の概要

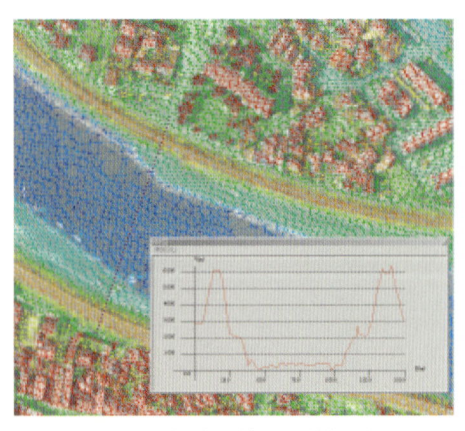

図2.16　任意測線の河道横断図

断図を作成できる．また，氾濫原においては，平均地盤高データや連続盛土構造物データなどについて，従来の都市計画図からの判読より詳細で高精度のデータを取得することが可能となる．

③ 河川分野での利用

航空レーザ測量データを利用した河川分野での事例や施策の一例を以下に紹介する．

●治水バランスが図られ水系一貫した河川整備

水系一貫の河川整備のため，測量が行われていない中小河川において，治水安全度の評価を実施することを目的に，水理解析を実施するための河川横断図の作成を行っている．

●浸水想定区域図・洪水ハザードマップ

高密度・高精度の微地形データを利用し，コスト縮減・工期短縮・精度向上を目的に，浸水シミュレーションの実施および浸水想定区域図（図2.17）の作成を行っている．今後は同時取得の航空写真と合わせた洪水ハザードマップ作成支援が可能となる．

●土砂移動量の把握

2時期の航空レーザ計測データの差分算出により，高精度で面的な土砂移動を把握（図2.18）している．従来の横断測量データを用いた平均断面法による算出に比べ，格段の精度向上の把握が可能となった．

●河道内樹林分布の把握

河道内に繁茂する樹林の標高を取得することができ，水理解析で必要となる流下阻害物の分布を面的に把握（図2.19）している．また，河川水辺の国勢調査などの生物情報と重ね合わせることで，植生管理を立案する際の基礎情報となっている．

●わかりやすい情報提供

氾濫等による浸水状況を時系列的かつ立体的に動画（図2.20）で表示するなどの視覚的手法による，よりいっそうわかりやすい住民や防災担当者への情報提供を実施している．

⇒ 2.3の『ATENASによる流量観測』

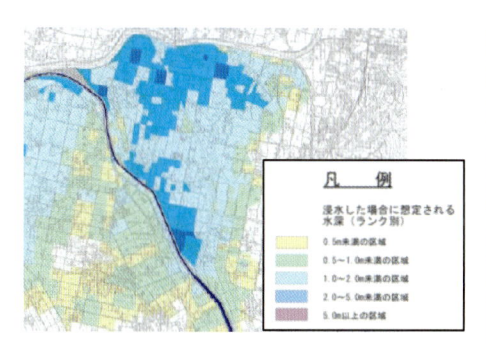

図2.17 浸水想定区域図

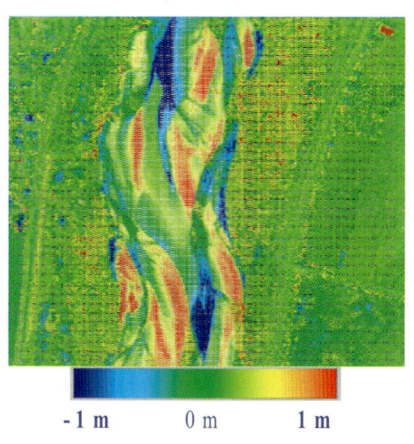

図2.18 土砂移動量の分布図

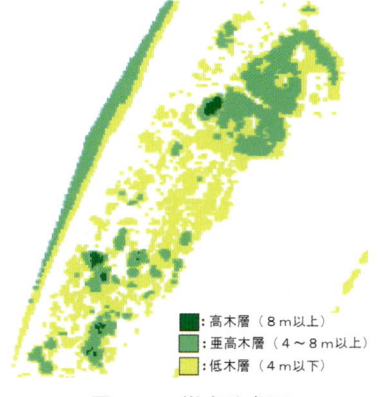

図2.19 樹高分布図

図2.20 河川の氾濫状況のアニメーション

2.2 地形・地中を測る

地上からのレーザプロファイラ

松本 健作

(1) 技術の特徴

河道地形の詳細な面情報をレーザプロファイラ技術を用いて測定しようとする試みが盛んに行われ始めている．技術形態としては大別すると2種がある．その一つは航空機などで上空からレーザを照射し広範囲をカバーするものであり，他の一つは地上から測定を行うものである．上空からの測定と比較する観点でみたときの，地上からのレーザプロファイリングの利点としては，

①比較的安価である，

②切り立った，あるいはオーバーハングした地形，樹林帯や橋梁の下部といった上空からでは遮蔽されてしまう領域の測定が可能である，

③注目するエリアを連続計測し，その経時変化を捉えることができる，

などがあげられる．

(2) 地上型レーザプロファイラの概略と測定例

地上型レーザプロファイラにも多種あるが，現在Riegl製のものが主に用いられている．

その一例についての諸元を表2.2に示す．表のLMS-Z420iを例にとれば，河幅1km程度の河川であれば堤防間の地形を±1cmの精度で測定することができる．実際には樹林帯や地形の凹凸によ

表2.2 地上型レーザスキャナの諸元

型式	LMS-Z420i
有効距離	600～1,000 (m)
最小角度ステップ	0.009 deg (0.01 gon)
距離精度	± 1 cm
レーザビームの広がり	0.25 mrad
測定速度	約 10,000 点/s

る遮蔽があるため，同一エリアに対して複数方向から測定し，補完を施す場合が多い．初期設定後は人的労力も不要であり，1秒間に約1万点の測定を行い自動制御で周囲の地形を測定する．半径1kmの地形を数分で測定可能であり，極端に強い雨でなければ降雨時にも運用が可能である．測定結果の整理には，複数方向からの測定結果の合成やノイズの除去などの処理を要する場合があり，これに関しては数理設計研究所[1]の解析アルゴリズムなどが知られている．

図2.21は地上型レーザプロファイラによる測定結果[2]であり，鬼怒川石下大橋の橋脚周りの局所洗掘形状である．測定直前の出水によって典型的な馬蹄形を呈しており，最大1.4m程度の洗掘深が，水衝部と思われる図中橋脚の左下部を中心に分布している．

河道内地形の測定例として，図2.22に神流川上流部古鉄橋付近約500m区間の地形のカラースペクトル図を示す．4m程の比高差に対して赤から青にかけて地形が低くなっている．図中に格子線を縦横共に50m間隔に付してある．河道内の空白部分は流路である．レーザプロファイラを河道内地形の測定に用いる際の最大の課題は水底部の取り扱いであるが，現在のところ水底部には超音波測定を行い，レーザプロファイリングの結果と合成するなどの対策がなされている．

(3) 発展的な利用と今後の動向

河道地形に関する情報は河川工学上の種々アプローチを行ううえでのベースとなるものであり，近年の高精度な数値シミュレーションの入力条件となり，また計算結果の精度検証を行ううえでの重要な情報ともなる．従来行われている横断測量は金銭的・労力的に制約があり，それのみでは十分な精度が得られない場合も多い．レーザプロ

ファイラによる面情報は，必要な断面を任意に抽出できるほか，断面情報だけではわからない面的な形状が与える情報なども内包しており，その情報量は極めて豊富である．機器が高価であり，使用に際して専門的な知識が必要になるなど，一般的に使用されるようになるにはまだいくつか課題はあるものの，今後の地形測定にとって有効な技術であることは間違いない．

現在では単に形状を測定するのみでなく，測定対象の材質，河道内地形であれば河床材料の平均粒径，また表面流速などの移動物体の測定など多くの応用がなされており，レーザプロファイラ分野の研究はますます盛んになってきている．

参考文献
1) 藤永清和，名倉裕ほか：大西山崩壊地の3Dモデル作成，平成13年度砂防学会研究発表会概要集，pp.394～395，2001．
2) 松本健作，名倉裕，玉置晴朗ほか：3Dレーザスキャナによる鬼怒川の河道内地形の実測とその河川工学的応用，河川技術論文集，Vol.9，pp.253～258，2003．

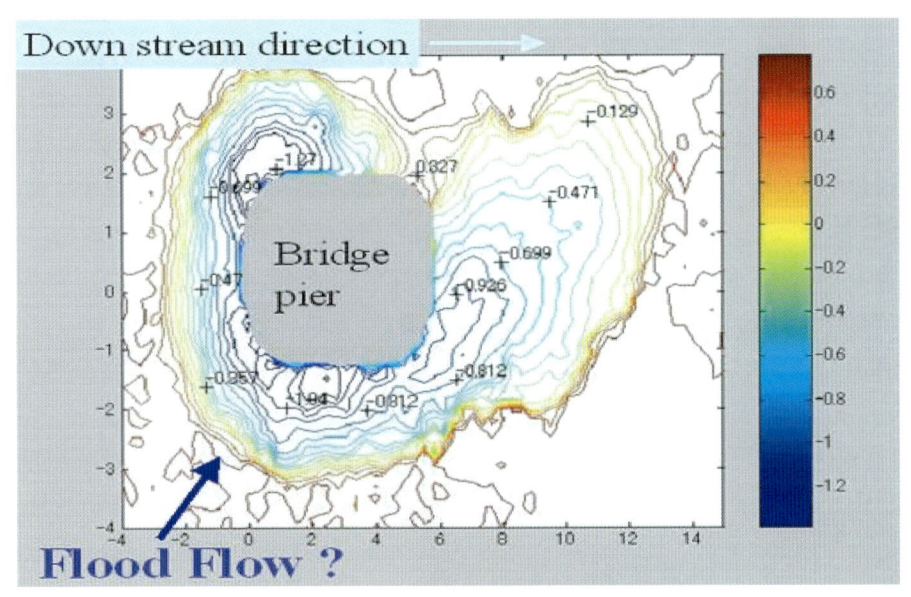

図2.21　石下大橋局所洗掘形状の等高線図

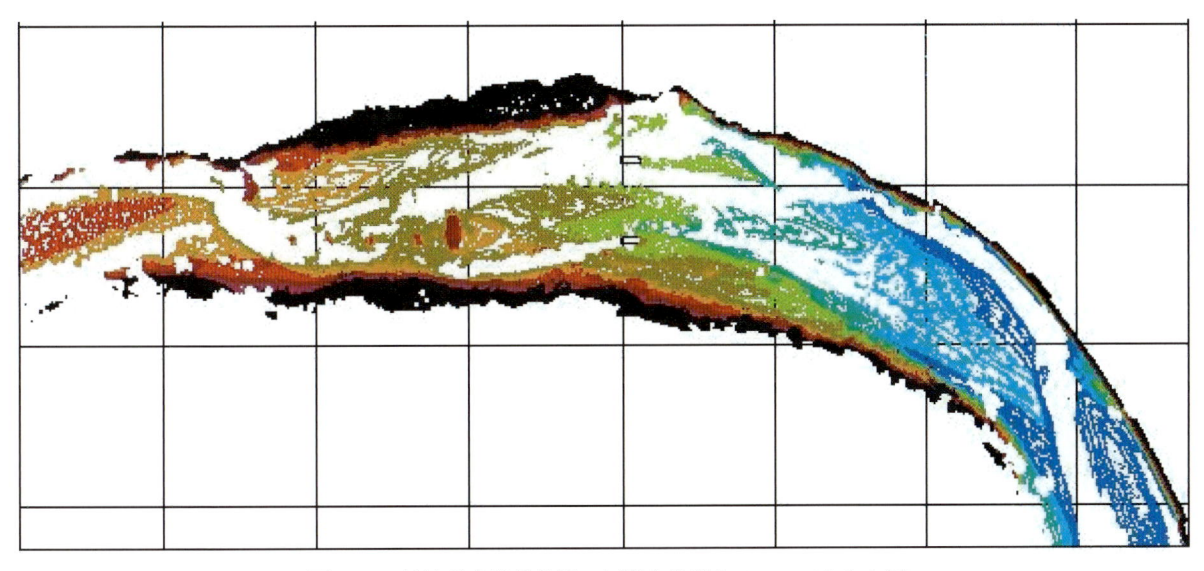

図2.22　神流川古鉄橋付近の河道内地形カラースペクトル図

2.2 地形・地中を測る

マルチビーム測量（水中測量）

房前　和朋

（1）　技術の特徴

マルチビーム測量とは，船底に設置した測定装置から音波を扇状に放射し，舟を縦断的に航行させながら河床の横断方向を計測することにより3次元デジタルデータを生成するものである（図2.23）．

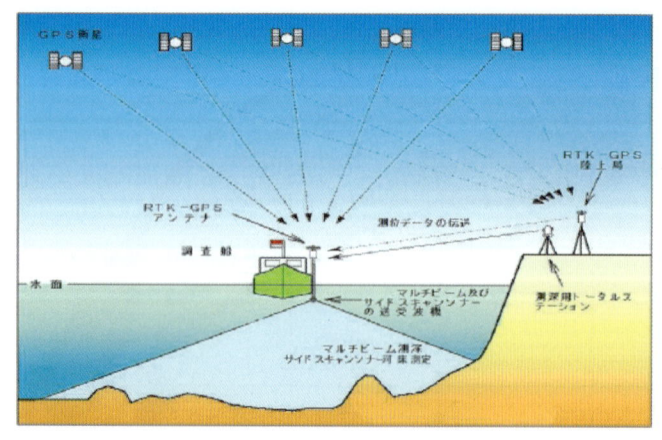

マルチビーム測量は従来，海洋や湖沼のような水位・流速の変化が少なく水深が深い区間でしか適用できなかったが，空間位置を測定するGPS測位機，舟の揺れや微妙な動きを計測するジャイロコンパス・動揺センサから得られる測位情報・動揺情報と測深情報を同期させることにより，河川においても高精度な測量を可能とした．

また計測結果は3次元デジタル処理されるため，堆砂量・侵食量等の算定が容易になるとともに，鳥瞰図・等高線図・陰影図等，ビジュアルにも優れた資料が作成でき，河川の計画・施工・管理に活用できる．

従来の深浅測量は，直下の1点の水深しか計測できないため，測量は数百m間隔に限定される．一方，マルチビーム測量は瞬時に横断方向の広い範囲の測定ができるため，縦断方向に連続的なデータが取得できる．

（2）　マルチビーム測量の成果とその活用

国土交通省筑後川河川事務所では筑後川中流域9.8km区間（河口からの距離18.400km～28.600km，一部区間を除く）において2004年度にマルチビーム測量を実施した．

●構造物周辺の洗掘の確認

写真2.1に示す小森野床固周辺は，筑後川の蛇行区間をしょう水路として直線化した箇所である．図2.25に示す3次元測量結果から，床固下流の河床が約10mにあり，水流によって洗掘されている様子がわかる．

●荒籠（水制）の効果の検証

筑後川は古くから舟運が盛んであるが，下流域では最大6mにも及ぶ有明海の干満差によって，「ガタ土」と呼ばれる土砂の堆積が著しい．そのため「荒籠」とよばれる水制により有明海と筑後川のエネルギーを用いて川底を掘り，航路を維持していた．現在多くの荒籠は破損しその機能は失われたと考えられていたが，図2.26に示す通り水中に残された部分によって今でも航路を維持していることがわかる．

図2.23　マルチビーム測量概要

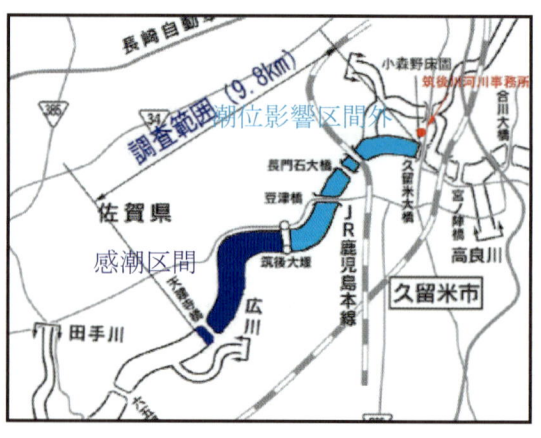

図2.24　測定区間

● 筑後川川底山脈の発見

　筑後川の川底には，図 2.27 のような山脈状の突起があることが確認できた．このような形状を横断測量で把握するのは困難である．筑後川の旧河道護岸の一部が残存しているものであると考えられ，治水上の対策を検討する必要性があると考えられる．

● 土砂移動の把握

　近年河川管理の大きな課題に，土砂移動を把握することがある．マルチビーム測量を活用して継続的に 3 次元測量を行うことで河床の形態とその動きや河床変動，土砂堆積量等が把握することが可能となる．

参考文献

1) 永松和彦，矢野善康：平成 16 年度筑後川河川事務所研究論文集，2004．

⇒ 3.5 の『河床変動シミュレーション』

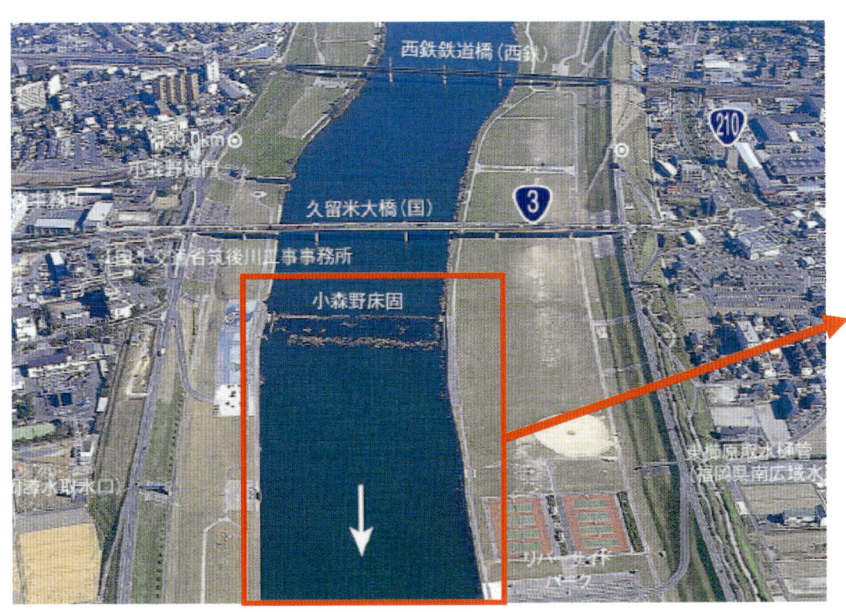

写真 2.1　小森野床固周辺

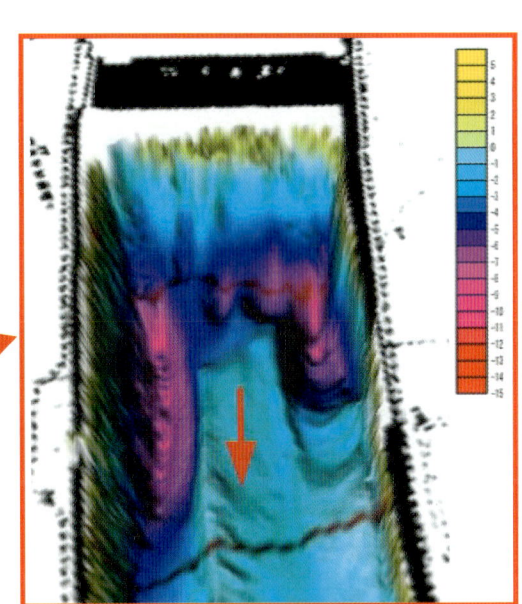

図 2.25　3 次元測量結果

図 2.26　荒籠の効果

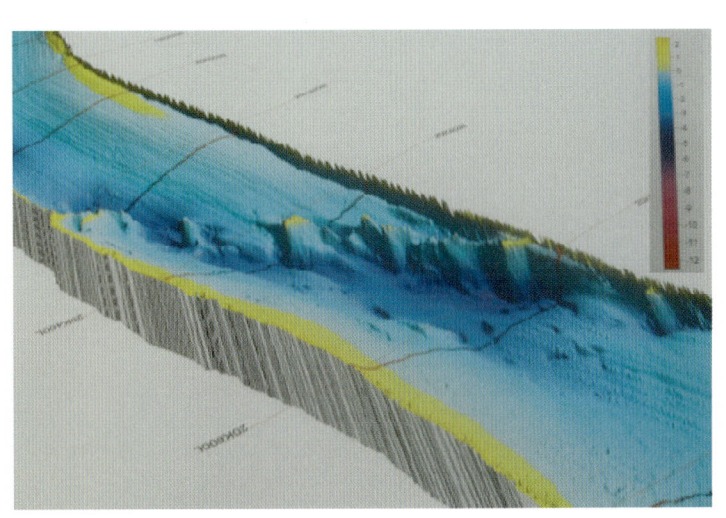

図 2.27　筑後川の川底山脈

2.2 地形・地中を測る

地 下 探 査

中西　博次

(1) 技術の特徴

地下を探る調査方法のひとつに地下探査（物理探査）がある．物理探査とは，地層あるいは岩石のもつ物理的特性を利用して，非破壊で空中，地表およびその近傍から地下の構造形態および構造内の媒質の物性値を把握し，断層，破砕帯あるいは各種資源の情報を地下から得るための技術である．その適用範囲は，土木分野から遺跡調査，構造物の維持管理など，様々な分野に適用されている．河川においても例外でなく，ダム基礎地盤調査や河川堤防の健全度調査，河川に関する遺跡調査など，その適用範囲は今後ますます広がっていくものと考えられる．

本編ではこの内，近世の治水堰の位置を物理探査によって把握した事例を紹介する．

(2) 調査概要（近世の治水堰）

本調査の対象は，江戸時代に長良川の支流大榑川に築かれた大榑川（おおくれがわ）洗い堰，喰違い堰と呼ばれる2つの石組の治水堰である．このうち，洗い堰は，河川の流量を調節するために，川幅いっぱいに造られた堰で完全に川を締め切るのではなく，洪水時に長良川の水がある水位を超えると分脈・越流し，洗い堰を越えて大榑川に流れ込むように設計されたものである．その表面は石張り，蛇籠等で覆われている．図2.28に大榑川洗い堰の構造を示す．

大榑川洗い堰は石組み部分や基礎部は，周囲の地盤に比べて物性値が異なることが予想されたため，本調査では複数の探査手法（地下レーダ探査，電気探査，重力探査）を適用し，大榑川洗い堰の位置を推定した．

(3) 調査結果

図2.29に調査結果を示す．各物理探査結果の特徴は以下の通りである．

・地下レーダ探査：顕著な反射面，記録の乱れ
・電気探査：周囲に比べて高比抵抗（200Ωm以上）
・重力探査：高重力異常（25～40μgal）

これらの異常箇所はいずれも同じ位置に現れて

治 水 堰 の 構 造

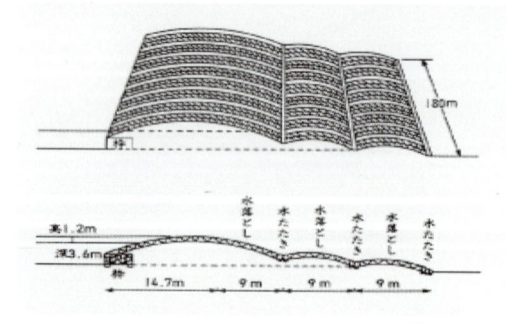

「大榑川」（輪之内町、1991年発行）より引用、加筆。

推定される大榑川洗堰の構造　　既存の発掘調査で見つかった石組み

図2.28　推定される大榑川洗い堰の構造

おり，また，過去において物理探査により石組みを捉えた際の特徴と類似している．このことから，各物理探査結果で検出した異常箇所を洗い堰と推定した．

その後，探査結果をもとに発掘調査が行われたが，距離程 0 〜 40 m 付近で，洗い堰の石組み，石積みが出土した．

(4) 今後の展望

ここで紹介したのは一例にすぎないが，物理探査が活躍する分野は，今後ますます広がっていくものと考えられる．物理探査が最も優れている特徴の一つに，低コストで広範囲を調査できるということがあげられる．問題箇所を抽出し，調査ポイントを絞りたいという場合は，特に物理探査が有効である．一方，物理探査で得られる結果は物性値であるため，探査結果から地下構造を解釈する必要がある．そのためには，物理探査の他にも，既往資料整理や踏査，ボーリング調査などの結果も照合して，解釈しなければならない．これらのことを怠ると間違った地下構造を推定することなり，調査目的を達成することができなくなる．

物理探査の適用性，メリットを十分理解し，他の調査手法とリンクさせることによって，精度の高い結果を得ることができる．今後，個々の物理探査の測定・解析技術もさることながら，解釈技術の向上も図ることによって，より付加価値の高い技術となっていくだろう．

参考文献
1) 竹島淳也ほか：重力探査の遺跡調査の適用(1)，日本文化財科学会第 15 回大会研究発表要旨集，pp.202 〜 203，1998．

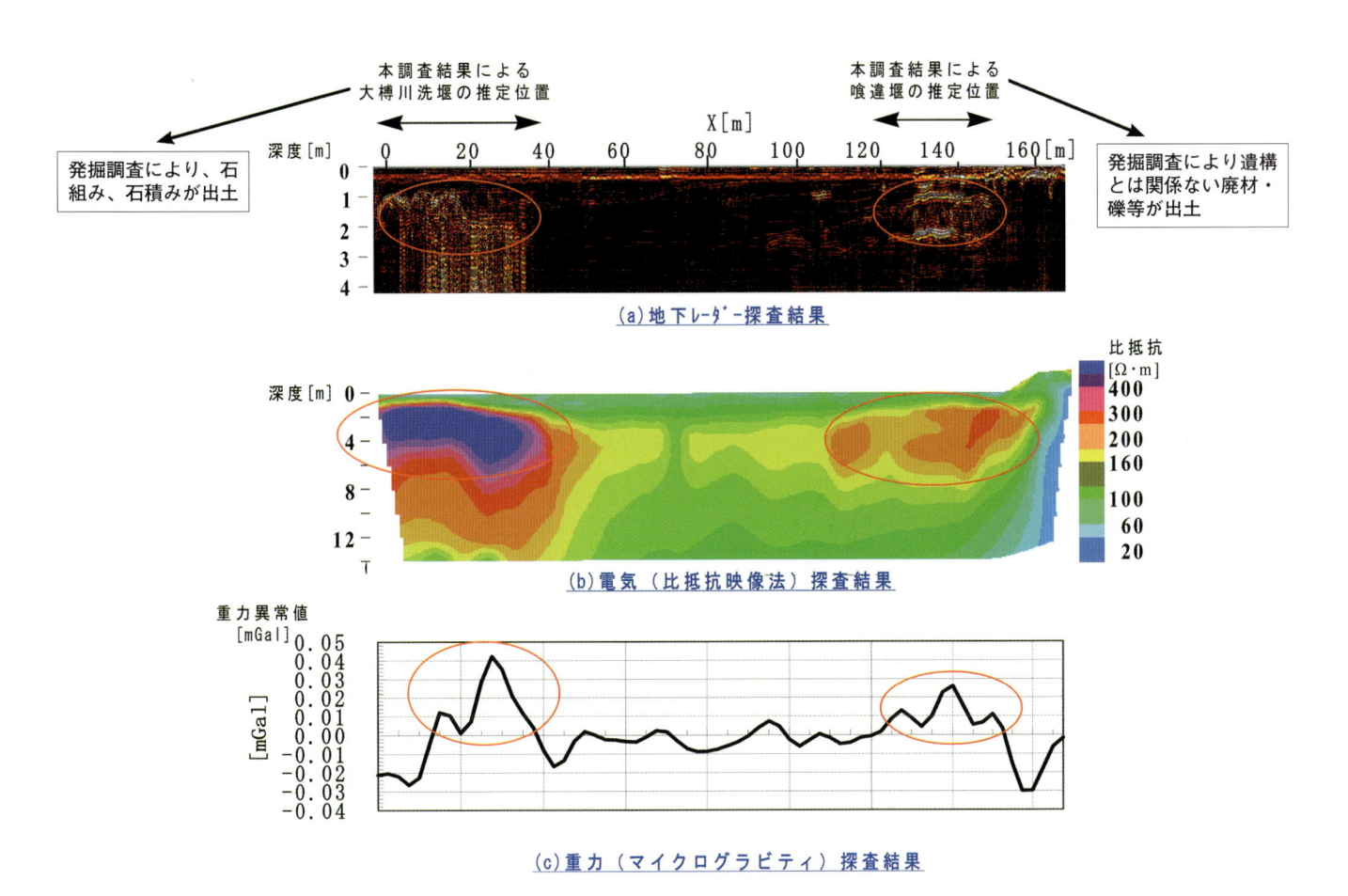

図 2.29　調査結果

2.3 流れを測る

ADCPによる三次元流速の観測

渡邊　康玄

(1) 流れの観測

河川における流れは，流路の形状により規定されるとともに，逆に浸食や堆積を生じさせ河道形状を決定している．すなわち，流れの状況を把握することは河道維持のためには必要不可欠な事項となっている．

実際の河川の流れを計測するためには，測定したいポイントに計測器を固定する必要があったが，流れの抵抗を受けてその作業は極めて困難なものであった．このため，実河川の水面下における流れの計測例は極めて少なく，特に洪水時の流況観測は危険を伴うことからも不可能であった．しかし，ドップラー効果を利用したADCP（音響ドップラー流速計）が開発されて以来，飛躍的に河川内部の流れの3次元構造が測定されつつある．

ADCPは，水面や河床に設置をすれば，その地点の下方あるいは上方の流れを層別に同時に測定することができる計測器である．また，写真2.2に示すようにボート等に登載すれば移動しながら水面下の流速分布も測定できる．

このようなことから，近年では実際の河川の流況を把握する場合，ADCPを利用する場合が増えてきている．

(2) ADCPの原理

ADCPは，音のドップラー効果を利用した計測器であり，もともとは潜水艦が周辺水域の流速を測定するために開発されたものである．図2.30にその原理を模式図で示す．

ある任意の地点のXY平面状の流速がベクトルOVであるとき，音源Aから出された音波は，点Oを通る直線AA'上を進み，点Oの地点に存在するプランクトンや塵埃等で反射されると速度ベクトルOCのドップラー効果により，周波数が変化して音源Aに戻る．この周波数の変化により，点OにおけるAA'方向の速度ベクトルOCが把握できる．さらに，水中を進む音波の速度から音源Aから出された音が点Oの位置を経て戻ってくる時間を測定することにより音源Aから点Oまでの距離が把握できる．原理的には直線AA'と直線BB'の交点におけるベクトルが観測される．

同様にして点Bから発せられた音波を測定することにより，BB'方向の速度ベクトルODが把

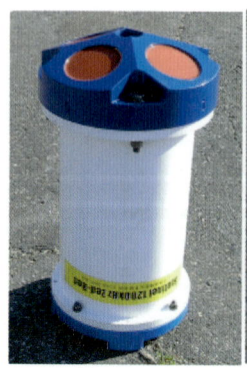

写真2.2　ADCP本体と搭載用ラジコンボート

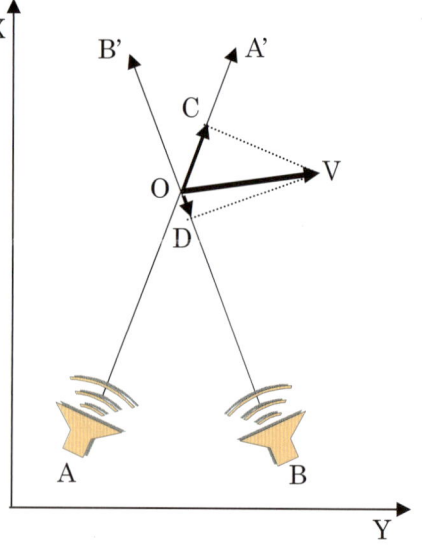

図2.30　ADCPの原理

握できる．ベクトルOCおよびベクトルODにより点Oにおける流速OVが測定できることになる．このような原理を用い3個以上の音源があれば3次元の流速測定が可能となる．

　原理的には上述の通り，ある1点の速度ベクトルが得られるわけであるが，流れ場が場所的に大きく変化しないものとすると，音源からX軸方向の各点における速度ベクトルが得られる．このようにして，音源から層別に3次元の流速が同時に測定可能となっている．

　もともと海域における流れの状況を計測する目的で開発されたADCPは，大水深の流れ場が測定できるようにと，大きな水圧に耐えるとともに計測距離を長くして設計されてきた．このため，河川での計測には不向きな面もあったが，近年では，河川の計測用に小型軽量化の改良が施されてきており，今後ますます洪水時の観測に威力を発揮するものと考えられる．

(3) ADCPによる流況観測の例

　ADCPによる3次元流速の観測は，水面から観測する手法，河床に設置して観測する手法，ラジコンボート等に登載して観測する手法がある．ここでは，ADCPの観測例として，河口域での塩水遡上の状況を水面から観測した結果について示す．写真2.3は観測の状況であり，図2.31が観測結果である．

　河道断面内の流速分布は，上層が河口に向かった流れで下層が上流へ向かった流れを示し，塩水が河道底面付近を遡上することが示されている．また，観測箇所は湾曲部に位置しているため，横断方向にも流速ベクトルが存在していることがわかる．

写真2.3　ADCPによる観測状況

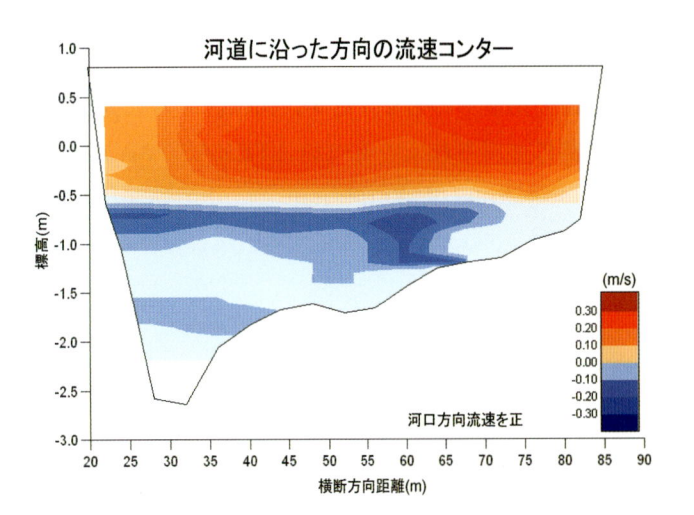

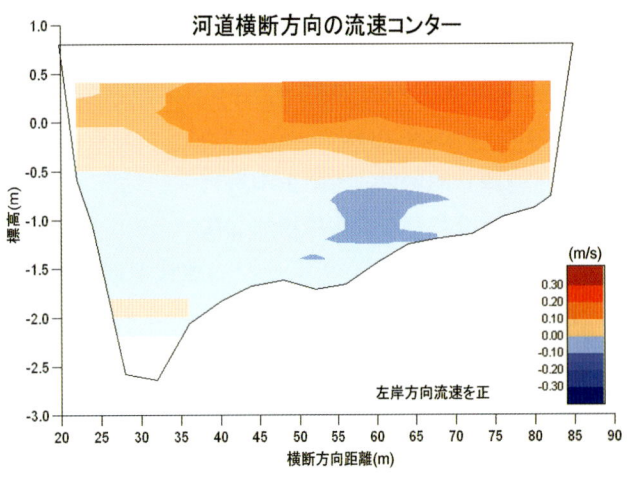

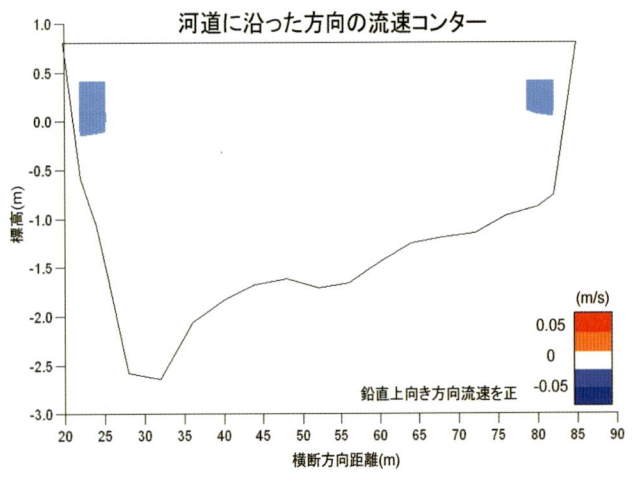

図2.31　河口域における塩水遡上の状況

2.3 流れを測る

ATENASによる流量観測

中川　一

(1) 技術の特徴

超音波を用いた伝播時間差法に基づく流量観測技術の発展形として，近年，河川流量の自動連続観測に適用されているのがATENAS(Advanced TEchnology of Numerical simulation of flow velocity distribution and hydroAcousticS)である．

ATENASの特徴の一つは，従来技術よりも大幅に低い周波数帯域の超音波を用いる点である．水中超音波は周波数が低いほど水中へのエネルギーの散逸が少なく，浮遊物による散乱減衰も少ないため，伝播上有利な特性を持つ．これまで低周波数かつ大出力の超音波トランスデューサの実用化は困難であったが，ATENASではDSP(Digital Signal Processing：デジタル信号処理)による超音波制御，受信波形解析等の技術を導入して低周波数超音波を実用化した．

従来の伝播時間差法に基づく超音波流速計が100〜200 kHzの超音波を用いていたのに対し，ATENASでは28 kHzという低周波数超音波を用いている．これにより，これまでは適用困難であった大河川，高濁度下における観測性が向上しており，実河川では超音波伝播距離600 m，濁度150 mg/L程度での長期連続測定例がある．

ATENASのもう一つの特徴は，更正係数の決定に数値シミュレーションを用いる点である．ATENASを含む超音波伝播時間差法や浮子観測，表面流速計のように河川の局部的な流速の測定から流量を評価する技術では，測定流速を断面平均流速に換算する更正係数が不可欠である．

更正係数は流水断面内の流速分布の影響を強く受けるため，浮子観測に用いられるような定数を様々なサイトの流量観測に適用することには限界がある．それに対して事前の数値シミュレーションで対象河道の流速分布を計算し更正係数を決定することは，流量観測に水理学的知見を導入することであり，観測した流量に高い精度と信頼性を与えうる手法である．

(2) ATENASによる流量観測例

大河川への設置例として利根川・佐原(千葉県香取市，河口から約41 km)での設置例[1]（設置レイアウトを図2.32に設置状況を写真2.4)を示す．同地点では低水および高水時に流速プロファイラ(ADCP)曳航観測による流速・流量のスポット観

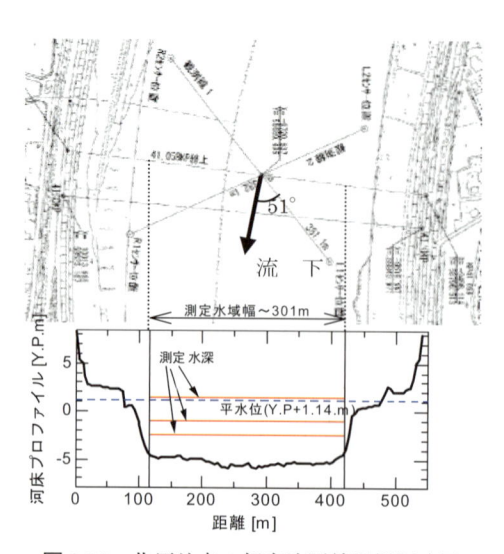

図2.32　佐原地点の超音波測線配置概略図

写真2.4　河道内に設置した設置架台と超音波送受波器

測が実施され，ATENASとの比較検証が行われた．

図2.33に幅方向平均流速について，ATENASによる連続観測と流速プロファイラ曳航観測との比較結果を示す．流速プロファイラは河床掃流砂の影響を受けて測定値が過小評価されたため，実際の航跡とボトムトラッキングによる航跡のずれから掃流砂移動速度を推定し，流速測定値を補正している．ATENASは流速プロファイラとよく一致した結果を示しており，両者の一致度（差の標準偏差）は3cm/s程度である．

図2.34には，数値シミュレーションから得られた更正係数の逆数鉛直分布および実測した流速から得られる鉛直方向流速分布と，流速プロファイラ曳航観測による鉛直方向流速分布の比較結果を示す．両者は概ね一致しており，更正係数の決定に数値シミュレーションを適用することの有用性が示されている．

ATENASの連続流量観測結果例を図2.35に示す．10月4日〜5日頃は潮汐の影響を受けて水位と流量が，位相差を伴い周期的に変化している．また10月7日頃の秋雨前線による出水や10月11日前後の台風22号による出水による増水，ピーク流量，減水の様子が連続して観測されている．減水期には2,000 m³/s程度の流量であっても潮汐の影響で水位，流量が周期的に変化している様子が認められる．このように水位だけでなく流速・流量を連続観測することが出水の把握や流出解析等には重要である．

参考文献

1) 中川一, 小野正人, 小田将広, 西島真也：横断平均流速の測定と流速分布の数値シミュレーションを組み合わせた流量測定技術の開発と大河川での実地検証, 水工学論文集, 第50巻, pp.709〜714, 2006.

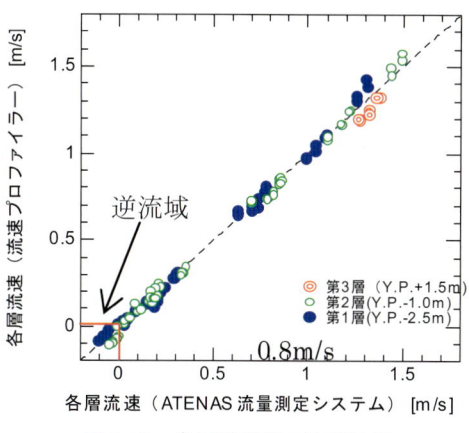

図2.33　各層流速値の比較結果

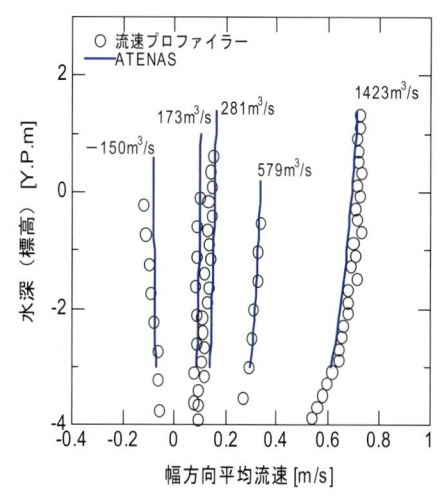

図2.34　ATENASから求められた流速分布と流速プロファイラー曳航観測による流速分布の比較

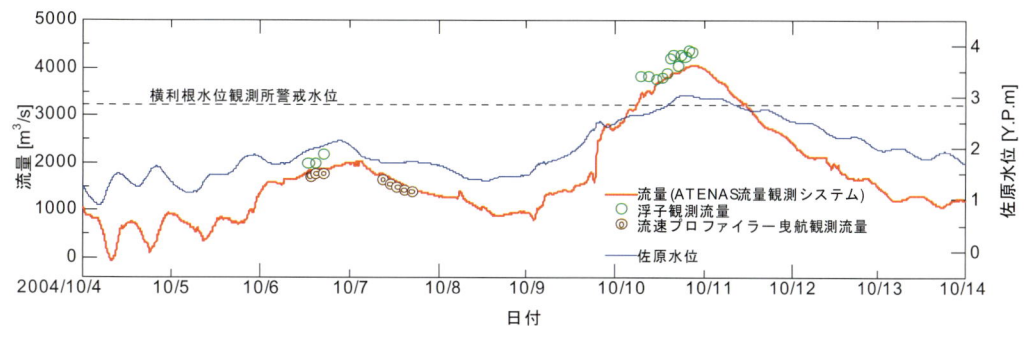

図2.35　2004年10月秋雨前線〜台風22号通過前後の利根川（佐原）におけるATENASによる流量測定結果

2.3 流れを測る

飛行機による洪水時の流速観測
－航空写真のイメージから何を読み取るか－

宇民　正

　沖積地河川の中間地域およびデルタ地域では，洪水時とりわけ増水時には浮流土砂の濃淡あるいは水面いっぱいに浮流する気泡などが，自然のトレーサーの役割を果たす場合が多い．このような流れの表面流況を飛行機からわずかな時間間隔で連続して垂直写真撮影すると，それらの写真から洪水流表面の流速分布を計算することができる．

(1)　立体視による表面流況解析[1]

　わずかな時間間隔で撮影された2枚の写真画像を立体視すると，撮影時間間隔における洪水流水面上の各部分の移動が視差(同一対象を2つの観測位置から見たときの方向の差)として作用するので，水面における模様には流速に応じて高低が生じ，水面が立体的に見える．この現象をカメロン効果と言う．カメロン効果による水面の見かけ上の高低は，立体視による地形の凹凸よりもはるかに顕著に表れるので，カメロン効果を利用して精度よく流速の分布を求めることができる．

　すなわち，洪水時に主流流下方向とほぼ平行して飛行しながら撮影範囲が適宜重複するように一定時間間隔で連続撮影する．得られた画像を立体図化機にかけ，地形測量のための写真の解析の場合とほとんど同じ方法で，視差を利用して流速の等値線を描いていくことができる．この方法で得られる流速値は，主点基線(一方の写真の中心点 O1 と，その写真に他方の写真の中心点を移した位置 O2 とを結ぶ点)に平行な方向の流速成分である．この方法とは別に，漂流するゴミあるいは水面の模様などの移動をトレースすることで，その位置における流向と流速ベクトルが得られるので，流速の等値線と合わせることにより流れの全体にわたる流況が明瞭になる．

　このような手法が，1960年代に木下良作により開発・発展させられた．当時の洪水時の流速観測は一般に浮子投下かプロペラによるものであり，これに対して洪水流航空写真解析による方法は洪水流の水面全面にわたるしかも詳細な情報を一挙にもたらす画期的なものであり，洪水流の乱流構造の解明や河道平面計画作成など多方面で活用された．

(2)　画像解析による方法[2]

　木下・宇民・上野は，洪水流航空写真解析に画像

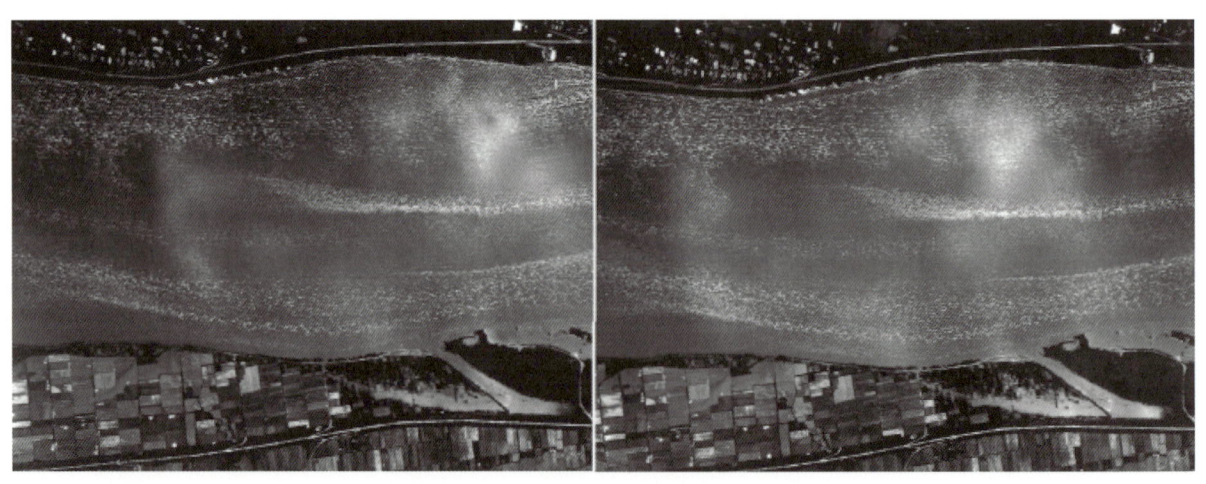

写真2.5　1966年9月25日阿賀野川洪水の航空写真　写真提供：木下良作(阿賀野川河川事務所提供)

解析の方法を導入することにより解析を半自動的に行う方法を開発した．方法の原理は，一方の写真画像中の微小片（相関窓）中の写真濃度分布と類似した濃度分布を有する等積の微小片の位置を他方の写真画像中から見いだすことにより，流速ベクトルの始点と終点を得るというものである．

従来の立体視による方法では，航空写真の主点基線方向の流速成分の等値線図と流速ベクトルとが別々にしかも視覚を利用して図化されていたが，この方法では流速ベクトルそのものが客観的に数量化される．したがって，数量化された流速ベクトルを用いて流速以外の各種水理量（流線・発散・渦度など）を計算し，図化することができるので，解析により得られる情報量は豊富である．第2に，従来の方法では高価でしかも利用するうえで熟練を要する立体図化機を必要とするが，本方法では解析処理のプログラムさえ作成すると，ごく普遍的なパーソナルコンピューターのシステムで解析とその結果の図化ができるので，簡便かつ安価であり，解析にあたって熟練も要しない．

参考文献
1) 木下良作：航空写真による洪水流の解析，写真測量，Vol.6，No.1，pp.1〜17，1967.
2) 宇民正，上野鉄男，木下良作：航空写真の画像処理による洪水流の乱流構造と河床形状に関する研究，京大防災研究所年報，35B-2，pp.373〜388，1992.

→ 主流流下方向

図 2.36 2枚の航空写真から得られた流速分布図
（太い実線は砂州の前縁）

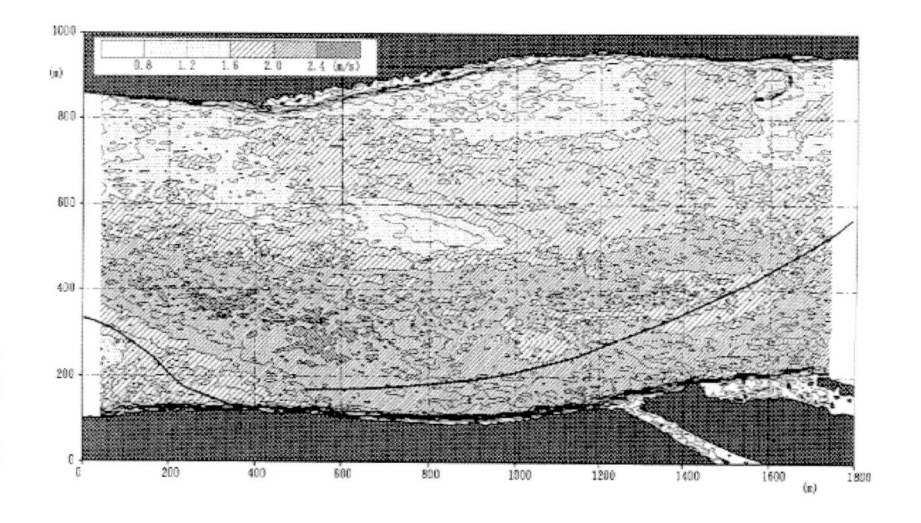

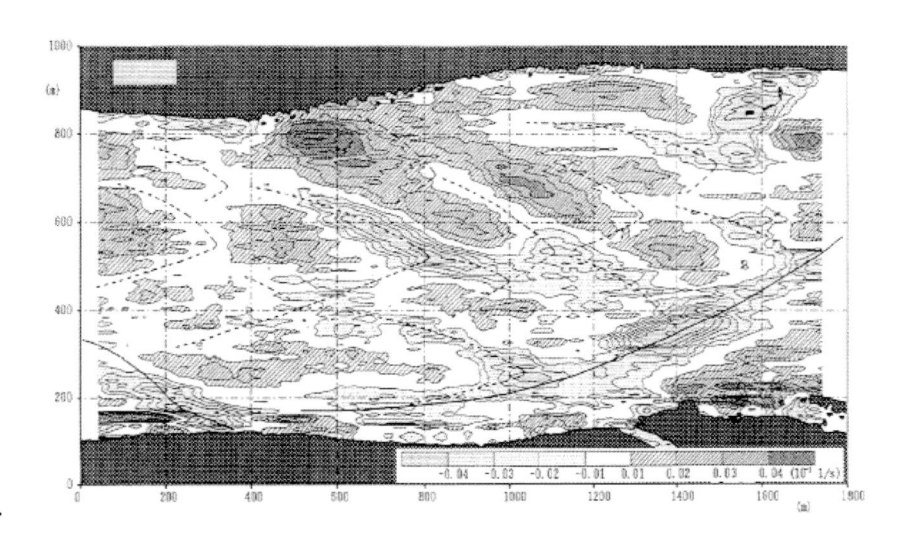

図 2.37 発散分布図
本分布図から図中の破線で示されるような河床形状の存在が推測される．

2.3 流れを測る

PIVによる流速観測

藤田　一郎

(1) 技術の特徴

　河川の流速を計測する方法には，前述のようなADCPや航空写真を用いる方法に加えて映像情報を用いる方法があり，一般的にPIVと呼ばれている．PIVは，Particle Image Velocimetry（粒子画像流速測定法）の略であり，何らかの方法で可視化された流れの映像から流速分布を求める画像解析法のことをさす．PIVは，流れの計測が対象となる様々な分野，例えば，流体工学，航空工学，化学工学，あるいは最近では血管内の流れを対象とするマイクロビジュアリゼーションの分野でも活発に用いられている方法であり，近年では河川工学の分野でも利用されている．この技術の特徴は，映像を扱うことから非接触で長時間流れを観測できる点にある．

　PIVを実際の河川で利用する場合には河川の表面流が対象となるが，流れの可視化は，流れがあまり速くない平水時には，流れの目印に相当するトレーサ（センベイなど）を水面に多数散布して行う．流れが速い場合には水面に現れる凹凸や泡などの浮遊物を利用する．このようにして可視化された流れの情報は，堤防や橋の上からビデオ撮影することで映像として取得できるが，得られた画像は歪んでいるため，PIVは画像処理によって無歪化した画像に対して適用することになる．

(2) 流速観測の実例

　PIVの適用例として，宇治川の京都南大橋から撮影したビデオ画像の解析例を示す．写真2.6は

写真2.6　宇治川の流れと水制群（京都南大橋上から）

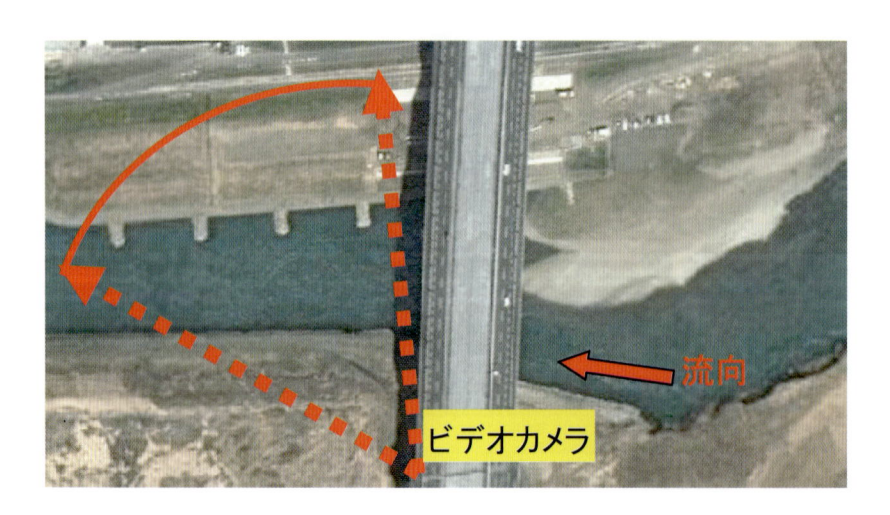

写真2.7　撮影アングル

橋の上（写真 2.7 を参照）から撮影した映像の 1 コマである．川の右岸側に見えているのは 4 基の水制で，強い流れが直接堤防に当たることを防いでいる．この川の区間では流れが速いために水面全体にまだらな模様が現れているのがわかる．これは，川底で生じた上向きの流れ（ボイル渦と呼ばれる）が水面と衝突して生じた凹凸（シワのようなもの）の痕跡である．実際にビデオ映像を見ていると，この水面の凹凸が織りなす模様がゆっくりと下流に流れていることを確認できる．PIV では画像の微小な部分（実際には水面上で数 m 四方になる）の輝度分布が，次の時刻の画像のどこに移動したのかをパターンマッチングの手法で調べるので，このケースのように水面の模様がある方向に動いている様子を目視で確認できれば，表面流速分布をうまく求めることができる．

図 2.38 は，パソコンでキャプチャーした流れの動画ファイルから約 30 秒間の連続画像（約 900 枚）を切り出し，それらを PIV 解析することによって得られた表面流速ベクトルである．撮影区間には流れが斜めに流入するため，水制群の前面では流速ベクトルの方向が大きく変化することが予想されるが，PIV はこの様子をうまく捉えている．

図 2.39 には流れ方向流速成分の等値線図を示す．流れの蛇行に伴って分布形が変化している様子がよくわかる．このように，PIV では簡便なビデオ撮影で流れの様子を詳しく知ることができるが，今後はハイビジョンビデオカメラを用いた計測の高精度化や河川の監視カメラ（ITV）を用いた流速や流量監視などへの有効活用が期待される．

参考文献
1) 藤田一郎ほか：LSPIV 法による水制周辺部の平水時および洪水時流れに関する検討，水工学論文集，pp.943〜948，2003．

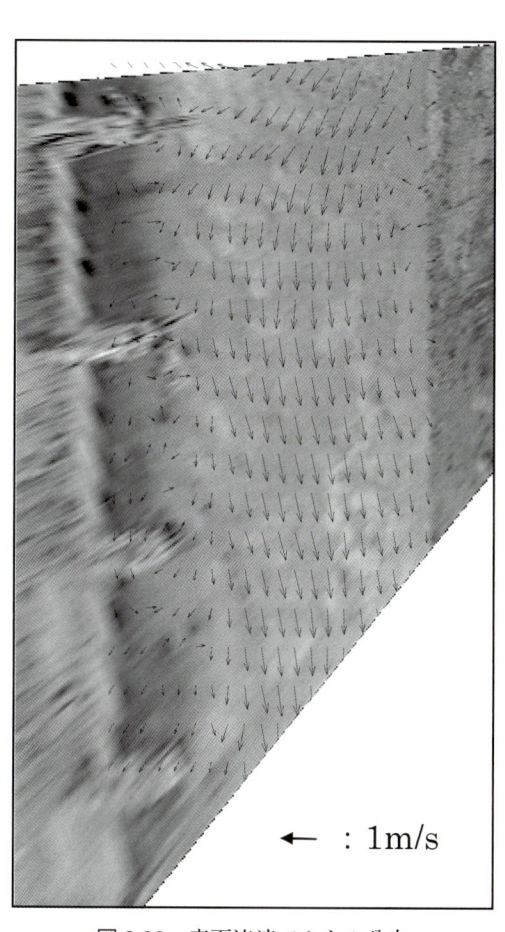

図 2.38　表面流速ベクトル分布

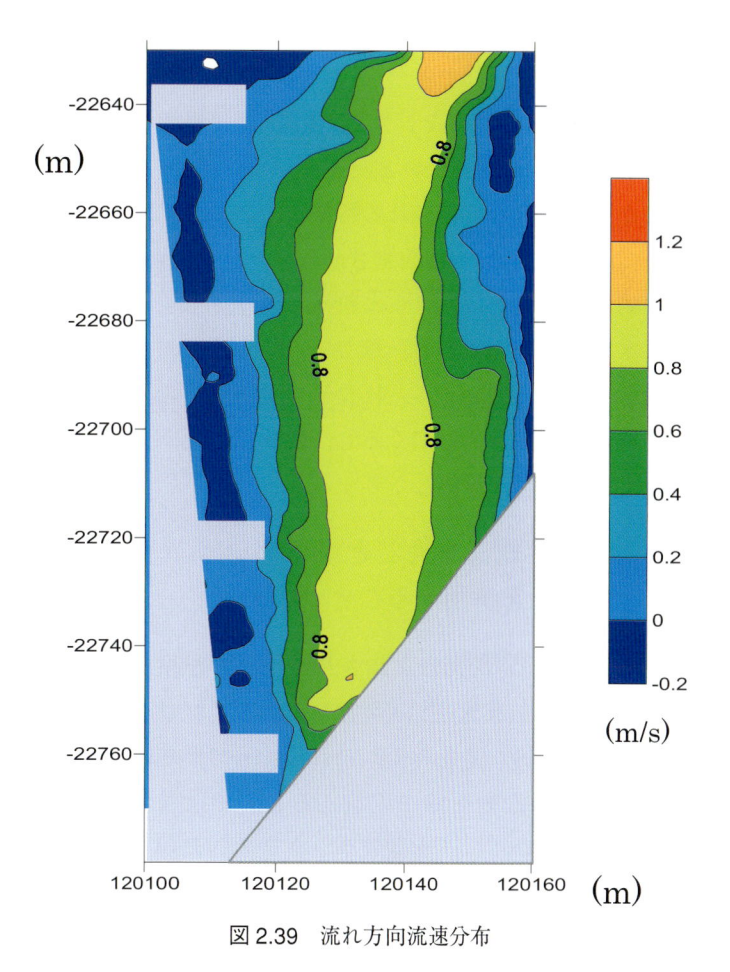

図 2.39　流れ方向流速分布

2.4 土砂移動を測る

ダムや平野を「枡」に見立て，山から河川に供給される土砂を量る

藤田 光一

(1) 時々刻々の土砂の動きを観測するという方法はとても重要だが限界もある

　河川や沖積平野は山から出てきた土砂によって造られる．だから当然その量を知りたくなるし，そのことは川の技術を支える基盤的情報として不可欠でもある．

　土砂は主に洪水時に供給されるので，川と直交する線を引いて，そこを単位時間によぎる土砂の量（フラックス）を洪水中に観測する方法が基本になる．ところが土砂は，洪水のさなか，川底を転がりながら，あるいは流れの中を舞い上がりながら運ばれるので，観測は容易でない．それでも，フラックスの把握というアプローチは王道であり，今までにいろいろな方法が工夫され試され，一部は実用に供されてきた．この技術の最先端は，すぐ後の2.4の『洗掘センサ』および『土砂移動量を知る』でも紹介されている．

　しかし，こうして得られる情報は，どんなに頑張っても断片的である．観測されるフラックスが，時間的に，空間的に，さらに粒径という点でも一部にすぎないからである．そこで，部分的情報から全体を推定していくことになるのだが，この過程で様々な誤差が入ってくるし，観測値に元々含まれている誤差が増幅したりする．

(2) 土砂の総量を丸ごと量るというアプローチを併用することが大事

　そこで，「一定期間に供給された土砂の総量を丸ごと量ってしまえ」というもう一つのアプローチの出番となる．もちろん，これによって期間中の土砂供給の変動を細かく追えるものではないが，総量については，土砂フラックスの観測値を基に推定するよりもずっと高い信頼性を持つ．断片的な観測情報から土砂供給の全体像を推定する方法や，フラックス観測法自体の精度検証と改良にもおおいに役立つ．

　成否を握るのは，総量を量るためのうまい「枡」があるかどうかである．これに，ダム貯水池，さらには沖積平野そのものを使おうというのが，ここで取り上げる技術である．流入する土砂の大部分をため込む規模のダム貯水池の建設が本格化するのは1950年代であり，最近数十年に山から供給された土砂のことを知るのにうってつけである．さらに沖積平野は，最近1万年ぐらいの間に供給された土砂から出来ているので，土砂が海に流失しにくい内湾に広がった平野を選べば，やはり相当に良い枡となる．

(3) 最近使えるようになってきた良い枡を最大限活用して，今～数十年～数千年という時間スケールの現象をつないで分析する

　良い枡があっても目盛（貯まっている土砂量の情報）がついてなければ，計量枡としての意味をなさない．この点についても最近は有利な状況が整ってきた．沖積平野については，特に高度経済成長期以降，様々な建物や施設の設置のために多くのボーリングが行われ，そのデータを堆積学の観点から分析することができるようになって，どのような土砂がどのような形で堆積しているかが大方わかるようになった．ダム貯水池についても，より高度なダム管理を行うために，土砂堆積形状の測量に加えてボーリング調査が実施されるようになり，粒径毎の堆積量まである程度把握できるようになりつつある．

　沖積平野の堆積物を量ってみると，実は，供給されたもののうち，シルト・粘土が半分以上，砂が半分弱あって，礫以上の粗い材料は総量としてはそんなに多くない．ダムに貯まっている土砂について，この比率がそれほど変わらないこともわ

かってきた．川の上流に行けば石や岩ばかりが目立つが，はるかに多くの砂や土が下流に供給されていて，そうした細かい材料は単にそこにとどまらないだけなのである．そして，今までの分析事例を見る限り，いまの時代に供給される年当りの平均土砂量と過去数十年スケールさらには数千年スケールでのそれとの間に，密接な関係があるらしいともわかってきた．これが，偶然なのか，土砂供給システムが意外にも長期にわたり安定しているせいと見てよいのか，新たな議論を呼んでいる．

刹那の現象も長期に蓄積する現象も大事な，河川という複雑なシステムを扱う際には，一見泥臭いがいろいろな枡を大胆に活用して量る技術が時として威力を発揮する．狭い意味の先端技術だけにとらわれていては，本質を見通す知見にたどり着くことは難しい．

参考文献

1) 藤田光一，山本晃一，赤堀安宏：勾配・河床材料の急変点を持つ沖積河道縦断形の形成機構と縦断形変化予測，土木学会論文集，No.600/Ⅱ-44, pp.37-50, 1998.
2) 青森県史より．
3) 国土交通省中部地方整備局浜松河川国道事務所提供

⇒ 2.4の『洗掘センサ』
　 2.4の『土砂移動量を知る』

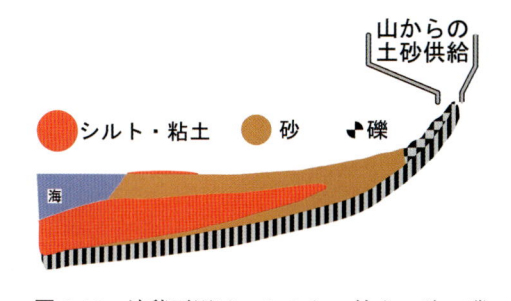

図2.40　沖積平野は，シルト・粘土，砂，礫の堆積に一定のパターンを持つことが多い．
　　　　ある程度のボーリングデータがあれば，それぞれの量を大まかに見積もることができる．

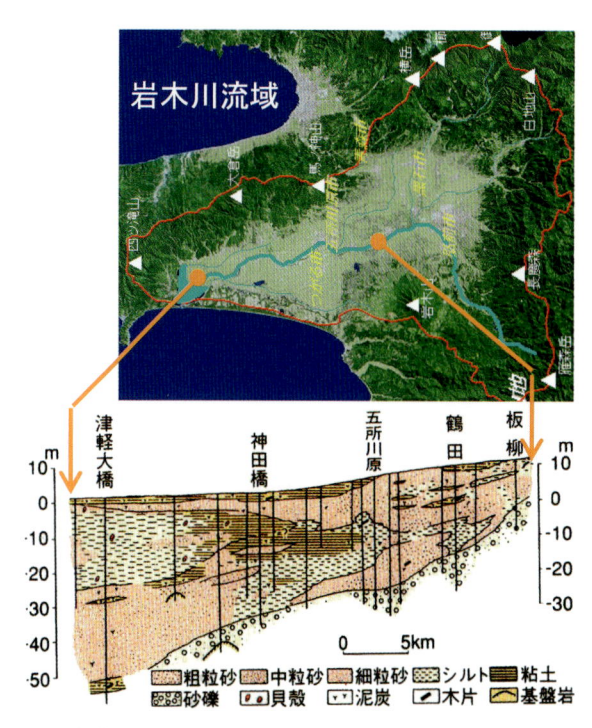

図2.41　岩木川流域から供給された土砂でできた津軽平野も，ボーリングデータから堆積状況が把握されている[2]．

図2.42　天竜川水系の佐久間ダムに貯まった土砂の堆積構造[3]．
　　　　ダムに貯まった土砂についても，堆積性状に一定のパターンがあり，ボーリング調査からシルト・粘土，砂，礫別の土砂量を把握することができる．

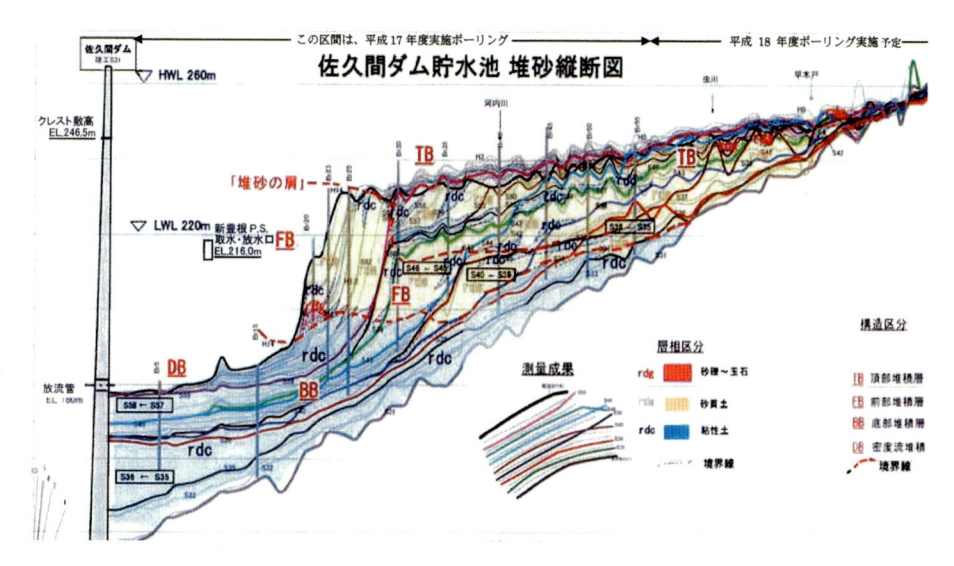

2.4 土砂移動を測る

洗掘センサ

末次 忠司

(1) 技術の特徴

堤防の破堤原因には越水，浸透，侵食などがあるが，急流河川などでは侵食による被災が多い．従来，侵食に対しては計画・設計時に河床洗掘に伴う最大洗掘深を評価したり，洪水による侵食幅を設定して対応していた．また，リング法やレンガ法などにより最大洗掘深を計測していた．これに対して，近年堤防や河岸の変状をモニタリングして，侵食被害を未然に防ごうという試みがなされている．洗掘センサは河床や河岸に埋め込んで，リアルタイムで洗掘の状況を把握できる装置で黒部川，姫川，手取川，阿賀川，庄川などで運用されているし，類似センサである砂面計は低水路に設置され，富士川，安倍川，日野川などにおいて，主に河床変動計測に用いられている．

(2) 技術の用途と役立つ成果

洗掘センサの仕様を細かくみると，河床や河岸にABS樹脂ブロックが数珠状に埋め込まれたもので，洗掘が進んで，ブロックが流失して水面に浮上すると，内蔵された発信機から信号が発信され，堤防際に設置した受信機に電波が届いて，時間経過毎の河床高（洗掘深）がわかるものである．黒部川のように，受信機をテレメータ化すれば，河床変動の状況を事務所でモニタリングできる．

一方，砂面計は鉛直方向に並列に配置された電極（発光器，受光器）間に光を発射しておき，電極が河床以下にある時はセンサは光を感知しないが，河床が洗掘されると光を感知して，河床高を知ることができる．砂面計は減水期における河床の埋め戻しも計測することができるが，H鋼などに取り付けられるため，砂面計周りが洗掘されやすい．以下では両者をあわせて解説する．

洗掘センサの用途は2通りある．一つは河床に埋め込んで，洪水に伴う河床高（土砂動態）の変化を調べたり，深掘れの進行を計測して，堤防や河岸の侵食被害を予測するもので，侵食現象を間接的に見る方法である．もう一つは河岸に直接埋め込んで，河岸の侵食をリアルタイム計測するもので，2005年より常願寺川，手取川，安倍川などに設置され，現在モニタリングを実施中である．このタイプのセンサの配置・計測のイメージは図2.43のとおりである．

洗掘センサ，砂面計による代表的な計測事例としては各々姫川，安倍川がある．姫川（山本地点）では1999年9月洪水時に流量（外力）の増加に対

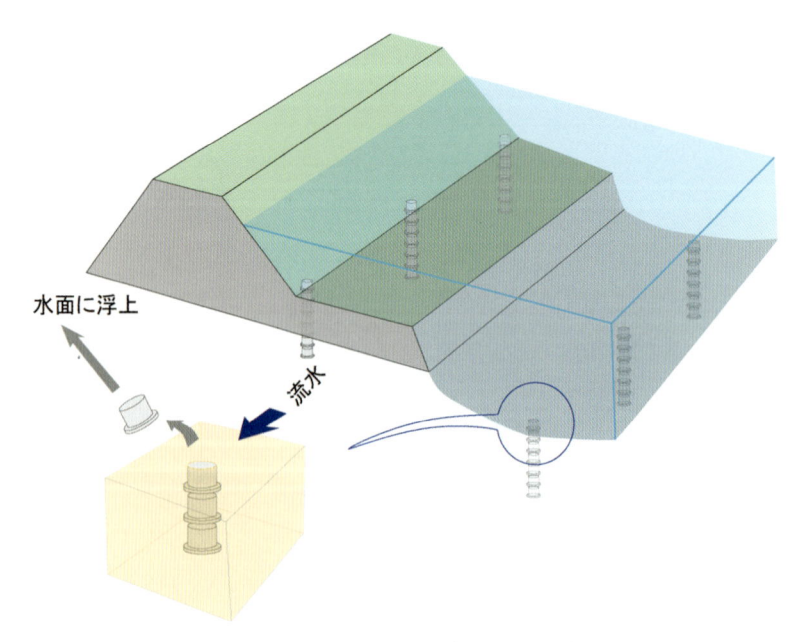

図2.43　洗掘センサ（イメージ図）

応して河床が低下していく様子が確認されたが，洗掘のピークは捉えることができなかった（図2.44）．一方，安倍川4kでは光電式砂面計により，洪水中の河床変動状況が計測された．図2.45のように，台風10号（2003年8月）の洪水ピーク時に約1.5m洗掘されたが，ピーク後約半日で洗掘がほとんど埋め戻ってしまった．なお，洪水前後の河床高で見れば，河床変動はほとんど見られない．これまでの観測結果では，ある程度大きな洪水に対して最大洗掘深が2m，埋め戻しまでの時間は約1日（大部分の埋め戻しまでは4～7時間）が多かった．

以上のようなモニタリング結果は砂州の移動状況の検討，最大洗掘深の評価（H/d をパラメータとする $B/H_m \sim H_S/H_m$ 曲線）等に用いられているが，今後は流域土砂管理への適用も可能である．

参考文献
1) 末次忠司：河川の減災マニュアル，p.178～179, pp.328～329，山海堂，2004．
2) 国土交通省河川局治水課ほか：国土技術研究会指定課題「河床変動の特性把握と予測に関する研究」中間資料，2002．

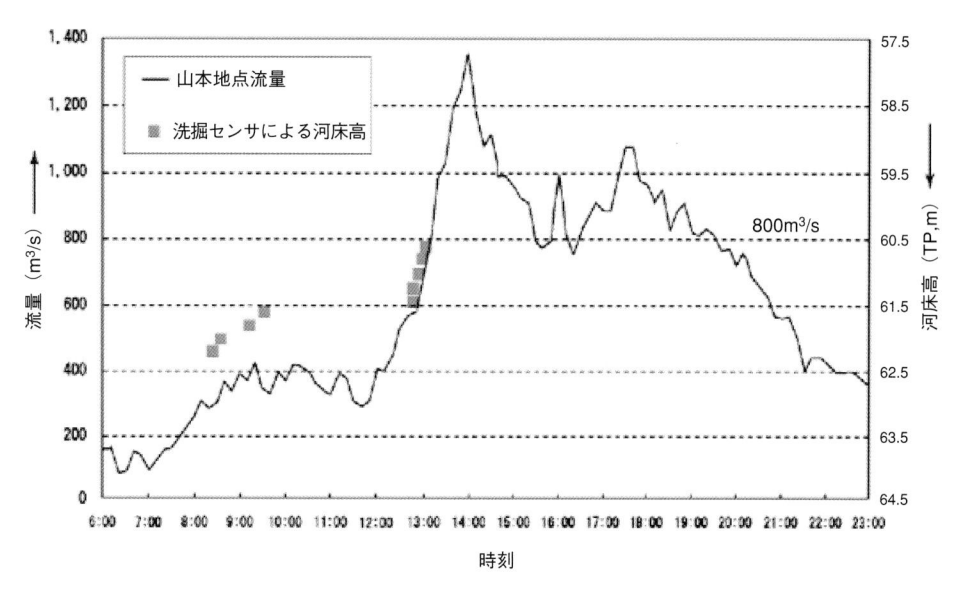

図2.44 洗掘センサ観測結果（姫川・山本地点：2003.9）

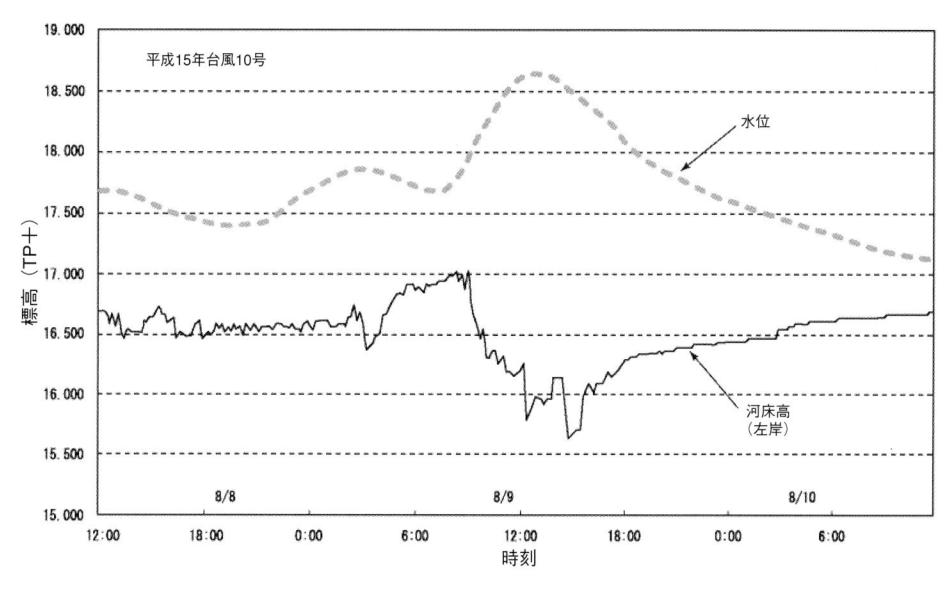

図2.45 砂面計観測データ（安倍川・手越地点）

2.4 土砂移動を測る

河岸侵食を測る

服部 敦

「これから河岸の地形測量を始めよう」という場合は，別項で紹介されているGPS，レーザプロファイラなどが適用できるので，そちらを参照されたい．ここでは，「過去の侵食進行状況を知りたい」，「出水中の侵食過程を明らかにしたい」という場合に話題を絞って事例を紹介する．

(1) 過去の侵食状況を調べる －利根川水系小貝川における写真測量の利用事例－

過去の侵食状況を知るうえでまず利用するのは，定期横断測量である（図2.46参照）．各年の測量結果を重ね合わせると，横断左岸の侵食による後退とともに，右岸の砂州形成に伴う前進といった地形変化が読み取れる．ただし，横断測線の間隔は，流れ方向の侵食幅の変化が捉えられるほど，小さくないのが一般的である．その場合，様々な時期に撮影された空中写真を収集し，写真測量を行って河岸線を重ね合わせるのが有効である（図2.47参照）．左岸側では侵食の結果として高水敷が水際近くで鉛直に切り立った位置を，右岸側では水際線の位置を写真から判読・測量している．川幅をほぼ一定に保ったまま低水路が左岸側に移動している様子を，平面的に捉えることができる．

こうした測量の精度は，写真測量そのものの精度（[写真の縮尺の分母]×2〜3×10^{-5}mと概算できる），および河岸位置の判読誤差（例えば高水敷上のヨシやオギが河岸に被さることによる判読誤差）を考慮すると，縮尺1〜1.5万分の1の場合には1m以下と思って大きな間違いはないであろう．したがって，小貝川の例のように約1m/年でコンスタントに河岸後退する場合には，5年間隔くらいで侵食状況を把握できる．

(2) 河岸の侵食過程を調べる－米代川における侵食過程の測定事例－

シルト・粘土を含有するため粘着力を発揮する土砂で河岸が構成されている場合，図2.48に示すように，河岸の下部が流れの作用によって侵食され，その結果として張り出した上部が崩落する，という過程を繰り返して河岸侵食が進行する場合がある．この過程の様子を簡易な装置（図2.49参照）によって観測した．

装置本体は防水ケース内に電池で作動する月日および時刻を表示する市販の時計を入れたものである．この時計の電源回線を改造してコンセントが抜けると電源が切れるようにした．コンセントと河岸面に差し込むピンとをワイヤーで結んでおく．ピンが河岸面の侵食や崩壊に伴って離脱すると，ピンの自重でコンセントが抜け，そのときの時計が停止する仕組みになっている．ピンの離脱以外にコンセントが抜けないように，本体やコード・ワイヤーを高水敷に固定または埋め込む．この装置を河岸の上〜下部に4カ所（図2.50の矢印部）に設置して，各装置の停止時刻から河岸のど

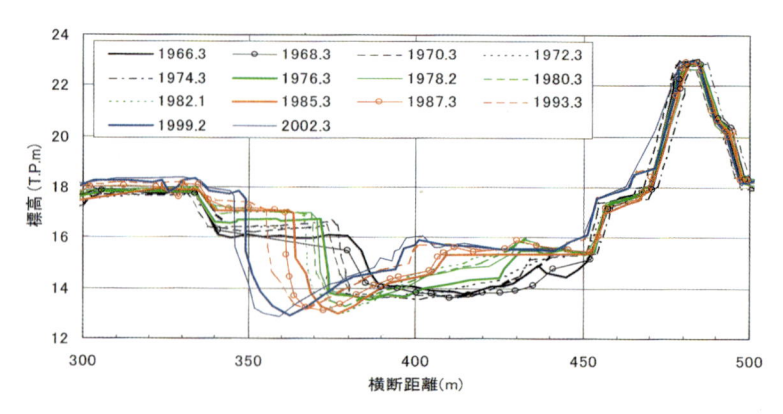

図2.46 小貝川49.2km地点の河道横断形状の経時変化

の場所から侵食したか観測した．その結果，増水期に河岸下部から侵食が進行し（No.14-1 → No.14-2），減水期に高水敷面とほぼ同じ水位に達した時点で，植生の根茎が混入する上部層（No.14-3とNo.14-4）が崩落する様子を捉えることができた．

この事例では，ピンが離脱する侵食深が不明であり，また各地点一回のみしか計測できない．これらについて改良すれば，経時的な侵食深の変化まで測定できるようになる．そうした試みは既に行われており（例えば辻本ほか，2.4の『洗掘センサ』），今後の技術的発展が望まれる．

参考文献

1) 末次忠司，服部敦，板垣修，榎本真二：粘性土河岸の侵食量評価法，総研資料第234号，2005.
2) 辻本哲郎，長田信寿，冨永晃宏，関根正人，清水義彦，柿崎恒美：長良川・揖斐川における河岸侵食特性に関する研究，河川技術に関する論文集 第5巻，pp.117〜122，1999.

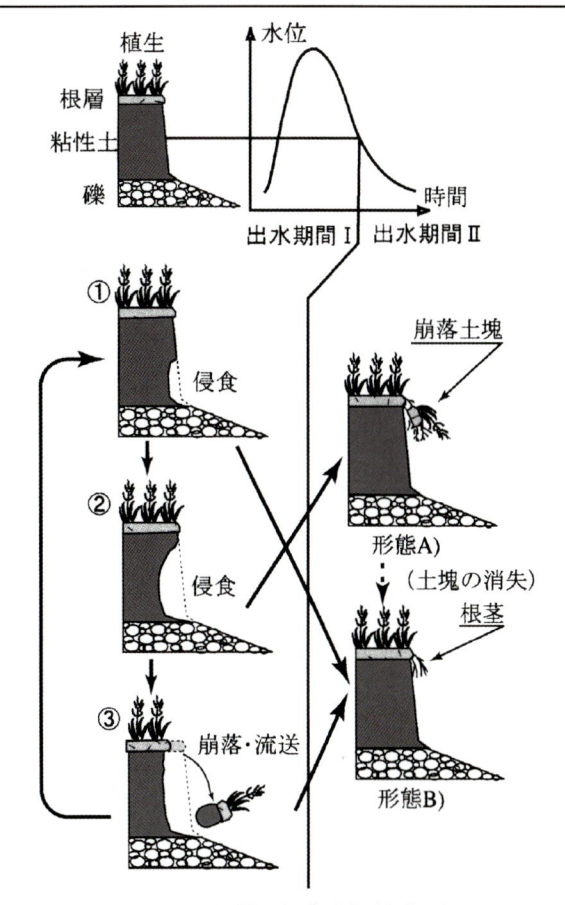

図 2.48 河岸の侵食過程（米代川）

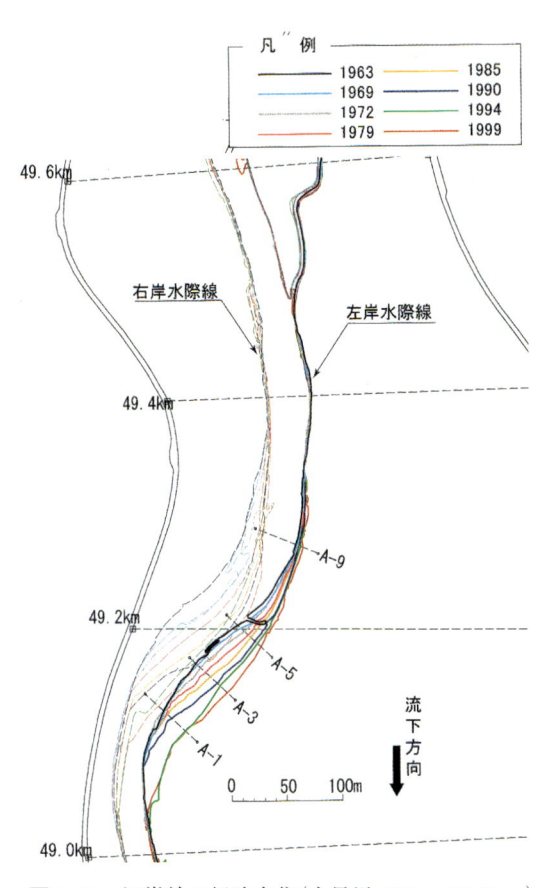

図 2.47 河岸線の経時変化（小貝川 49.0〜49.6 km）

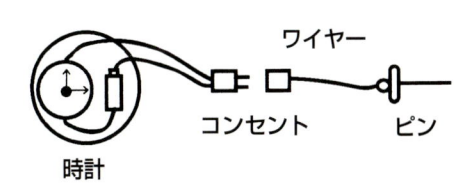

図 2.49 河岸侵食過程の測定装置

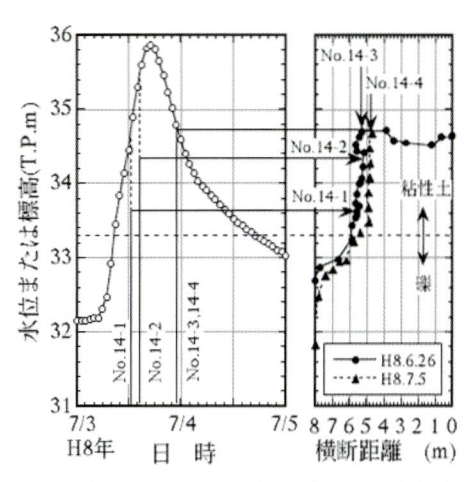

図 2.50 河岸形状とピンの設置位置および出水時の水位とピンの離脱時刻の測定結果

2.4 土砂移動を測る

年代測定技術を用いた堆積環境調査

服部　敦

河川調査にも広く活用できる ^{14}C 年代測定法について，その技術的要点と五ヶ瀬川水系北川での調査経験から掴んだ以下のような活用のコツ，

① 堆積過程をあらかじめ把握しておくこと，
② その進行方向に合わせて試料採取地点を設定する，
③ 設定の際，試料となる木片が混入している可能性の高い砂層を選定すること，

について紹介する．

(1) 技術の特徴

^{14}C 年代測定法は，半減期が 5,568 年である炭素の放射性同位体 ^{14}C が放射崩変により規則的に減少する性質を利用しており，炭素量で 2～5 mg という微量の試料（例えば木片や有機土壌など）を用いた約 2 万年前までの測定技術が確立されている．

^{14}C は，成層圏において宇宙線の作用で生成された中性子が ^{14}N と核反応して生成される．生成と放射崩変がほぼ釣り合っているため，大気中の ^{14}C 濃度（同位体比 ^{14}C/^{12}C）は，概ね一定と考えられている．生成された ^{14}C は直ちに酸化されて ^{14}CO$_2$ となり，大気中に拡散する．植物は光合成のため ^{14}CO$_2$ を取り込み，大気と若干異なる ^{14}C 濃度で固定する（同位体分別効果）．

植物の死後，固定された ^{14}C は放射崩変による減少の一途をたどり，その途上にある植物片が試料となる．試料に残存している ^{14}C 濃度を加速器質量分析（質量の違いによって同位体を分別して計数する装置を用いた分析）により測定し，同位体分別効果に関する補正を加えた後，大気の ^{14}C 濃度の標準値（シュウ酸標準体の濃度）との差の分だけ濃度低下するのに要する年数（^{14}C 年代）を算定し，さらに大気の ^{14}C 濃度の変動に関わる較正（暦年較正）を行うと，年代（暦年代）が得られる．その結果には，暦年較正や ^{14}C 濃度分析の精度に由来した誤差を含むため，±50 年前後の幅（94％信頼範囲）が付される．

(2) 五ヶ瀬川水系北川における調査事例
　　　　－活用にあたってのキーポイント－

北川の河口から 4～15 km は，狭い平野が散在する谷底を周縁の山地地形に沿って大きく蛇行しながら貫流する礫床の河道区間である．この区間では，1997 年の激甚な氾濫災害を契機とした改修として，高水敷を掘削した．その結果，出水時の水位は低下したが，その一方，多くの前例と同様に砂礫の再堆積が生じている．すなわち，掘削による改修は，再堆積物の除去のための維持掘削とペアで検討すべきものである．その際，掘削してから維持掘削が必要となるまでの期間（堆積速度）と掘削量，さらに河川生態保全の観点から植物群落や瀬淵の回復に要する期間について予測する必要がある．

北川の場合，改修の約 20 年前に掘削された高水敷があり，そこでの地形測量や空中写真の分析に加えて，この改修で初めて掘削されることとなった砂州での地層観察（図 2.51，図 2.52 参照）から，再堆積過程を図 2.53 に示すように推定した．

(1) 掘削から数年間スケール：再形成された砂州が出水のたびに大きく下流に移動する（10 m/年オーダー）．

(2) 掘削から数十年スケール：砂州の比高が約 3 m に達すると移動が鈍くなる（1 m/年オーダー）．移動時には，ツルヨシが繁茂する砂州下流の中～粗砂層を礫で埋めていく．ツルヨシが砂州上にも繁茂すると，地表に細砂の薄い層が形成される．その結果，砂州の鉛直断面は細砂，礫，中～粗砂の 3 層構造を呈する．

(3)〜(4)掘削から数百年スケール：流下方向に沿ったA-G断面（図2.52参照）では，砂州によって形成されたと考えられる礫層が確認され，その頂部に近いE-F区間には(2)の時点とごく類似した3層構造（ただし細砂層が厚い）が認められた．この3層構造は，図2.51の斜線部のように平面的に連続しており，その形状が前縁線と類似していることから，(2)以後も中〜粗砂層上を砂州が移動したと推定される．図2.51中の斜線部を挟む☆印を付けた2地点の中〜粗砂層から炭化木片を採取して^{14}C年代測定を行った結果，水際側が940±60年，内岸側が1,420±25年であった．砂州は40mを約400年かけて移動したことになる（0.1m/年オーダー）．

改修計画が対象とする時間スケールでは，④のような地形や河畔林の回復には至らず，②に示した比高約3mの砂州とツルヨシ，ヤナギの回復までと想定してよいであろう．

参考文献
1) 中村俊夫：最新の年代測定技術と考古学，地質と調査，pp.7〜18, 2001.
2) 服部敦，瀬崎智之，福島雅紀，伊藤雅彦，末次忠司：五ヶ瀬川支川北川における河道掘削による河原形成システムの変質について，水工学論文集第48巻，pp.991〜996, 2004.

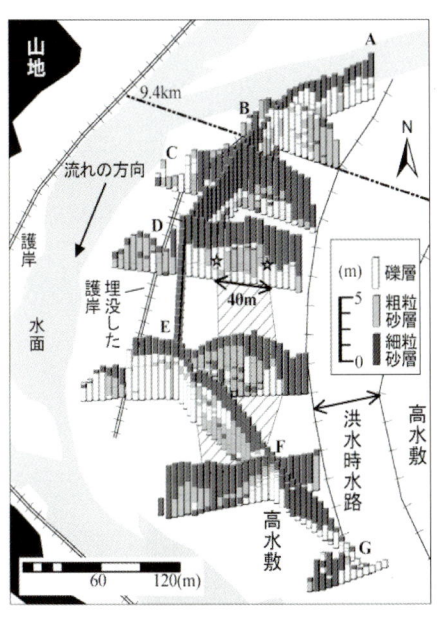

図2.51 砂州の地層構造の鳥瞰図

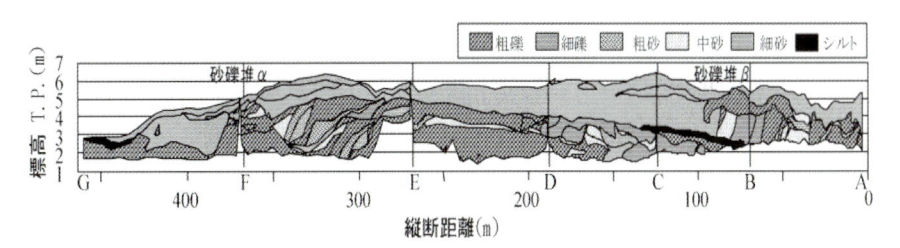

図2.52 砂州の流下方向断面の地層構造

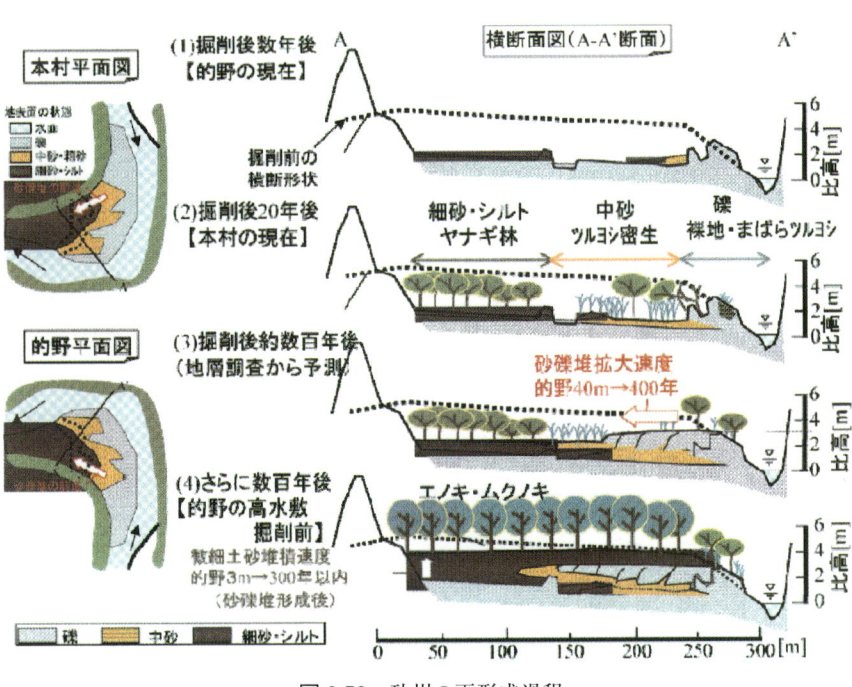

図2.53 砂州の再形成過程

2.4 土砂移動を測る

流砂量観測

横山　勝英

(1) 観測技術の概論

河川では土砂は浮遊状態（浮游砂）もしくは河床上を転がる状態（掃流砂）で移動しており，これをいかにして捉えるかが流砂量の観測技術となる．たかだか数mの水深から土砂を取ればよいのであり，深海で未知の物質を探査するわけではないから特段の技術は必要としないと思われるかもしれないが，実は意外に難しい．

洪水時の川は流速が速く流木も流れているので，機器を投入・回収するのは非常に危険だからである．また，河口域では海の干満に伴って塩水が逆流遡上するため，水と土砂が半日周期で往復運動している．このような場所で順流と逆流の状況を常に監視するのは手間がかかる．したがって，流砂量観測では精度もさることながら，「安全性」「省力化」「時空間分解能」を満たす実用的な手法が必要であり，技術開発が現在も進められている．

(2) 超音波による浮游砂のリモートセンシング

浮游砂量を把握するには粒子の移動速度（流速）と土砂濃度が必要であるが，河川の内部ではこれらが水深方向に分布を持っている．そのため前述の実用性を考慮すると，水中に測定機を吊り下げることなく，一度に流速と土砂濃度の鉛直分布を計測できることが望ましい．このような方法として超音波を用いた間接計測がある．

例えば，魚群探知機は船底にセンサを取り付けて水中の深い場所における魚の群れを識別しており，医療分野では人体腹部に密着させたセンサによって内臓や胎児の様子を可視化計測する技術が普及している．この原理を応用すれば，河川の水面や底面に超音波センサを設置することによって，水深方向の様子を捉えることができると考えられる（図2.54）．

超音波は水中で浮遊粒子や河床に当たって反射する．得られた受信信号のうち，音波の反射強度は粒子の濃度や密度境界面を表し，周波数変調（ドップラーシフト）は粒子の移動速度を表すと考えられる．自記式の超音波流速計（写真2.8）を河口域の底面に埋設して連続計測したところ，流速と土砂濃度の鉛直分布時系列が図2.55のように

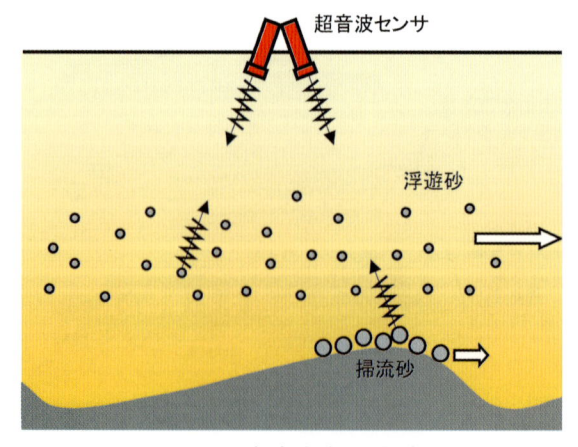

図2.54　超音波計測の概念

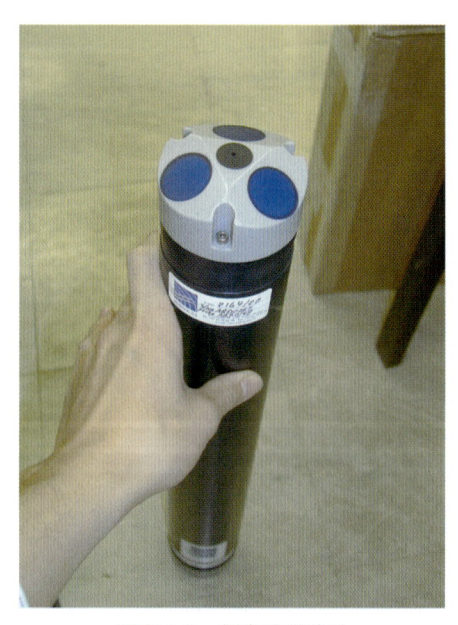

写真2.8　超音波流速計

得られた．

この河口域では海の干満差が4mもあり，水位の上昇期には塩水が勢いよく流入している．逆流の一時期には土砂濃度が急上昇しており，河床堆積物が巻き上げられて河口に侵入したことを示している．高濃度は30分程度しか発生しないので，現象の非定常性が強く，連続自動計測でなければ捉えきれない．1台のセンサを埋設するだけで流速と土砂濃度の鉛直分布が自動計測され，さらに両者を乗ずれば単位幅当りの浮流砂量となる．1年間計測した結果，この河口では日々の浮游砂逆流量のトータルが，洪水時に上流から流れてくる浮游砂量に匹敵するほど多いことが明らかになった．

(3) 掃流砂の計測

掃流砂の計測は現時点で技術的に確立されたものはない．トレンチ（穴）の堆積量計測やちりとり型の採取装置などが代表的なアイディアであるが，実用上の様々な問題のために実際にはほとんど用いられていない．最近では，金属棒に土砂が衝突する際の音の強弱から掃流砂量を求める方法や，超音波を利用して（図2.54）底面における粒子の移動速度と濃度から掃流砂量を求める方法などが研究開発中である．写真2.9は開発中の超音波装置であり，水面にセンサを浸すことで，水中の浮遊砂と底面の掃流砂を同時にリモートセンシングできると期待される．

⇒ 2.4 のコラム『土砂はどのように動くのか？』

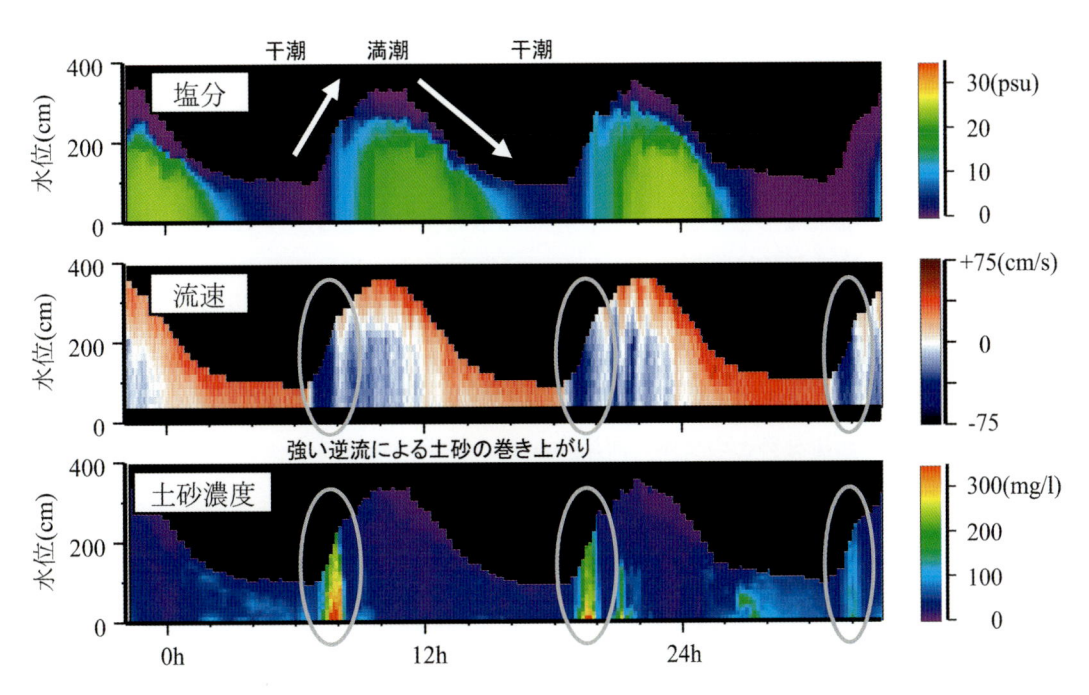

図 2.55　流速と浮遊砂濃度の同時計測（塩分は別途）

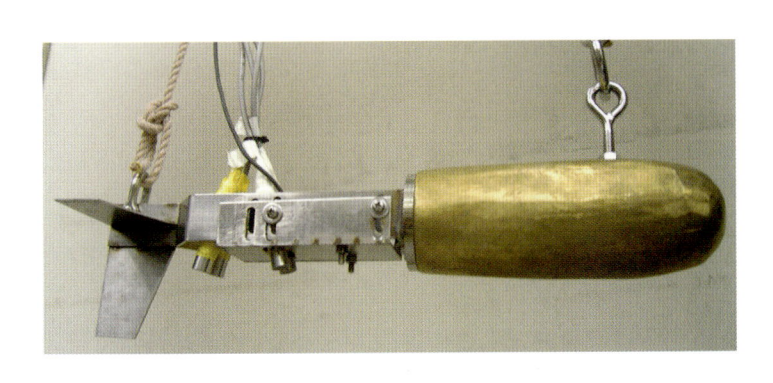

写真 2.9　超音波式の浮遊砂・掃流砂計測装置（試作機）

2.4 土砂移動を測る

土砂移動量を知る

山本　晃一

　ここ100年，人間が河川・流域に加えた諸活動は非常に大きなものであった．農村的社会において，ゆっくり変化していた河道がかなり早い速度で変化し，河川・海岸の地形変化現象が技術的課題として顕在化した．ダム貯水池の建設，河床掘削，捷水路の建設によって，河道形態が急速に変わり，また海岸侵食が生じ，河川および河川周辺域の生態系も大きな影響受けた．

　これらの問題に対処するためには，水系を上から下まで通した土砂の収支を的確に把握・評価しなければならない．流砂系を移動する土砂は，粒径集団ごとに流送形態，移動速度，河床材料との交換，河岸形成，河床変化へ役割が大きく異なる．これについては十分な理論化，技術化が進んでいないが，各粒径集団が河川を流下するに従ってセグメントごとにどのような運動形態をもち，かつ河道形成に寄与しているかを量的に把握するという方向で検討がなされている．

　流砂系を移動する土砂は，粒径集団ごとに，また扇状地，自然堤防帯，デルタを流れるごとにその流送形態，移動速度，河床材料との交換，河岸形成，河床変化，生態系への役割が大きく異なる．

　山から出てくる土砂には種々の粒径のものがあるが，少なくとも粒径1cm以上の砂利，砂，シルト・粘土という3つの粒径集団ごとに河川を流下過程における土砂動態と収支を考えることが適切である．図2.56のように砂利の動きは砂利区間の河床変動を，砂の動きは砂河床の河床変動を，シルト・粘土（一部，細砂，微細砂を含む）は河岸・高水敷（氾濫原）の形成や河口部・沿岸域の低速域での堆積を支配する．これらの種類の異なる河川地形変化を予測・制御するためには，それぞれの河川地形を支配する粒径集団（有効粒径集団という）に着目して土砂の収支を把握しなければならない．

　現在，土砂の動態・収支の表現法については，視覚的に流砂系全体を捉えるため，粒径集団ごとの水系土砂動態マップの作成が進められている．これは，土砂生産域から河口まで粒径集団ごとに土砂移動量を図2.57のように土砂移動量の太さで示すものである．土砂供給量（移動量）の評価精度は，当該河川に関する，また河川に関する情報量，科学的知見に依存するが，できる範囲で実施することが重要である．精度向上のために調査に莫大な費用・時間をかけるよりも評価不能の場合は不能とし，評価精度の低い場合はある幅を持った土砂移動量であると表示し，土砂管理方針を立案することが重要な課題なのである．

　河川・流域における人間のインパクトが水系のどこにどのように影響を及ぼすかは，過去，現在，近未来の3枚の土砂動態マップを描くことにより，的確に判断できるようになる．さらにこの土砂動態マップ情報を1次元河床変動計算（移動床幅の評価のために川幅に関する経験則が必要）に繰り込むことにより，河道形状と土砂輸送量の将来予測がより適確になる．

　なお，土砂移動量は混合粒径河床材料の粒径別

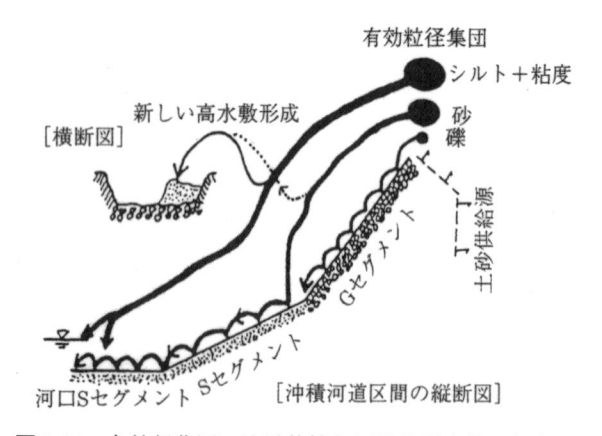

図2.56　各粒径集団の流送特性と河川地形変化に与える影響[1]

流砂量式と不等流計算による水理量を用いて評価でき，河床変動計算により河床高変化を知ることができるが，流砂量式の評価精度が悪く的確に評価できないところがある．

山地からの単位面積当りの年間供給土砂量は全国のダム堆砂量を分析した結果より評価が可能であり，また粒径集団別の生産量は礫成分が5～20％，砂成分が15～30％，シルト・粘土が40～60％程度であるので，粒径集団ごとの概略の平地部への供給土砂量を評価できる．ダム貯水池の建設による供給土砂量の減少は，粒径集団ごとのダム堆砂率を用いて評価できる．

この情報を河床・海床地形変動モデルに組み入れることにより，河道変化の速度，海岸への供給土砂量，海岸線の変化速度を精度よく評価できるようにするのが次の課題である．

参考文献

1) 藤田光一，平舘治，服部敦，山内芳朗，加藤信行：水系土砂動態マップの作成と利用，土木技術資料 41-7, pp.42～47, 1999.
2) 海野修司，辰野剛志，山本晃一，渡口正史，本多信二：相模川水系の土砂管理と河川環境の関連性に関する研究，河川技術論文集 第10巻，pp.185～190, 2004.

⇒2.4の『ダムや平野を「枡」に見立て，山から河川に供給される土砂を量る』
3.4の『流域全体の土砂動態予測』
3.4の『ダム貯水池の堆積土砂の予測』

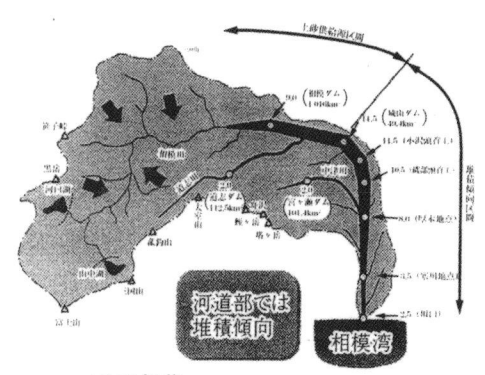

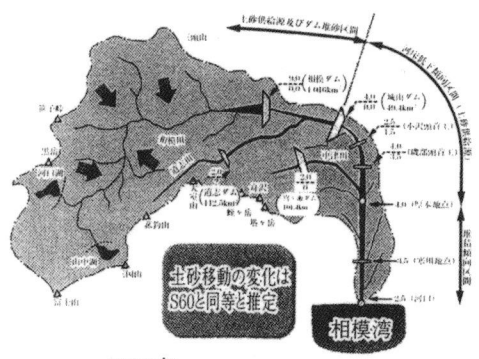

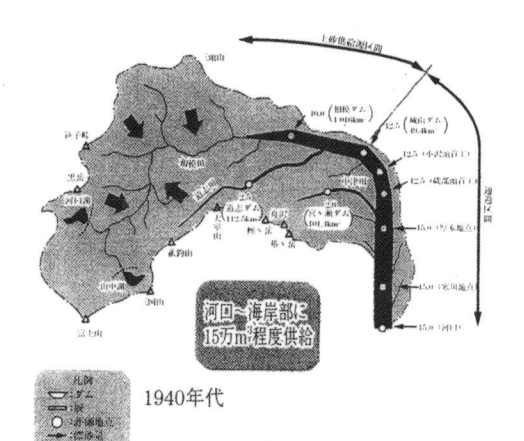

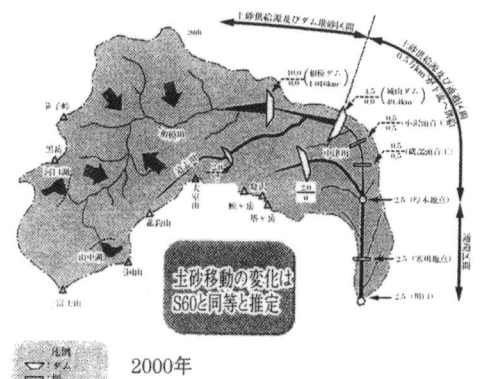

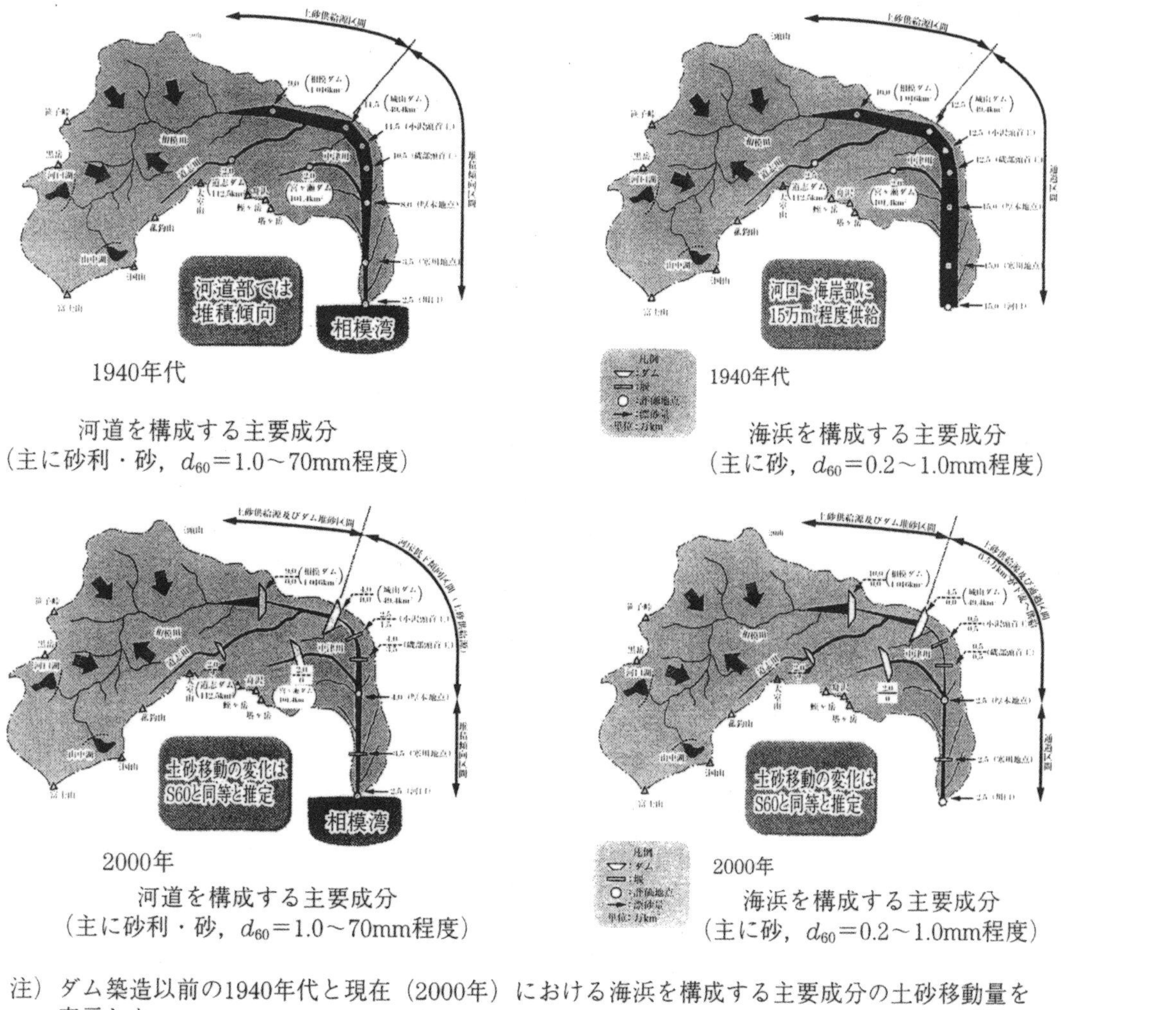

1940年代
河道を構成する主要成分
（主に砂利・砂，$d_{60}=1.0～70mm$程度）

1940年代
海浜を構成する主要成分
（主に砂，$d_{60}=0.2～1.0mm$程度）

2000年
河道を構成する主要成分
（主に砂利・砂，$d_{60}=1.0～70mm$程度）

2000年
海浜を構成する主要成分
（主に砂，$d_{60}=0.2～1.0mm$程度）

注）ダム築造以前の1940年代と現在（2000年）における海浜を構成する主要成分の土砂移動量を表示した．
※線の太さは砂移動量をイメージしたもの
※※図中の数字は年間移動量である

図2.57 相模川における年平均土砂移動量に関する土砂動態マップ[2]

2.4 土砂移動を測る

マイクロチップによる河床砂利の移動観測

角 哲也

(1) 技術の特徴

これまで河川における土砂移動観測は，移動中の土砂を直接採取するか移動前後の地形変化の計測によって行われてきたが，これら手法では，移動する土砂の挙動をリアルタイムで計測することは困難である．このため，掃流砂にマイクロチップを埋め込み，直接その位置を観測することで，リアルタイムに土砂の移動特性を把握できるようにしたことが本技術での特徴である．

(2) マイクロチップ

マイクロチップとは，固有の識別コードや各種情報を自身に記録し，観測機と無線で情報を交信することによりその識別を行うものである．なお，マイクロチップには，記録情報が読み込み専用のものと書き換え可能なものがある．この技術は管理・流通にとどまらずユビキタス社会の一翼を担う技術とされ，各種産業においてはセンサやバーコードの代替として固体管理・識別に用いられている．さらには，紙幣やカード，人体に埋め込むことで，偽造防止，誤認防止の用途も徐々に広がりをみせている．

一般にマイクロチップは苛酷な環境に耐える構造で，大きさは数mm～数cm，形状は円筒形カード型球状等様々である．マイクロチップと交信するためには，専用のアンテナや無線回路など含む観測機が必要となる．

(3) マイクロチップの種類

マイクロチップはそれを補足する方法により大きく2つに分類される．
①マイクロチップ自体が電源を持ち信号を受発信するアクティブ型
②マイクロチップ内に電源が無く外部から受ける電磁波により電力が供給されるパッシブ型がある．アクティブ型は観測機との交信距離が長い(数十m)反面，電池寿命，小型化が困難，高価といった欠点がある．また，パッシブ型は小型化が容易，安価である反面，交信距離が短い(数十cm)等の欠点がある．実際の観測にあたってはこれらの特性を踏まえ適切に選択する．

(4) 土砂移動観測への適用

土砂移動観測に際して，マイクロチップを使用する際の留意点を列挙する．
①水中での使用に適した交信周波数を使用したものを選定する．
②マイクロチップが回収不能であった場合の河川環境への影響を配慮する．特にアクティブ型はバッテリーを内蔵するため有害物質を含んでいる場合がある．
③マイクロチップの寿命が用途に合っている．
④観測機(交信用アンテナ)の適切な設置方法を選定する．

(5) 土砂移動観測事例

パッシブ型のマイクロチップを用いた観測事例を示す．まず，パッシブ型の欠点である交信距離の短い点を克服するため，交信用アンテナを河床に埋め込む．マイクロチップは観測対象の土砂へ個別に埋め込み，それらの土砂が移動し設置したアンテナ上方を通過することで通過土砂個体の特定と通過時刻の観測が行われるものである．

⇒2.4のコラム『土砂はどのように動くのか？』

写真 2.10　マイクロチップと土砂移動観測試料作成例

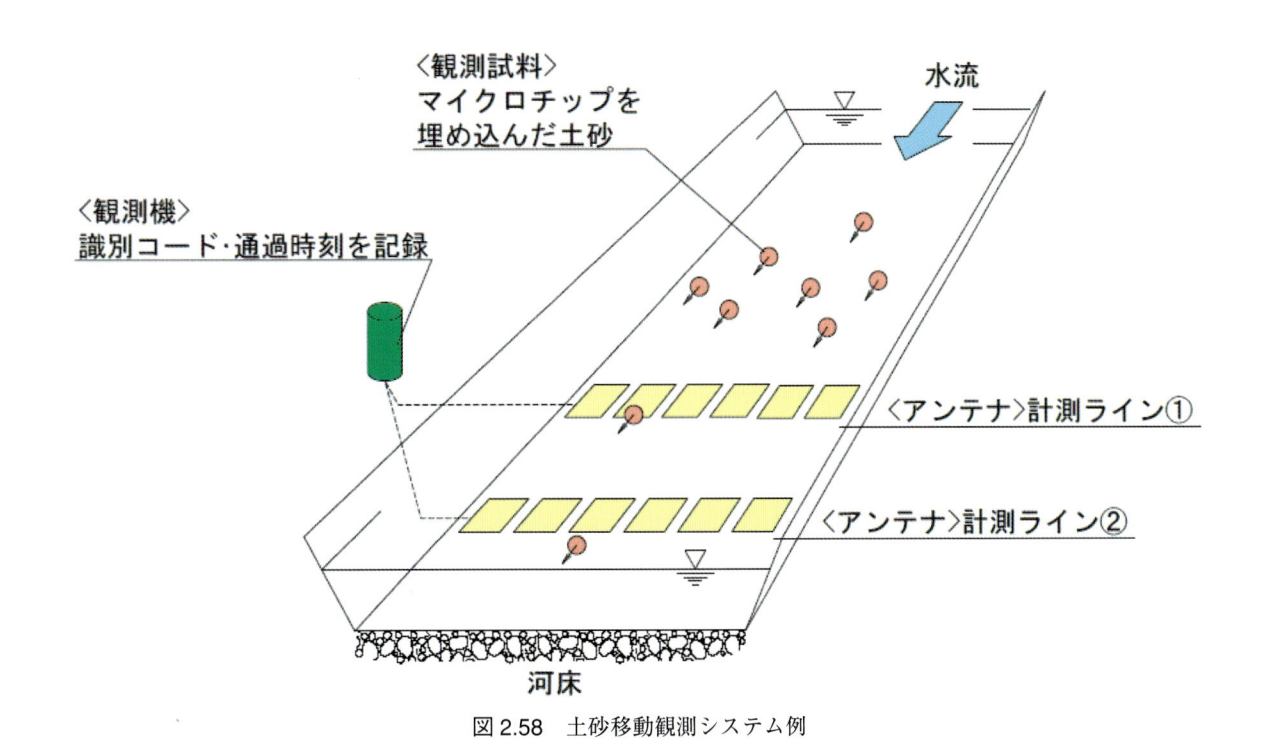

図 2.58　土砂移動観測システム例

コラム

土砂はどのように動くのか？

山本　晃一

　土砂の移動形態を論じる場合，通常次の3つに分けることが多い．

　①掃流砂（bed load）——河床近くを転がり，滑り，ジャンプしながら移動する流砂．

　②浮遊砂（suspended load）——流れによって浮遊されながら流下する流砂．流れの流送能力に応じて河床から浮遊し，また沈降する流砂で，流れの流送能力以上の流砂が上流から流下すれば過剰な砂分は沈積する．

　③ワッシュロード（wash load）——河床を構成する材料の中にほとんど存在しないような細かい粒子からなる流砂．一般には河川の水理量と流砂量とは一義的関係のない流砂と理解されているが，本書では濃度が水深方向にほぼ一様となるような流砂と定義する．

　3つの流砂形態は，河川における土砂の運動形態および移動形態を論じる場合に有効な概念であるが，互いに重なり合った部分があり厳密に区分できるものではない．実河川では流量の変動に応じて河床に働く掃流力が変化するので，ある粒径集団を取り出すと，出水時にはワッシュロード的であるが流量の小さいときは浮遊砂的であるというように流砂の運動形態が変化するため，粒径で土砂の運動形態を区分することはできない．

　扇状地河川では，ある程度大きな洪水でないと河床の砂利は全面的に動かない．年に数回生じるような洪水になると，砂利は砂州という大きな河床波を形成しながら掃流砂状態で移動する．このとき砂は浮遊砂状態で移動し，シルト・粘土は流れに乗ってワッシュロードとして流下する．

　砂利を河床材料に持つ自然堤防帯を流下する区間でも扇状地河川と同様であるが，大洪水では，河床に砂堆という水深の3～6倍程度の波長を持つ河床波を形成しながら砂利が移動する．

　砂利を上流の区間で落とした後の砂河川の区間に入ると，砂成分は小洪水では砂堆を形成し掃流状態で移動する．シルト・粘土はワッシュロードとして移動する．河岸から溢れるような洪水となると，砂堆は崩れ始め，河床は平坦となり浮遊砂状態になり流速が急増する．

　勾配の緩いデルタの河川でシルトを河床材料に持つ河川では，小洪水時シルトが浮遊砂状態で移動する．砂成分は本区間にも流入するがその量は多くなく，掃流状態で移動する．粘土は互いに結びつき沈降速度が大きくなりシルトと一緒に堆積する．

　このように河川では上流から下流に向かって粒径集団ごとに分級堆積し，粒径の異なった区間を形成する．これをセグメントという．セグメント内では，種々の川の特性が似たようなものとなる．図2.59に木曽川の縦断図（セグメント）と河床材料を示す．

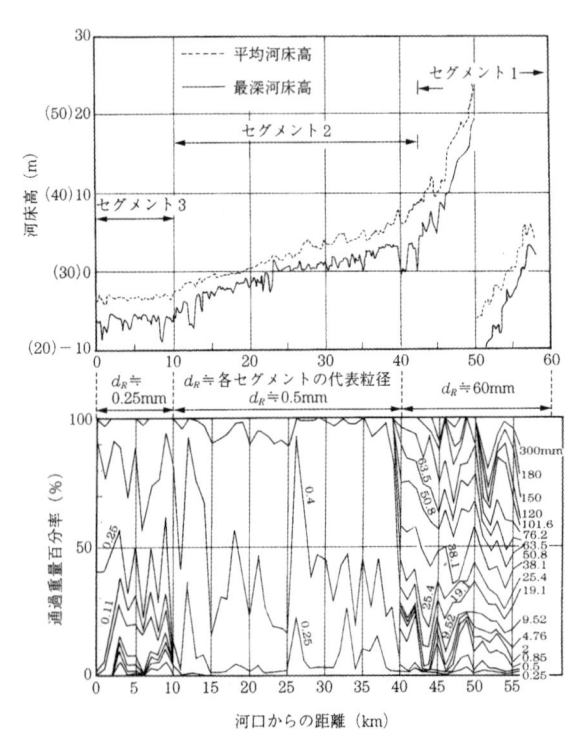

図2.59　木曽川の河床高と河床材料の縦断方向変化

写真2.11に砂州を，写真2.12に砂堆を，写真2.13に砂堆から平坦に変わる遷移状態を，写真2.14に平坦河床を示す．砂州を中規模河床波，砂堆，遷移河床，平坦河床のほかに流速の遅い状態で生じる砂漣，勾配の急な扇状地河川で生じる写真2.15に示す反砂堆を小規模河床波と総称している．

1970年代からの精力的な研究活動により，現在では，どのような水理条件であれば，どのような河床波が生じるかの評価が可能となっているが，成因については解明されたとはいえない．

参考資料
1) 山本晃一：構造沖積河川学，山海堂，pp.12～53，189～218，2004．

⇒ 2.4の『土砂移動量を知る』
2.4の『マイクロチップによる河床砂利の移動観測』

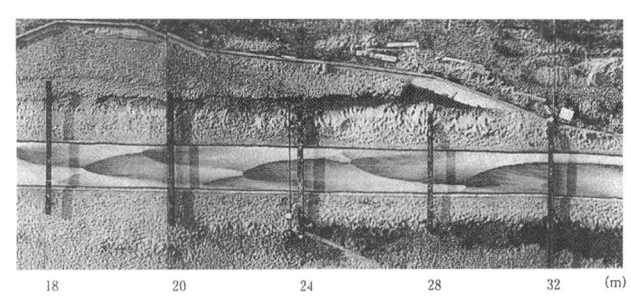

写真2.11　複列砂州と交互砂州

写真2.12　砂堆

写真2.13　遷移河床

写真2.14　平坦河床

写真2.15　反砂堆

2.5 水質を測る

バイオアッセイ

田中　宏明

(1) 河川管理におけるバイオアッセイ利用

バイオアッセイとは，生物または生体系の反応により対象物質の生物への影響を評価する試験のことであり，環境分野では毒性試験として物質そのものを取り扱うほか，環境水，底質，土壌なども対象とする．目的によって，哺乳動物から，魚類，甲殻類，藻類，細菌類，さらに細胞組織の一部にいたるまでさまざまな生物が使用される．

河川管理においてバイオアッセイを用いる目的は，①化学分析を補うための補完法としての利用と，②河川水そのものに対する人あるいは生態系への影響反応を調べる総括的なモニタリング方法としての利用に区分できる．

(2) 化学分析を補うためのバイオアッセイの例

河川の水質測定は化学分析を中心に発展してきたが，測定対象としない汚染物質の存在を知ることはなかなか難しい．そのため例えば，河川で起こる水質事故を迅速に検出する魚類やミジンコ，貝類，藻類などの生物を用いた毒性検出のバイオモニタの研究開発が進んでいる．ここではわが国で初めて河川管理に実用化されたバイオセンサを紹介する．

毒物センサ（写真 2.16）は，多くの毒性物質に対して感受性が高いアンモニア酸化細菌を有機質膜 2 枚に挟み込んだ生物膜と溶存酸素（DO）電極を組み合わせた簡単な構造である（図 2.60）．図 2.61 のセンサ出力では，酸素消費量の大きさを示しているが，この細菌がアンモニアを基質として代謝し，酸素消費するため，膜内の DO が低下したセンサ出力を示す．河川水に毒性物質が含まれる場合，固定化細菌の代謝が阻害され代謝速度が低下するため，酸素消費速度は低下しセンサ出力幅は減少する．短時間でこの出力変化を自動的に検出し，河川管理者に毒物検出を知らせることができる．

(3) 河川水質の生物学的な総合評価の例

人あるいは生態系への影響反応を総括的な評価をするための利用方法である．ここでは，生態系の基盤を構成する藻類を対象とした 2 つの事例をあげる．都市や農地から排出される汚染物質が河川に入り，健全な水生生態系の棲息環境に影響を与えていないかが懸念される．ここでは，まず生産基盤を支える緑藻を用いた藻類生産ポテンシャ

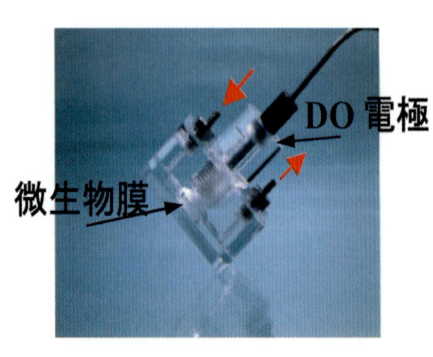

写真 2.16　毒物センサ生物電極

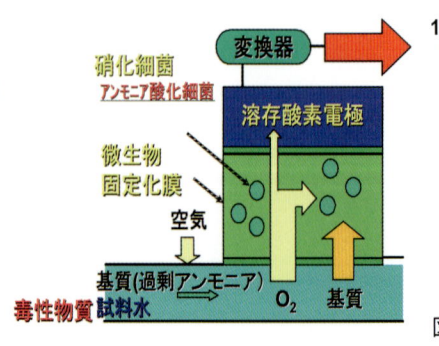

図 2.60　毒物センサ生物電極構想図

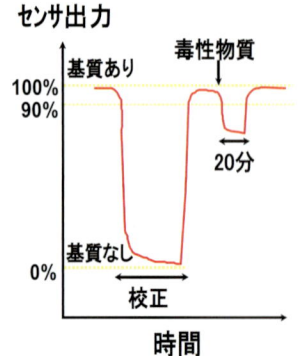

図 2.61　毒物センサの毒性物質への応答

写真 2.17 フラスコを用いた培養

写真 2.18 マイクロプレートを用いた培養

表 2.3 藻類成長阻害試験結果

Sample	EC_{50}
St.1	–
St.3	14.0
St.5	17.0
STP-1	6.6
STP-2	5.4
STP-3	9.1

EC_{50} はサンプル濃縮倍率で表示

ル（AGP）試験の例を示す．

AGP試験はこれまでは，写真2.17に示すフラスコが培養に用いられてきたが，用いる試料量の低減，培養スペースの節約，並行実験数を増やすため，写真2.18に示す微小試料量を用いた100倍のスペース効率をもつ96穴マイクロプレート法を開発した．各ウェルには200 µLのサンプルと40 µLの藻類の細胞懸濁液を入れ，振とう培養（24℃，4,000 lux，12時間明暗条件）を行った．マイクロプレートリーダを用いて各ウェルの吸光度（波長450 nm）を測定し，藻類濃度が一定となった時点の藻類増殖量（mg/L）を求めてこれをAGPとし，河川や貯水池の富栄養化を生じさせる潜在能力を示す．

一方，藻類生長阻害試験は，マイクロプレートの各ウェルに，サンプルおよび栄養塩を含むAAP培地成分，藻類を加え，過剰な栄養塩条件下でAGPと同じ条件で96時間培養を行う．培養期間中，AGP試験と同様に藻類増殖量を測定し，試験終了後，藻類生長曲線から，対照区と比較した場合の実験区の藻類生長阻害率を計算する．サンプル濃度と藻類の生長阻害率の関係から，生長が50％阻害される濃度である50％影響濃度（Median Effective Concentration：EC_{50}）を算出する．

(4) 多摩川における調査例

図2.62の多摩川中流部への流入が始まる下水処理水の放流口（STP-1 ～ STP-3），支川（T-1 ～ T-5）において，ろ過したサンプルをAGP試験した．また，下水処理水および河川水サンプルを固相カラムにより濃縮を行い，藻類生長阻害試験を行った．図2.63に示すように，下水処理水が流入すると高いAGPを示し，河川の富栄養化が生じることを示している．表2.3は，流入前には認められなかった毒性が，下水処理水では5～9倍濃縮で，また流入後河川水では14～15倍で50％の増殖阻害が生じることを示す．

参考文献

1) 国土交通省水質連絡会，水質事故対策技術－2001年版－，技報堂出版(2001)
2) 山下尚之，田中宏明，宮島潔，鈴木穣，マイクロプレートを用いたAGP試験の検討，水環境学会誌，第28巻，8，pp.493 ～ 499，2005．

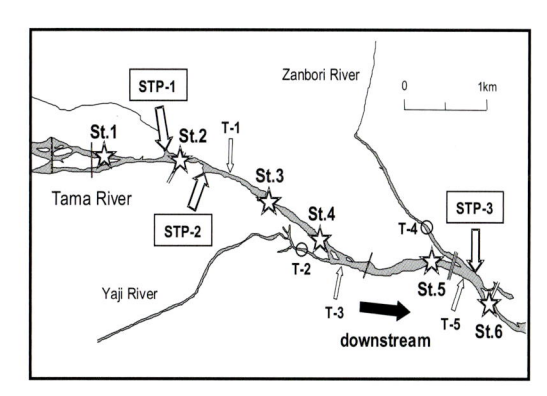

図 2.62 多摩川中流域の調査地点

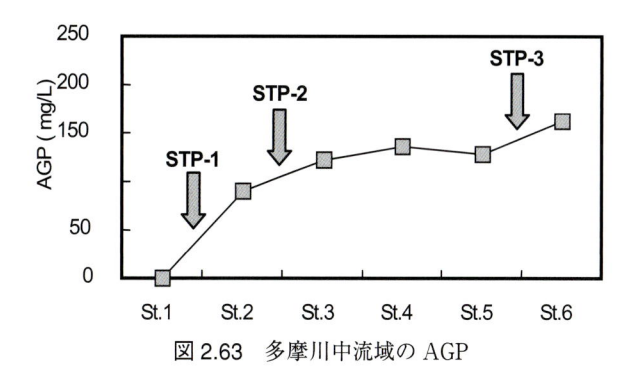

図 2.63 多摩川中流域の AGP

2.5 水質を測る

内分泌攪乱物質と河川生態

田中　宏明

（1） 内分泌攪乱問題

内分泌攪乱化学物質，いわゆる環境ホルモンは河川環境での水質と河川に生息する生物との関わりに新たな観点を与えた．生物の恒常的なバランスを保つために，ホルモンは大きな役割を果たしている．ホルモンは，これを信号として捉える生体内の受容体（リセプタ）に結合し，選択的な信号として働くことで遺伝子を機能させ，体内の機能の調整を行っている．しかし，本来ホルモンが結合すべきリセプタに化学物質が結合することで，遺伝子が誤った指令を受けるという問題が注目されている．このことにより生物が利用してきたホルモンによる信号を攪乱させる，いわゆる内分泌攪乱が生じる．

流産防止に使われた合成の女性ホルモン（エストロゲン）であるジエチルスチルベストロールによる人体被害や，DDTなど化学物質による野生生物への生殖異常が1970年以降報告されていた．1990年代に入って，エストロゲン様作用を持つ化学物質によって動物細胞が増殖異常する事実が発見され，人や野生生物で起こる生殖異常の原因が細胞レベルや動物による実験で確かめられるとした仮説「奪われし未来」が出版され，新たな関心を呼んだ．

（2） 河川におけるエストロゲン様汚染

英国で下水処理場の下流河川に棲息する魚類，コイ科のローチに顕著な雌性化が見られるとの報告がなされたことから，国土交通省は，水環境における汚染実態把握の観点から全国一級河川の汚染実態を1998年度から4年間にわたって調査し，10億分の1（ppb）から1兆分の1（ppt）というごく低濃度ではあるが，数多くの内分泌攪乱作用が疑われる化学物質を一級河川から検出した．

イギリスBrunel大学の遺伝子組み換え酵母は，ヒト由来のエストロゲン受容体の遺伝子が組み込まれている．エストロゲンあるいはエストロゲン様の物質が，この受容体と結合すると産生される酵素量を測定することで，エストロゲン様の作用の大きさを総合評価できる（図2.64）．実態調査で測定された内分泌攪乱化学物質のエストロゲン様作用は，エストロゲンである17ベータエストラジオール（E2）に比べ，エストロン（E1）はその0.3倍，合成エストロゲンであるエチニルエストラジオール（EE2）は0.5倍，界面活性剤の分解生成物であるノニルフェノール（NP），4-t-オクチルフェノール，プラスチック材料であるビスフェノール（BP）Aは数百分の1から1万分の1倍とエストロゲン作用の相対的強度が明らかとなった．

1999年から3年間にわたり全国主要河川で採取された247試料のエストロゲン様活性の平均値は最も高い地点で30 ng/L-E2と魚類の雌性化が懸念されるレベルであったが，平均は0.8 ng/L-E2等量であり，平均値以下の試料が全体の80％を占めていた．エストロゲン様活性とは，試料中のエストロゲン様物質に対する包括的な作用を評価する指標であるため，次にエストロゲン様作用をもつ個々の調査対象物質が，包括的なエストロゲン様作用にどの程度寄与しているのかを検討した．この結果，比較的エストロゲン様活性が高い河川水では，主に寄与している化学物質は，E1, E2, NPの3種であり，特にE1が最も大きく寄与していた（図2.65）．その他の多くの河川では，これらの化学物質が検出されていないものの，エストロゲン様活性が認められ，一級河川が広くエストロゲン様物質に汚染されていることが明らかになった．

(3) 全国の一級河川での野生コイの雌性化

国土交通省は、日本の河川で実際に魚類の雌性化が起こっているかどうかを確かめるため、野生のコイを全国の10の一級河川で捕獲調査した。雌のコイは、卵巣で産生される女性ホルモンを信号として、肝臓で卵黄タンパクの前駆体であるビテロゲニン（VTG）と呼ばれる卵黄タンパク質の前駆物質を作るが、雄はVTGをほとんど作らないと考えられている。しかし、水に含まれる女性ホルモン様物質に曝露されると、雄であっても、女性ホルモン様物質によって雌と同じく肝臓でVTGが作られる。従って雄コイの血中VTGの存在は、雌性化のバイオマーカーとなると考えられる。

国土交通省が、4年間に捕獲した551尾の雄コイの血中VTGは、73.9％で0.1 µg/mL未満であったが、26.1％は0.1 µg/mL以上、10.7％が1 µg/mL以上、3.4％が10 µg/mL以上であった。このことから、日本の河川に生息する雄コイの一部が体内でVTGを生成していることが確認された。検出方法が異なるものの、これらの割合は米国内務省地質調査所が全米で行った雄コイでのVTG検出率とほぼ同程度であり、英国でのコイ科のローチの雄から見つかったVTGよりもはるかに少ない。

調査地点での水中および底質中のエストロゲン、NP、BPAの化学物質濃度と雄コイのVTG検出率には有意な相関性は見いだされなかったが、水中のエストロゲン様活性と雄コイの血中VTGには弱いながら有意な相関性がみられた。また、精巣に異常がみられた雄コイは17％であり、このうち精巣内に雌特有の卵細胞がみられたものは6％であったが、精巣異常の雄コイの比率と河川水の内分泌攪乱化学物質の濃度にも有意な相関性はみられなかった。したがって、河川水に含まれるエストロゲン様活性によって野生の雄コイにVTGの誘導が起こっている恐れが高いが、エストロゲン様活性によって、野生の雄コイの生殖器に異常が生じているとはいえない結果となった。雄のコイにVTGの誘導が見られることが、生殖上どのような問題を持っているのかは依然明らかではない。しかし、高濃度の化学物質を用いた室内実験からは、VTGの多量な誘導と生殖器の異常、受精卵の孵化率の低下が見られる研究報告もあり、野生の雄コイや他の魚種のモニタリングを継続して行う必要がある。

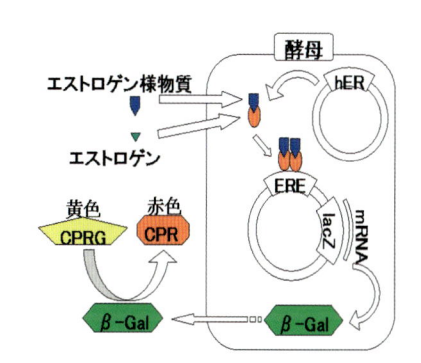

図 2.64 組み換え酵母によるエストロゲン様活性の測定

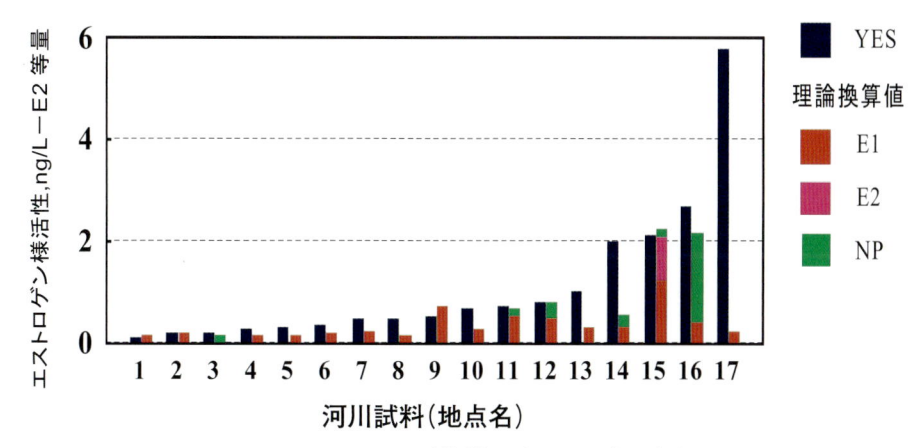

図 2.65 エストロゲン様活性の高い河川水の由来

2.5 水質を測る

リモセンによる水質測定

大串 浩一郎

(1) 技術の特徴

リモートセンシング(remote sensing)とは，離れた所から対象物の情報を計る計測技術である．対象物からは可視光や赤外線などの電磁波が反射または放射され，それを感知するカメラやスキャナなどのセンサによって計測する．センサは通常，航空機や人工衛星などのプラットフォームに搭載され，計画的に対象物の調査に利用される．その応用分野は，農林業，地質，水文，海洋，気象，環境など多岐にわたっている．リモートセンシングによって対象物の情報が推定できるのは，「全ての物体は種類および環境条件が変われば，電磁波の異なる反射・放射特性を示す」という原理に基づいている．

(2) リモセンと現地観測に基づく有明海湾奥部の水質観測

このリモートセンシングを利用して，九州の有明海において水環境の推定・把握に役立てることが可能である．有明海は，わが国最大の潮位差をもつ半閉鎖性内湾で，湾奥部においては広大な干潟が見られ，また，海苔や種々の魚介類生産の場としても重要な水域である．これまで，この水域では沿岸各県が浅海定線調査により30年近く水質を調査してきた(図2.66)．

また，地球観測衛星Landsatは1972年の1号打ち上げ以来，同一地点を18日(もしくは16日)に1回の割合で観測し続けており，長期間，かつ広範囲の衛星画像が利用可能である．同じプラットフォーム，同じセンサで同一地点を継続して計測してきたという事実は非常に重要で，近年の高解像度商業衛星の利用とは一線を画する考え方，あるいは哲学が感じられる．

上記の長期間の水質観測データならびにそれを補う現地観測による水質データを基に，人工衛星画像より有明海の水質を予測することが可能で，さらにそれを基に有明海の過去から現在にかけての水環境の推移を把握することができる．

解析に用いたデータはLandsat-TM，ETM+画像と過去20年以上にわたって有明海で観測された水質指標(透明度，水温，クロロフィルaなど)ならびに筆者らが独自に行った現地観測結果である．写真2.19に観測に利用した佐賀大学有明海観測塔を示す．

この場所は，有明海湾奥部，早津江川澪筋の端部で，ここにメモリ式クロロテックを長期間設置し観測を実施した．浅海定線調査資料と衛星画像の組み合わせについては，正確なアルゴリズム開発のため，日時が観測日と一致し，かつ雲量が少ない衛星画像を選定する必要がある．幾何補正と

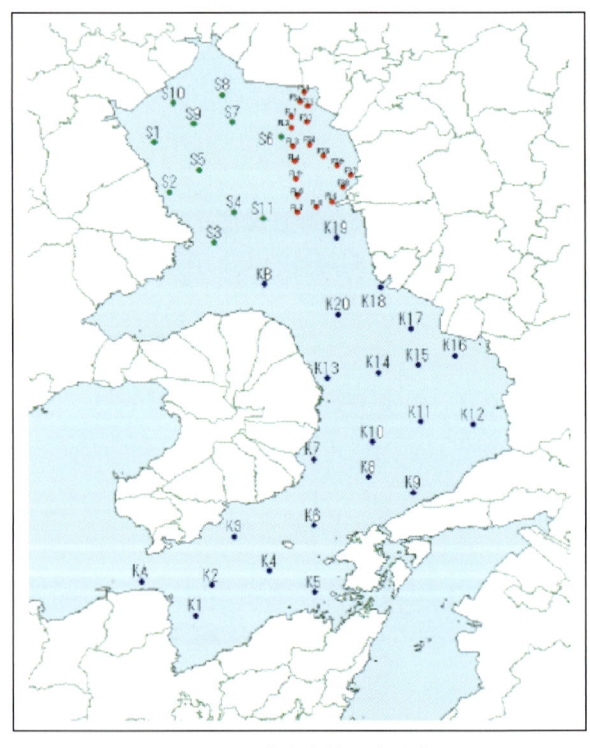

図2.66 浅海定線調査地点

大気補正を行った各画像と実測値との回帰解析を行うことにより，最適な水質推定アルゴリズムを求めることができる．

大気補正が必要な理由は，大気中の気体分子やエアロゾルによる光の吸収・散乱によって光の強度が減衰し，また大気の熱放射や対象物以外からの散乱による射出も同時に起きるためである．そのため，複数の衛星画像を同時に取り扱う場合には大気補正が必要である．著者らは放射伝達理論に基づくLOWTRAN7というプログラムによりこの補正を行った．

現在までのところ，Landsat衛星画像を利用して，透明度，水温，クロロフィル濃度などの推定が可能になってきている．図2.67にLandsat衛星画像による1988年と1998年の透明度の推定分布図を示す．左図において湾奥や諫早湾における，より透明度の低い水塊が観察でき，底泥の巻き上げ・移流輸送が起きていることが予想される．

参考文献
1) 大串浩一郎，馬場里美，荒木宏之，Thian Yew GAN：衛星画像と現地観測に基づく有明海湾奥部の水質評価，水工学論文集，第47巻，pp.1261〜1266，2003．

写真2.19　佐賀大学有明海観測塔

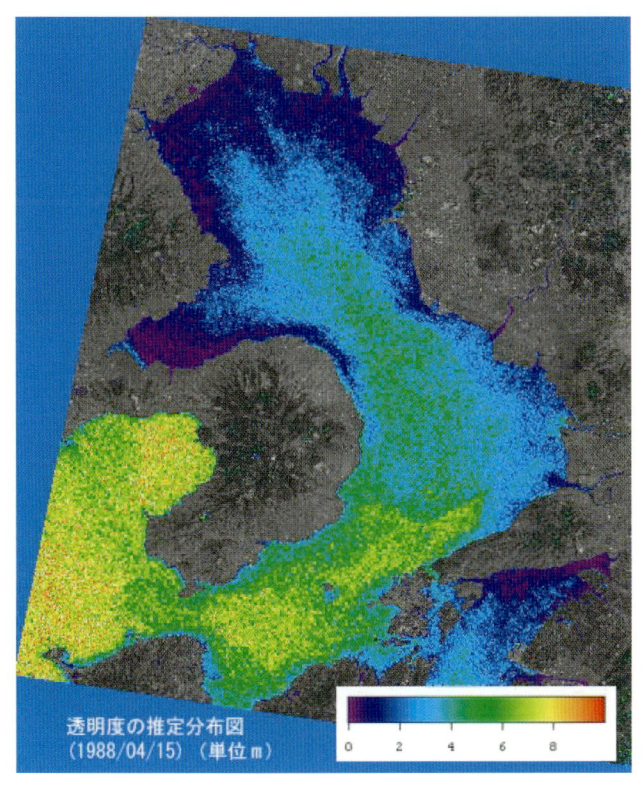

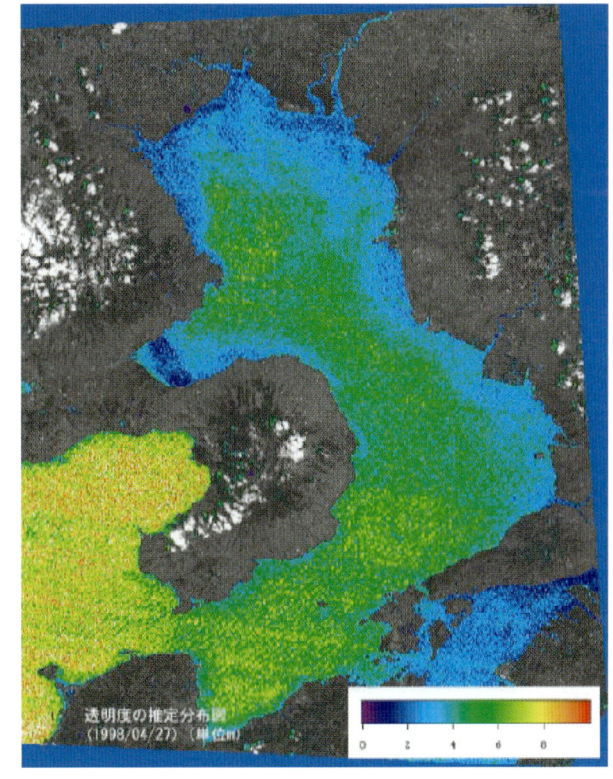

図2.67　Landsat衛星画像による有明海の透明度分布推定図
（左：1988年4月15日，右：1998年4月27日）

2.5 水質を測る

自動連続観測

天野　邦彦

(1) 技術の特徴

　川や湖の状況は常に変動している．降雨があれば，川や湖の水位は上昇するし，水質も変化する．川や湖の管理は，このような状況の変化を捉えることなしには行うことができない．川や湖の管理において，観測する必要がある項目は数多く存在する．水位はもちろんのこと，水質や流速，周辺の気象状況を観測する必要がある場合もある．管理において観測することが重要な項目ほど，観測地点数や頻度は大きくするべきである．また，変化が激しい項目については，連続的に観測する必要もでてくる．自動連続観測は，このような要求に応じる形で実施されている．

(2) 水位の自動連続観測

　川，湖やダム貯水池においてよく使用されている水位自動観測装置には，表2.4にあげるようなものがある．通常，自動観測された水位データは，テレメータで管理所などに電送される．ダム管理所では，このようにして得られたデータに基づいて，放流量を決めてダムの水位を管理している（図2.68）．また，全国の河川で測定されている水位データは，"国土交通省リアルタイム川の防災情報"（http://www.river.go.jp/）で公開されている．

(3) 水質の自動連続観測

　水質の自動連続観測も水位同様に数多く実施されている．水質の自動連続観測は，センサタイプのものと，採水と処理を自動で行うことで観測するタイプのものに大きく分けられる．一般に多く用いられているのは，センサタイプのもので，水温，濁度，電気伝導度，pH，溶存酸素濃度の5項目について測定されることが多い．センサタイプのものは，同時に水圧を測定して測定水深を記

図2.68　ダム操作盤

表2.4　水位自動観測装置の種類[1]

検出方法	機器名称	説明
フロート式	フロート式水位計	水面に浮かべたフロート錘をワイヤで結び，そのワイヤを滑車にかけて回転量を記録する．
	リードスイッチ式水位計	水中に測定柱を立て，その中に磁石のついたフロートと一定間隔に並んだリードスイッチを配置する．フロートの上下によるスイッチのON/OFFで水位を測定する．
圧力式	気泡式水位計	水深と水圧が比例することから，水中に開口した管から気泡を出す時に必要な圧力を測定し，水位を測定する．
	水圧式水位計	水中に設置された圧力センサの信号を電気的に変換して水位を測定する．
超音波式	超音波式水位計	超音波送受波器を水面の鉛直上方に取り付け，超音波が水面に当たって戻ってくるまでの時間を測定して水位を測定する．

録することができる場合が多い．富栄養化が問題となるような湖やダム湖では，植物プランクトン量を表す指標であるクロロフィルaが測定される場合もある（図2.69：(財)ダム水源地環境整備センター提供）．

採水と処理を自動で行うタイプについては，センサタイプでは測定が困難な窒素，リン，CODといった項目を測定するものがよく利用されている．図2.70は，霞ヶ浦に設置されている湖心観測所の全景である．本観測所においては，水位，波高，雨量，風向・風速，日射量，蒸発量，気温に加えて水温，pH，DO，濁度，COD，電気伝導度，全窒素，全リン，クロロフィルaが測定されている．

水質自動連続観測を行うことで，水中でどのようなことが起こっているのか，詳しく知ることができる．図2.71は，浅い貯水池での8月前半の水温と溶存酸素濃度の測定結果を示している．昼間は表層での水温上昇が著しく，また植物プランクトンの光合成により溶存酸素濃度が上昇することがわかる．8月13日は，天候が悪かったようで，水温は低下し，日射不足のため光合成が活発に行われず溶存酸素も上昇しない．

水質自動連続観測は，定期水質調査のみでは把握しきれない突発的な現象も捉えることが可能である．

川や湖などの水質変化には，水の移動に伴い突発的に起こる現象が生態系に大きな影響を及ぼす場合がある．このような現象を把握し，より良い管理を行うためにも水質自動連続観測結果の利活用が望まれる．

参考文献
1) 建設省河川局監修：改訂新版　建設省河川砂防技術基準（案）同解説　調査編，山海堂，1997．

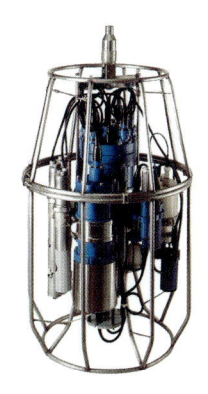

図2.69　ダム湖水質自動観測装置（KW-1型）

図2.70　霞ヶ浦湖心観測所（霞ヶ浦河川事務所提供）

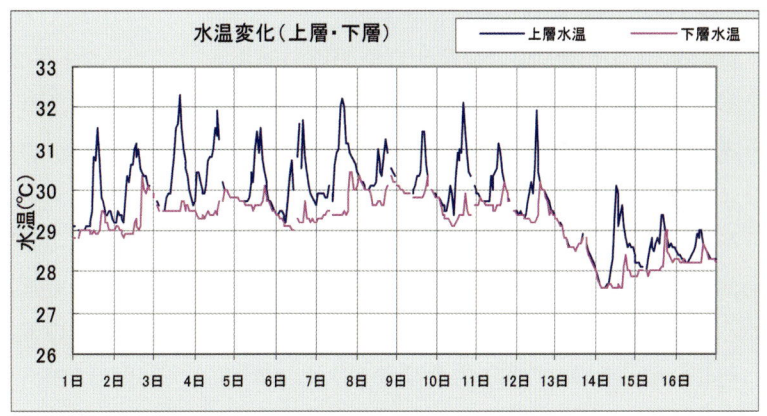

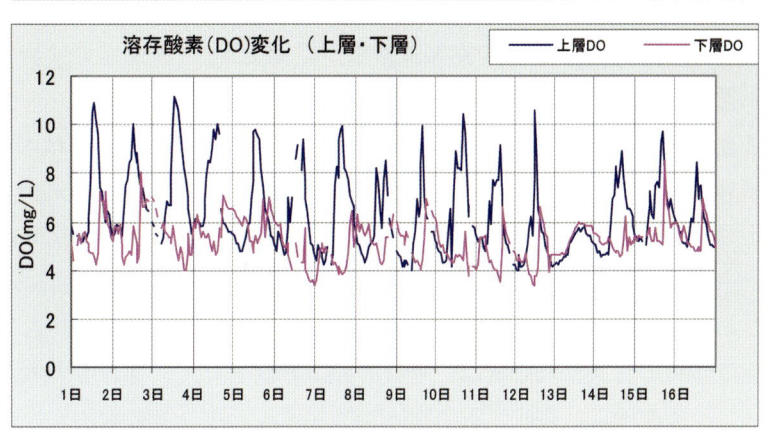

図2.71　貯水池における水質変化連続測定結果の例

2.5 水質を測る

安定同位体比を用いて水質の由来を知る

戸田 任重

窒素原子には化学的性質は全く同じで質量数（中性子数）が異なる原子が存在する．質量数が14の原子（^{14}N）と15の原子（^{15}N）であり，それらの原子は放射崩壊せず安定同位体と呼ばれる．地球表層では質量数が14の原子が99.64％と圧倒的に多いが，中性子が1つ多い質量数が15の原子もわずかに存在する．

地球全体としては，両者の存在割合は一定であるが，植物や動物，あるいは肥料などの物質ごとにその存在比はわずかではあるが明らかに異なる．この差異を測定して，ある物質を構成する元素の由来を特定できる．

水深の浅い河川での有機物生産者は付着藻類であり，付着藻類は河川水から窒素をはじめとする栄養塩類を直接吸収し，その生育期間は数週間にわたる．

付着藻類の窒素安定同位体比はその間の河川水中の無機態窒素の同位体比を反映したものになると考えられる．この点では，河川水中の窒素の同位体比が瞬間値で一時的な窒素流出等の影響を受けやすいのに対し，付着藻類の同位体比はより長期的な窒素源の変化を反映しているものと考えられる（Toda $et\ al.$, 2002）．

河川には，流域から様々な物質が流入している．窒素に関してみれば，上流域では，近接した森林から，落葉や落枝の形態で懸濁態窒素が直接入り，無機態や有機態の溶存態窒素の流入もある．人間活動が活発になる中流域では，農耕地由来の窒素や人間・家畜からの排出物，食品工場などからの排水が流入してくる．様々な起源の窒素は，河川水中では，混合し，変換されて，硝酸態窒素をはじめとする窒素化合物として存在する．

これらの流入した窒素は，河川水質に影響を及ぼし，またそこに生息する生物に利用される．窒素（硝酸態窒素）濃度が高すぎれば，飲用水として不適になるし，それがダムや湖沼，内湾等に流入すれば植物プランクトンの増殖を引き起こし，アオコや赤潮の原因にもなる．

河川水の窒素レベルを適切に保ち，下流域を含む河川生態系を健全な状態で維持管理していくうえで，流域からの窒素の起源の特定は重要である．ここでは，付着藻類の窒素安定同位体比を用いて河川水中の窒素の起源を推定した事例を紹介する．

窒素安定同位体比は大気中の窒素を基準にして，それよりも^{15}Nが多ければプラス，少なければマイナスの符号を付けて千分率（‰，パーミル）で表す．

$$\delta^{15}N(‰) = (R_{試料}/R_{大気} - 1) \times 1000$$

ここでRは$^{15}N/^{14}N$比である．この表示方法で示した場合，化学肥料由来の窒素の$\delta^{15}N$値は$-3 \sim +3$‰の低い値を，人尿尿・畜産排出物由来の窒素の$\delta^{15}N$値は$+10 \sim +20$‰の高い値を示すことが知られている．

千曲川の溶存態全窒素濃度は，上流では0.1 mg-NL^{-1}程度であったが，高原野菜栽培の盛んな地域では2 mg-NL^{-1}を越え，その後はやや低下し，中流部では1.5 mg-NL^{-1}前後で推移した（図2.72）．

付着藻類の窒素安定同位体比は，上流の-1.5‰から次第に増加し，中流部では$+6 \sim +8$‰に達した．千曲川流域において原単位法で算出した単位面積当りの窒素負荷発生量は，$8 \sim 20$ kg-Nha^{-1}年$^{-1}$で，下流ほど増加する傾向を示した．

上流部では，森林および農耕地（主に畑地）由来の窒素負荷が主体であり，下流にいくに従い，畜産排出物および下水処理水由来の窒素負荷量が増加している．特に，下水処理水由来の窒素負荷量の増加が大きい．下水処理水と畜産排出物由来の窒素とを合わせると，全窒素負荷量中の割合は，

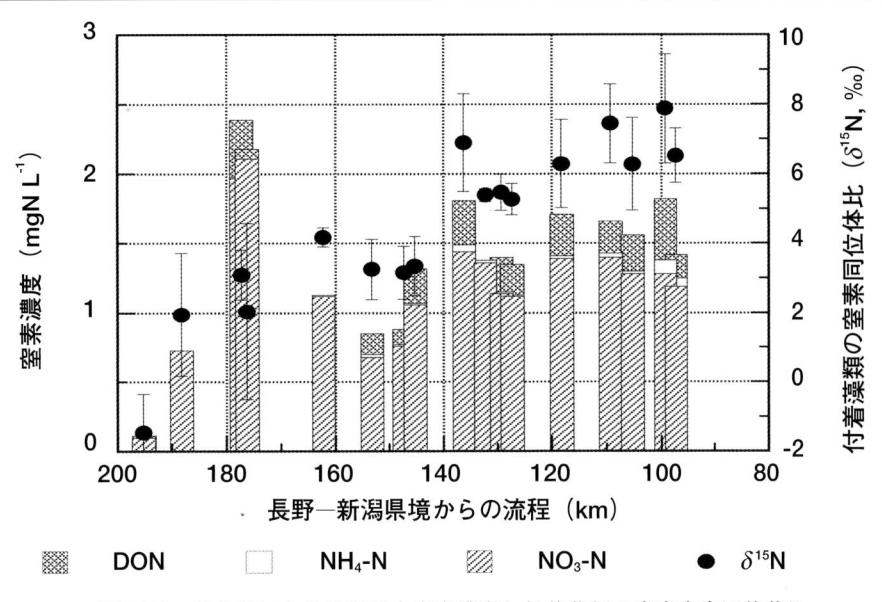

図2.72 千曲川における河川水窒素濃度と付着藻類の窒素安定同位体比

上流の6％から下流の40％へと上昇している．

上述したように，下水処理水や畜産排出物に由来する窒素の安定同位体比（$\delta^{15}N$値）は比較的高い値（+10～+20‰）を示す．千曲川周辺の下水処理水の溶存態窒素の$\delta^{15}N$値は平均19.5‰であった．千曲川流域では，窒素負荷源の変化にともない，流入する窒素の$\delta^{15}N$値も高まっているものと考えられる．流入してくる窒素の安定同位体比の変化は，河川水中の窒素の同位体比，さらにはそれを吸収同化して生育する付着藻類にも反映してくるはずである．

千曲川では，付着藻類の$\delta^{15}N$値と下水処理水と畜産排出物に由来する窒素の相対的割合とには有意な正の相関関係が認められた（図2.73）．原単位法に基づく推定でも，付着藻類の窒素安定同位体比からも，千曲川では流下にともない，流入してくる窒素の起源が，農耕地・森林由来の窒素から下水処理水および畜産排出物由来の窒素にシフトしていることが示唆された．

付着藻類の窒素安定同位体比は，流域からの窒素源と密接に関連している．土地利用や人口，家畜飼養頭数などの統計資料に加えて，付着藻類の窒素安定同位体比を測定することで，流域の窒素負荷源のより的確な特定が可能となる．

参考文献

1) Toda, H., Y. Uemura, T. Okino, T. Kawanishi, and H. Kawashima : Use of nitrogen stable isotope ratio of periphyton for monitoring nitrogen sources in a river system. Water Science and Technology, 46, pp.431～435, 2002.

⇒2.6の『安定同位体比分析を用いた食物網の構造把握』

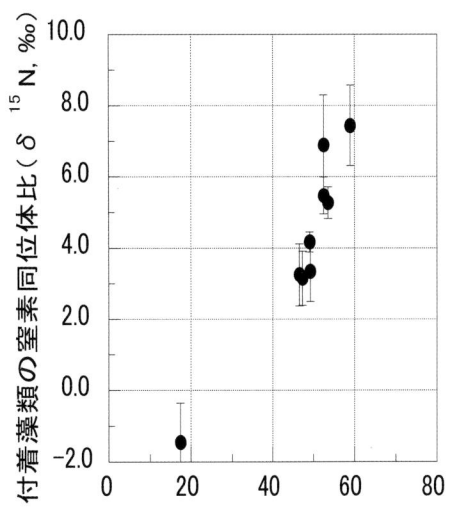

図2.73 付着藻類の窒素安定同位体比と人・畜産排出物由来窒素の相対的割合

コラム

新しい水質指標

阿部 徹

(1) 今後の河川水質管理の指標（案）構築の背景

　従来の河川水質管理は，有機性汚濁の程度を表すBODを主な指標として行われてきた．河川の汚濁が深刻な問題であった1970年頃にはBODが河川水質指標として意味があったが，近年，河川水質が目覚しく改善された結果，BOD測定に基づく河川水質の評価の意義が薄れてきている．その一方で，生物の生息環境上問題となるアンモニア態窒素や浄水処理において問題となるアンモニア態窒素やトリハロメタン生成能などはBODでは評価できない．

　また，河川の利用目的や水質保全目的が大きく変化し，多様化してきており，住民の水環境へのニーズにあった指標や目標の設定など，新たな河川水質管理の視点に基づき，住民にわかりやすくその目的にあった指標を構築し，住民と連携した水質調査・対策が必要となってきた．

(2) 今後の河川水質管理の指標（案）の内容

1) 新たな河川水質管理の視点

　河川管理者が行う今後の河川水質管理として，平成9年の河川法の改正による「河川環境の整備と保全」の視点および水質改善が図られていない閉鎖性水域の水質保全上の課題を考慮し，
①人と河川との豊かなふれあいの確保，
②豊かな生態系の確保，
③利用しやすい水質の確保，
④下流域や滞留水域に影響の少ない水質の確保
の4つの視点を掲げた．

2) 河川水質管理の指標項目

　河川水質管理の視点別に河川水質の確保すべき機能に関連する指標項目を整理し，その中で代表性を持つ項目を今後の河川水質管理指標項目（案）とし，さらに，「住民との協働による測定項目」と「河川等管理者による測定項目」に分類している（表2.5）．「住民との協働による測定項目」の中に，人の五感で捉えられる感覚指標項目を導入しているところに特徴を有する．

3) 新しい指標に基づく河川水質の評価

　今後の河川水質管理の指標項目（案）の中で，水質管理上重点的に評価を行う項目については，ランクに対応した評価レベル（案）を設定している（表2.6）．ただし，「下流域や滞留水域に影響の少ない水質の確保」の視点は，一般的に滞留水域の水質と滞留水域に流入する河川の水質は異なり，現状の知見では下流域へ影響を与える河川水質濃度を評価することが困難なため，現時点ではランクや評価レベルは定めないものとしている（将来的にはランクやレベルの設定を行い，河川水質環境の評価を行う）．

(3) 今後の課題と展開の方向性

　平成17年3月に国土交通省河川局河川環境課から手引書「今後の河川水質管理の指標について（案）」が作成され，それに基づき，平成17年度から全国1級109水系直轄管理区間で，河川水質調査の一環として「今後の河川水質管理の指標（案）」の本格運用が始まっている．今後も引き続き，蓄積される新しい水質指標データを基に，データ間の関係性，関係指標のバラツキ等の解析を行い，新しい水質指標の水質項目，評価ランクの評価を行い，必要な見直し等を行うこととしている．

　また，新しい河川水質指標調査から見えてくる水質課題等，今後の河川水質管理における調査結果の活用方法の検討も重要である．そのためにも，新しい河川水質指標調査による住民との協働調査と結果の効率的な公表等をよりいっそう進め，流

域全体を見通した水質評価が重要であると思われる．

参考文献
1) 国土交通省河川局河川環境課：今後の河川水質管理の指標について（案），2005.

表2.5 今後の河川水質管理の指標項目(案)

河川水質管理の視点	河川水質の確保すべき機能	今後の河川水質管理指標項目(案)	
		住民との協働による測定項目	河川等管理者による測定項目
人と河川の豊かなふれあいの確保	快適性（利用にあたって快適であること）	ゴミの量 透視度，（簡易COD） 川底の感触，（簡易COD） 水の臭い，（簡易DO），（簡易COD）	SS，濁度，（BOD） (BOD)，(T-N)，(T-P)，（クロロフィルa） （DO），（BOD）
	安全性(利用にあたって安全であること)		糞便性大腸菌群数
豊かな生態系の確保	生息，生育，繁殖	簡易DO，（簡易COD） 簡易NH₄-N 水生生物の生息 （水温），（簡易pH），（簡易COD）	DO，(BOD)，SS NH₄-H スコア法（pH） (BOD)，(T-N)，(T-P)
利用しやすい水質の確保	安全性		トリハロメタン生成能，(NH₄-N)，(TOC) 糞便性大腸菌群数
	快適性		2-MIB，ジオスミン
	維持管理性		pH，SS，濁度，NH₄-N
下流域や滞留水域に影響の少ない水質の確保	下流部の富栄養化や閉鎖性水域(ダム，湖沼，湾)の富栄養化への影響が少ない水質レベルであること．	（簡易PO4）	(T-N)，(T-P)
河川の基本的特徴の表現		水温，簡易pH，簡易COD，流れの状況	BOD，SS，濁度，pH，流量，流速，水位

・（ ）内の指標項目は，継続すべきか，あるいは他の項目で代替すべきかを判断するために調査を要する項目
・赤字は水質管理上重点的に評価を行う項目

表2.6 評価レベル(案)

◆人と河川の豊かなふれあいの確保

ランク	説明	ランクのイメージ	評価項目と評価レベル				
			ゴミの量	透視度(cm)	川底の感触	水のにおい	糞便性大腸菌群数（個/100mL）
A	顔を川の水につけやすい		川の中や水際にゴミはみあたらない，または，ゴミはあるが全く気にならない	100以上	不快感がない	不快でない	100以下
B	川の中に入って遊びやすい		川の中や水際にはゴミは目につくが，我慢できる	70以上	ところどころヌルヌルしているが，不快でない		1000以下
C	川の中には入れないが，川に近づく事ができる		川の中や水際にゴミがあって不快である	30以上	ヌルヌルしており不快である	水に鼻を近づけて不快な臭いを感じる，風下の水際に立つと不快な臭いを感じる	1000を超えるもの
D	川の水に魅力がなく，川に近づきにくい		川の中や水際にゴミがあってとても不快である	30未満		風下の水際に立つと，とても不快な臭いを感じる	

◆豊かな生態系の確保

ランク	説明	評価項目と評価レベル		
		DO(mg/L)	NH₄-N(mg/L)	水生生物の生息
A	生物の生息・生育・繁殖環境として非常に良好	7以上	0.2以下	Ⅰ．きれいな水 ・カワゲラ ・ナガレトビケラ等
B	生物の生息・生育・繁殖環境として良好	5以上	0.5以下	Ⅱ．少しきたない水 ・コガタシマトビケラ ・オオシマトビケラ等
C	生物の生息・生育・繁殖環境として良好とは言えない	3以上	2.0以下	Ⅲ．きたない水 ・ミズムシ ・ミズカマキリ
D	生物が生息・生育・繁殖しにくい	3未満	2.0を超えるもの	Ⅳ．大変きたない水 ・セスジユスリカ ・チョウバエ等

◆利用しやすい水質の確保

ランク	説明	評価項目と評価レベル			
		安全性	快適性		維持管理性
		トリハロメタン生成能(μg/L)	2-MIB(ng/L)	ジオスミン(ng/L)	NH₄-N(mg/L)
A	より利用しやすい	100以下	5以下	10以下	0.1以下
B	利用しやすい		20以下	20以下	0.3以下
C	利用するためには高度な処理が必要	100を超えるもの	20を超えるもの	20を超えるもの	0.3を超えるもの

2.6 生態系を知る

テレメトリを用いた生物の位置，行動の同時追跡技術

傳田　正利

(1) 技術の特徴

野生動物の行動追跡手法にテレメトリ法がある．テレメトリ法は野生動物に電波発信機を装着し，その行動を追跡する手法である．しかし，従来のテレメトリ法は通常，電波受信や位置特定を人力で行うため連続的あるいは長期的なデータ取得が困難という弱点があった．この弱点を克服するため，独立行政法人土木研究所では，テレメトリ手法を自動化したATS(Advanced Telemetry System)を開発した．

ATSは，制御局および複数の電波受信局で構成され，電波発信機を装着した野生動物の位置を，高頻度(3分に1回程度)，長期間(最大2年間)かつ高精度(最大誤差10 m程度)で自動追跡することができる(図2.74)．ATSは，調査地内に複数設置した受信局で，指向性アンテナを回転させ電波到来角(電波が来る方向)を特定し，三角測量の原理で電波発信機を装着した野生動物の位置を特定する．現在，小中型陸上哺乳類，魚類の自動行動追跡の実証実験に成功している．

(2) ATSは何に使えるか

野生動物を連続的に追跡することにより，その行動特性を定量的に把握することが可能になる．GIS(地理情報システム)等を用いて野生動物の行動データと物理環境情報の関係性を分析することにより，野生動物の空間選好性(野生動物の好みの空間)を把握することができる．野生動物の利用した場所，その用途を把握することができれば野生動物の生息にとって重要な空間を重点的に保全することが可能になる．また，PHABSIM (Physical Habitat Simulation)等の物理環境情報から野生動物の空間利用を予測手法を用いる際のモデル作成に利用することも可能になる．

このATSを用いた調査が進展すると物理環境変化に対応してどのように野生動物が行動を変化させるかを予測・検証することが可能になる．土木事業による物理環境改変が予測される場合，野生動物にとって重要な物理環境の保全や，物理環境の変化に伴い野生動物の行動がどのように変化するかを予測することが可能になると考えられる．

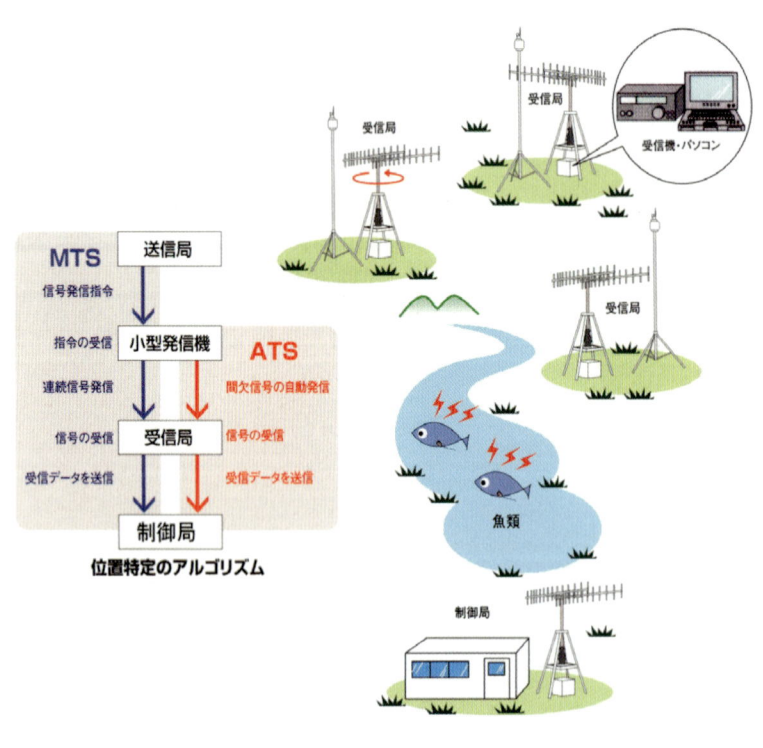

図2.74　ATSの概念

(3) ATSの適用事例

ATSの適用例として，信濃川水系千曲川(以下，調査地)における魚類行動追跡例を示す．調査地にATS(制御局1局，受信局4局)を設置しニゴイ(体長440 mm，湿重量1,415 g：以下，供試魚)に発信機(144 Mhz)を装着し3分に1回の頻度で2005年2月27日〜8月27日までの約6ヶ月間，行動追跡を行った(写真2.20)．供試魚は3月〜7月の約140日間淵の中に留まった．

調査期間中，供試魚は淵の中で生息し約4,000 m^{2}の範囲を移動しつつ，淵の中でも水深が深く流速が遅いところを利用していた．調査地で3月17日〜19日に小規模な出水が発生した．供試魚は流速の遅い空間を利用しながら下流へ流され下流側の淵を一時的に利用し，出水が終わりしばらくしてから上流の淵へ移動した．出水時の供試魚の行動と調査地の流速の関係を図2.75に示す．

7月4日〜6日には中規模な出水が発生した．供試魚は，3月の出水と同様に流量の増加に伴い流速が遅い場所を利用し下流への流下を免れるが，7月の出水は3月の出水と比べ流量が更に大きくなり，流速が遅い区間がなくなると急激に下流へ流されたが，通常は水域ではない高水敷上の流速が遅い空間を利用し流下を回避し，流量の減少とともに淵を利用した(図2.76)．

これらの結果から，①供試魚は淵(水深が深く，流速が遅い空間)を選好すること，②出水時，供試魚は流速が遅い空間を状況に合わせて選択し下流への流下を回避していることがわかる．

ATSを用いることにより，野生動物の行動を定量的に継続的に把握することが可能になり，野生動物にとって生息しやすい河川の物理環境の保全に有益な情報を提供することが期待される．

写真2.20 追跡した供試魚

図2.75 3月出水時の供試魚の行動

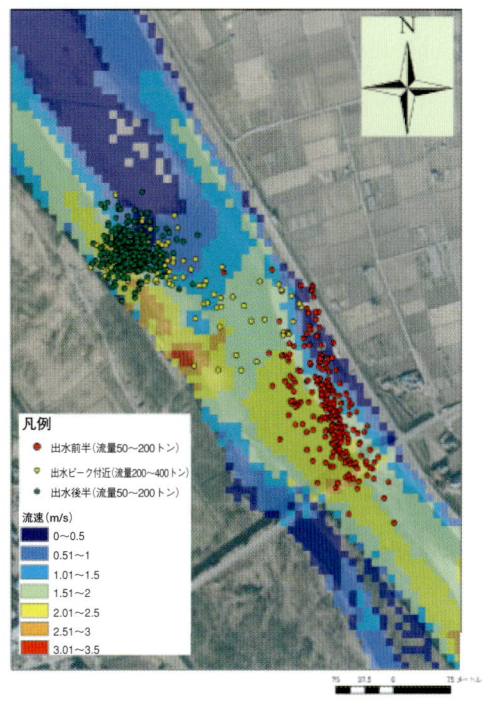

図2.76 7月出水時の供試魚の行動

2.6 生態系を知る

安定同位体比分析を用いた食物網の構造把握

谷田 一三

(1) 技術の特徴

安定同位体比解析(stable isotope analysis：SIA)は，生物が利用した食物(餌)や栄養塩の持っていた原子の安定同位体比のサイン(差異)と代謝プロセスによる同位体分別の特性を利用する．安定同位体比サインは，餌や代謝プロセスで変化する．硫黄や水素などの安定同位体比も利用されるが，広く使われているのは窒素と炭素である．栄養塩を吸収・利用する植物でも，同位体比分析は可能だが，動物の食物連鎖やその統合体の食物網の解析に威力を発揮する．

餌内容の分析手法としては，消化管内容の解析や免疫法など，様々な方法がある．しかし，本手法は大型生物ならば非破壊的に餌を解析できる点と餌や吸収栄養塩の累積特性を知ることができるメリットがある．一方，餌種は類型的には把握できるが，特定の種や種類(タクサ)を明示できないのが難点である．食物網や栄養段階の解析には，安定同位体比の分析と伝統的な消化管内容分析を併用することが望ましい．

(2) 窒素・炭素安定同位体比分析の基本

炭素には ^{12}C，^{13}C，^{14}C の同位体がある．このうち ^{14}C は放射性で存在量が変化し，年代測定に用いられる．^{12}C と ^{13}C は安定で，自然界には 98.9：1.1 の割合で存在する．また，窒素には ^{14}N と ^{15}N との安定同位体が存在する．この両者の自然界における存在比率は，99.6：0.4 である．^{13}C も ^{15}N ともに存在比が小さいために，次の式のように標準資料からの差の千分率 − 100(‰)で示す．

δ =（試料の比/標準試料の比 − 1）× 1000

食物網解析の基本は，ある餌を同化した動物は，その餌に比べて $\delta^{13}C$ で 0～2‰，平均で 0.8‰上昇し，$\delta^{15}N$ で 3～5‰上昇するという，経験則を利用する．1食物連鎖においては炭素安定同位体比の変化が少ないので，炭素は餌の起源を調べるのによく利用される．一方，窒素安定同位体の連鎖における変化は比較的大きいので，栄養段階(TL：trophic level)を解析するのに使われる．

多くの生態系においては，植物や光合成細菌(らん藻)が食物連鎖，栄養段階の基本(基礎資源)になる．陸上では高等植物が基礎資源になる．空気中では炭酸ガスが制限的にならないために，一定の炭素同位体比分別が起こる．一般の高等植物であるC3植物では−27‰程度の値を持ち，光合成回路の異なるトウモロコシなどのC4植物ではそれより重い−14‰となる．ちなみに大気中の炭酸ガスは−7‰である．水中では，炭酸塩あるいは炭酸ガスが制限的になるため，安定同位体比は環境の変化などに対応し幅広く変化する．

(3) 適用例

安定同位体比分析を河川に適用した例を淀川水系木津川水系の名張川・比奈知ダム上流(長瀬地区)について紹介する．図 2.77 は，奈良県東吉野村の山地渓流で得られた河川ベントスの食物網構造の一例である(新名，1996)．陸上の緑色植物にあたる基礎資源としては，付着藻類(硅藻と糸状緑藻)に加えて陸域から供給される落葉起源のデトリタスである．陸上の緑色植物にあたる基礎資源としては，付着藻類(硅藻と糸状緑藻)に加えて陸域から供給される落葉起源のデトリタスある．それらは餌とするものは，多岐にわたっている．植物を餌とすること(一次消費者)が多いユスリカ類，コカゲロウ類，ヒラタカゲロウ類だけでなく，濾過食のトビケラ類や捕食者の多いマダラカゲロウ類も基礎資源を直接利用する．最上位捕食者は大型カワゲラ類となる．いずれのグループや種も

多くの餌を利用する雑食傾向が強いことがわかる．そのため，この食物網の結合度（食物連鎖でつながる割合：実現されている連鎖/可能な連鎖）は，非常に高くなっている．

この食物網を参考に，安定同位体比分析をする対象生物を決めた（図2.78）．基礎資源としては，陸上植物の落葉（川岸のツルヨシ）と河床の付着藻類，それらを起源とする流下有機物粒子（POM）はプランクトンネットを改良したPOMネットで採取した．グレーザー（はぎ取り食者）あるいは河床堆積物コレクター（収集食者）としてはヒラタカゲロウ類を，濾過摂食者としてはシマトビケラ類とヒゲナガカワトビケラ類を，上位捕食者としては水生昆虫では大型カワゲラ類あるいはヘビトンボ類を，底生魚としてはカワヨシノボリを採取することを基本とした．

ツルヨシは−27‰の炭素安定同位体比を示し，これは他の地点でも同様で，安定した基準として利用できた．付着藻類は地点で異なり，季節にも変動するが−23から−16‰だった，流下POMの値は−23‰で，落葉と付着藻類とがほぼ等しい比率から構成される．POMを主な餌とする濾過食トビケラの炭素安定同位体比は，−18‰付近に集中する．流下POMを非選択的に摂食するのではなく，付着藻類を選択している．ヒラタカゲロウは，付着藻類に強く依存する．捕食者のヤマナカナガレトビケラやヘビトンボの炭素安定同位体比も−5‰と落葉よりはかなり重くなっている．すなわち，この長瀬地点のベントス食物網は，基礎資源として河道内で生産される付着藻類依存性が高いことが推察される．

一方，基礎資源の窒素安定同位体比が1‰に対して，ヘビトンボで7，カワヨシノボリで9‰となることから，栄養段階あるいは平均的食物連鎖長2〜3段階であると判定できる．山地渓流における消化管分析とよく似た値となる．

⇒ 2.2の『マルチビーム測量（水中測量）』

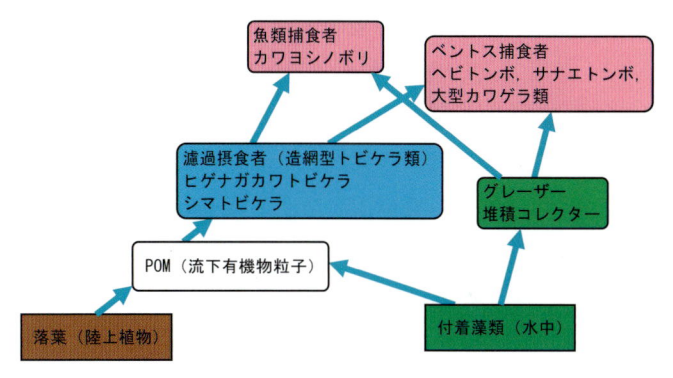

図2.77 食物網構造の例（奈良県東吉野村）

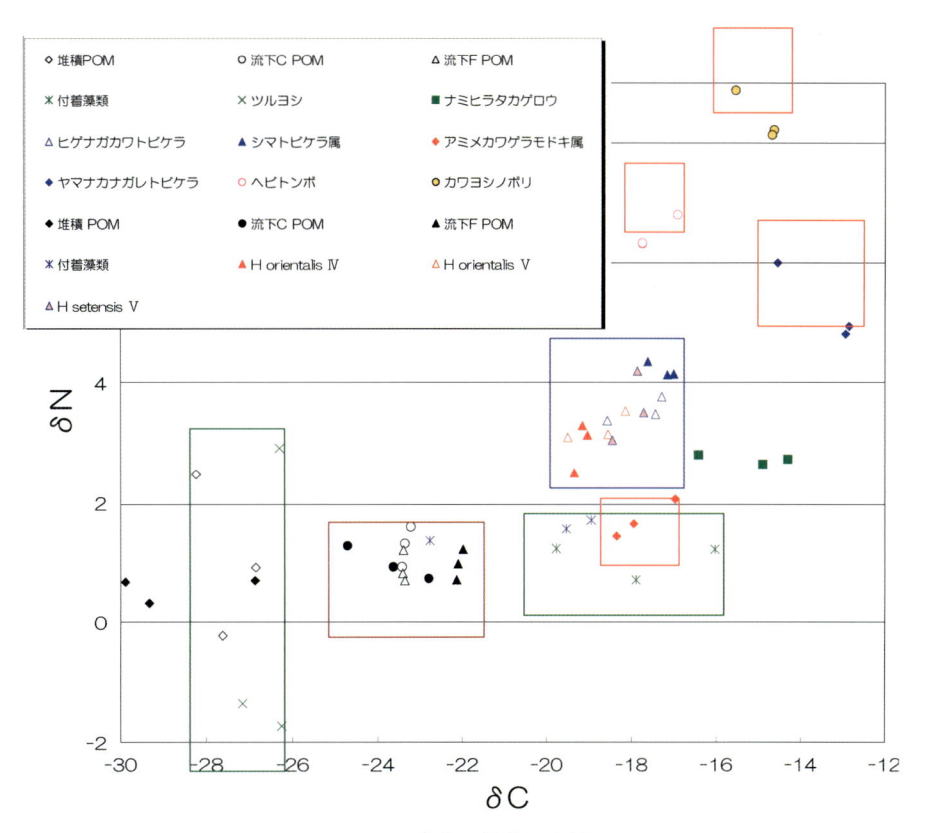

図2.78 安定同位体比分析

2.6 生態系を知る

遺伝子を計る

村岡 敬子

地球に生きるほとんどの生き物の細胞内にはDNA(deoxyribonucleic acid, デオキシリボ核酸)が存在し，DNA中の4つの塩基，アデニン(A)，シトシン(C)，グアニン(G)，チミン(T)の並びによって遺伝情報が表される．ヒトの核DNAを例にとると，その塩基配列の長さは3,200 Mb(メガ塩基対，1メガ= 10^6)にのぼり，そのうち1,200 Mbは遺伝子とそれに関連した配列である．

この部分は生き物が長い時間をかけて獲得した生物学的な形質や能力を記す暗号にも，生態維持に必要な各種たんぱく質の製造マニュアルともなり，親世代から子世代へ伝えられてきた．同時に，まだ機能の知られていない遺伝子間領域のDNA(2,000 Mb)もまた，親世代から子世代へと伝えられている．

これら膨大なDNAを計る技術は，簡便なものから高価な分析機器を用いるものまで様々である．では，遺伝子の何を計っているのだろうか？工学の分野に応用できそうないくつかの事項に注目して以下に述べる．

(1) 何を計る？

DNAは驚くべき正確さで複写されるが，それでも稀に偶発的な変異が生じたまま親世代から子世代へと継承される．長い時間をかけて繰り返されたこのような変異はDNA中に蓄積されており，その違いは配列(ACGTの並び)や特定配列間の長さの違いなどの形で比較することができる．

また，生態維持に必要なたんぱく質は，DNAからmRNA(messenger RNA)を介してつくられる．同じたんぱく質を作り出すためには，同じDNAの配列がmRNAとして複写されることを利用して，その有無や生産量を遺伝子で直接計ることができる．

(2) 何がわかる？

個体，個体群，種の変化や歴史がわかる．

同じ細胞内のDNAであっても，ミトコンドリアと染色体では変化のしやすさが異なり，さらにそれぞれのDNAには変化しやすい部分とそうでない部分がある．そこで，変異の度合いをあらかじめ想定し，遺伝的な違い(＝遺伝的距離)と周辺情報を組み合わせることにより，個体の移動範囲やその種の分布拡大の歴史，あるいは人為的な移植の状況等を推定することができる．

(3) 個体群の状態がわかる

一般的な有性生殖を行う生物では，父・母双方から半数ずつの核DNAの情報を受け継ぐため，全く同じ遺伝子を持つ生物は一卵性双生児かクローン生殖を行わない限り存在しない．しかし，ある生物の集団が他の集団と交流ができない状況が何世代も続いたり，個体数が極めて少なくなると遺伝的に近い者同士が交配する頻度が高くなり，集団内の遺伝情報の均質化がおきる．これを指標に，個体群の状態や集団の大きさを推定することができる．また，集団間の遺伝的な差から個体群間の交流頻度や分断の状況を推定することができる．

(4) 個体の生体反応がわかる

生物が生態を維持していくために必要なたんぱく質の中には，生物が生きている限り作り続けられるものだけでなく，外部からの刺激によって生産されたり量が変化するものがある．このようなたんぱく質やそれに関係するmRNAを特定し，その量や有無から，刺激による生体反応を推定・定量(量的に把握すること)できる可能性がある．

（5） 遺伝情報の応用例

遺伝情報の応用例として，河川整備により生息環境が分断された水田地域内のドジョウの遺伝的多様性を，生息密度が同規模の水路間で比較した結果を示す（図 2.79，図 2.80）．ここに，ヘテロ接合度とは，集団内における核DNAの同一部位の遺伝情報が異なる比率であり，対立遺伝子数は同一部位の遺伝情報の出現パターン数を示す．

水路4では，ヘテロ接合度・対立遺伝子数共に小さく，遺伝的多様性が他の地点に比べて低いことがわかる．一方，水路4の直下流に位置する水路1では，水路4よりも遺伝的多様性が高い傾向にある．

これらのことから，水路1から水路4へのドジョウの移動は困難であることや，水路4のドジョウの集団内では近親交配が多発している可能性があることが推測される．

詳細な解析を行うことにより水路に生息するドジョウが水路間を行き来する頻度などを求めることもできる．

遺伝子は，微量のサンプルから今まで知りえなかった情報を得られる便利なツールであり，種の起源まで遡る非常に長い期間の出来事を蓄積したデータブックでもある．しかし，変化速度や過去の遺伝子浸透の有無など，膨大な情報の中には未解明な部分も多い．実際の利用には，遺伝子だけでなく生息環境や生態学的な情報，歴史上の出来事などと併せて使うことが重要である．

参考文献

1) 小出水規行，村岡敬子，竹村武士，奥島修二：マイクロサテライトDNAを用いた農業水路におけるドジョウ個体群の遺伝的特性の予備的検討，農業土木学会論文集，pp.134～35，2004．

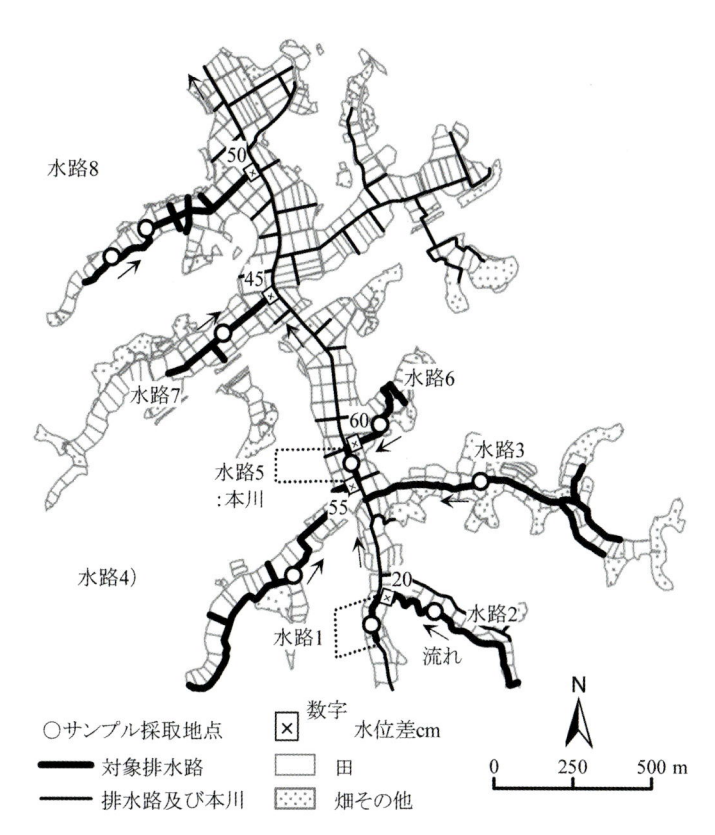

図 2.79 関東地方の谷津田に広がる農業水路（調査地点）と分断の状況

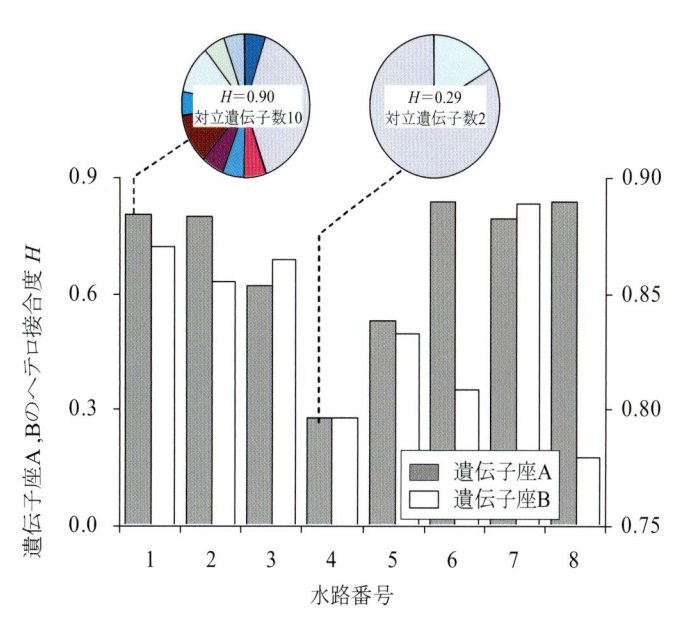

図 2.80 農業水路内のドジョウ個体群の遺伝子座 A，B におけるヘテロ接合度（円グラフは排水路 1，4 における遺伝子座 A の対立遺伝子頻度の構成，マイクロサテライトによる）

2.6 生態系を知る

実験河川により生態系を知る

萱場　祐一

　水際に繁茂する植物が魚類等の水生生物にとって重要であることは広く認識されている．しかし，中流域において水際植物の生態的機能を解明した事例は少なく，環境保全型護岸等自然に配慮した水際処理工法の評価はいまだに確立していない．ここでは，現地実験を通じて水際植物の生態的機能の詳細を明らかにしたので紹介する．

　本現地実験は岐阜県各務原市にある独立行政法人　土木研究所自然共生研究センター内の実験河川で実施した．実験河川は形状と流量を任意に設定できる．また，隣接する新境川を介して木曽川と繋がっているため木曽川から遡上・流入した魚類等の水生生物は実験河川内に造成した様々な生息場所を選好することができる．

　実験は直線状の実験河川を用い，法面全体（陸上部＋水中部）に植物が繁茂している状態（タイプA），水中部の植物を刈り取った状態（タイプB），陸上部の植物を刈り取った状態（タイプC），全て刈り取った状態（タイプD）の4つの実験区をそれぞれ4つずつ設置し（図2.81），繁茂する場所の違いによる植物の生態的機能の解明を試みた．各実験区の延長は15mで，水深は全ての実験区で同じになるよう調整してある．なお，全ての実験区において植物刈り取り前に魚類調査を行い生息量に差がないことを確認している．

　実験区設定から暫くした後各実験区の上下流端を仕切り，電気ショッカーによる魚類採捕を行った．また，流速，水深，照度，餌資源量（流下する有機物および堆積有機物）の調査を行った．魚類調査結果から，魚類の生息量はタイプA→B→C→Dの順番で減少し（図2.82），遊泳魚の減少量が底生魚に対して大きいことがわかった．

　一方，物理量調査結果では，タイプAとタイプBでは水際の植物を残したために流速は変わらなかったが相対照度が低下した．また，タイプBとタイプCでは水際の流速は上昇したが，相対照度はほぼ一定であった（図2.85）．以上の結果から，魚類の生息量に影響を及ぼす要因として流速と照度が重要であり，流速の増加，照度の増加のいずれかが起こると魚類の生息量が減少することが明らかになった．もし，水際の植物が持つ機能を人工的に代替えするのであれば，少なくても流速と照度の値をある一定値以下に抑制することが必要である．

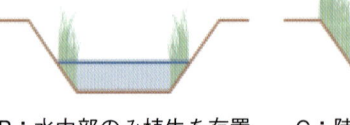

A：自然河岸状態（自然植生）　　B：水中部のみ植生を存置（水中植生）　　C：陸上部のみ植生を存置（陸上植生）　　D：植生なし状態（植生なし）

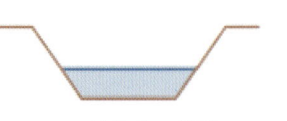

図2.81　実験区の状況

多自然型川づくり，自然再生事業等においては川の中に見られる様々な環境要素が，生物にとってどのような役割を果たしているのか，そして，役割を果たすための条件を明らかにすることが必要である．ところが，このような生態的機能の把握には方法論的限界がつきまとう．これは，実際の河川を対象とした野外調査においては比較が可能な調査区をいくつも設定することは困難な場合が多いこと，また，流量が日々変化するため同一条件を長期間維持することは不可能なこと等に起因している．

また，魚類調査を含む生態調査を定量的に行うことが難しく，例えできたとしも膨大なコストが必要となることも，野外調査につきまとう方法論的限界である．これらの点において，実験河川を用いた現地実験は，環境要因を人為的に操作できるだけでなく，調査コストを抑えて生態系の定量調査が可能であり，今まで未解明だった様々な川の環境要素の生態的機能を効率的に理解することが可能となる．

さて，水際は河川改修によって人為的な影響に晒されることが多いから，多自然型川づくりにおいても様々な工夫が行われてきた．しかし，中流，下流域を対象とした水際の生態的機能を解明した研究例は少なく，水際を保全するためにどのような工法を用いるべきか，用いた工法をどのように評価するか等については現場の技術者が経験に基づき独自に判断しているのが現状である．

ここで紹介した研究例は，水際を保全するための具体的工法の開発，既存の環境保全型護岸の評価手法に活用されることになるだろう．水際植物を参考に活用例をあげるとすれば，水際の植物の機能を代替したいのであれば，水際法近傍の流速・照度の横断方向の変化を測定し，それらの値が一定値以下となる幅が，その工夫の善し悪しを判断する評価軸となるかもしれない．今後，自然の水際に見られる典型的な環境要素について，現地実験を実施しながら生態的機能を一つ一つ解明していく作業を続けていくことが求められる．

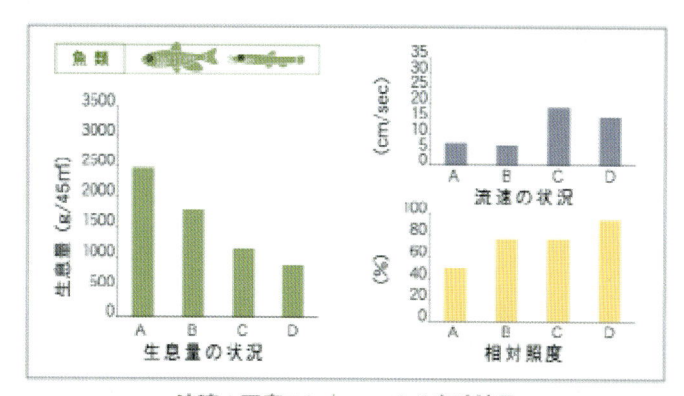

図2.82 魚類生息量調査結果と水際の流速と照度の調査結果

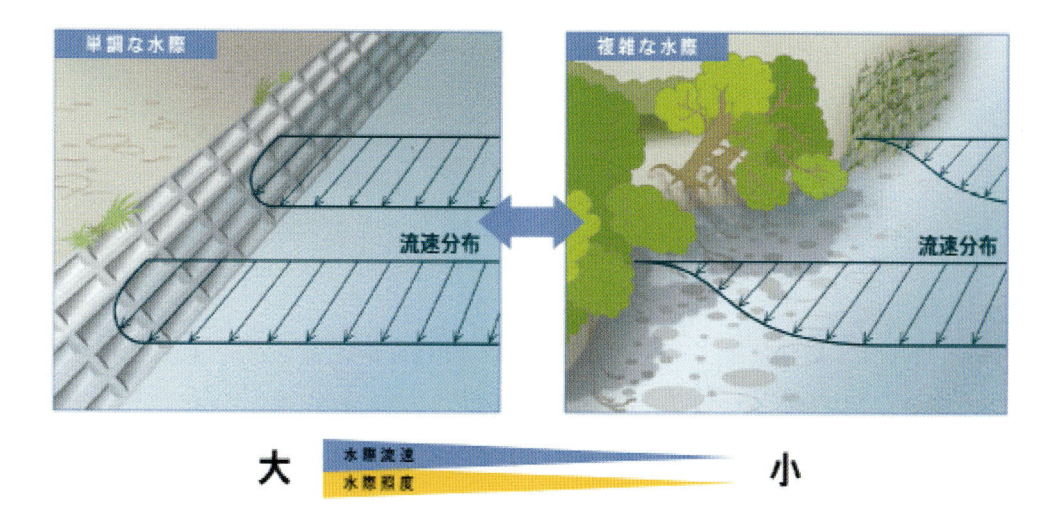

図2.83 成果の活用イメージ（水際近傍の流速と照度を把握することにより人工構造物の評価が可能になるかもしれない）

Chap.3 予測する

天野 邦彦

　Chap.3においては，川に関係するいろいろな現象の予測技術について述べる．予測の対象としてここで述べる現象は，地球規模の水循環といった巨大なスケールから，人工構造物による流れの予測といった小さなスケールまで各種のスケールのものがあげられている．また，予測する要素としては，水循環，水流，水質，土砂の変化があげられており，非常に多岐にわたる話題が包括されている．

　これら種々の技術を「予測する」という分類でまとめたのは，なぜ予測が必要かということを考えると納得できると思う．それは，これら技術を活かして社会の安全の向上や環境改善を図るためには，どのような行動を取るべきなのかを知るために予測技術を必要としていることに他ならない．

　また，ここで述べられている予測技術には共通の特徴がある．それはコンピュータを用いた数値解析による予測技術であるということである．これら数値解析は，現象を規定する方程式を組み立て，予測において想定する条件のもとでこれを解くことで生起する現象を予測しようとするものである．

　この予測が精度の高いものになるためには，妥当な方程式を与える必要があるし，経験的に与えなければならない定数（パラメータと呼ばれる）を決める必要がある．このため，まず既に得られているデータ（観測結果や実験結果）をきちんと再現することができるのかを，検証する必要がある（同定計算と呼ばれる）．これに成功した後は，想定する条件下での現象の予測が可能になると考えられる．

　数値解析の利点としては，
①模型実験のように実際にものをつくるわけではないため，基本的に条件の制約が少なく，
②比較的安価に実施することが可能であること，
③現象に影響を与えると考えられる要素の影響を個別に分けて評価することが可能である
といったことがあげられる．このような特長を活かして，将来の予測を行い，どのような行動を取ることが最適なのかを知ろうとするという目的が，ここで述べられている予測技術には共通している．

　そのために，現象を強く規定する要因は何か，またその影響はどのような方程式で表されるのか（モデル化）といったことを研究し，さらに計算に必要な入力条件を収集することで，これらの予測は可能となっている．現象の観測，分析，総合という連携した調査研究活動無しには，予測の確度が上昇しないのである．

3.1 降雨を予測する

衛星を用いた降雨予測(GFAS)

深見 和彦

(1) 技術開発の背景

世界各地で自然災害が相次いでいる．それらの災害による死者数や経済損失で常に1，2位を争っている原因が洪水による水害である．1995～2004年の10年間の災害統計(2004年12月のインド洋大津波を含む)では，死者数では20％(2位)，経済損失では33％(1位)である．これらの多くは，洪水監視が行き届かない発展途上国に集中している．それらの国々の多くは堤防やダム等の洪水制御施設の早急な整備が困難な状況にあり，迅速に洪水水害を軽減する有効な手段として，洪水の監視や予警報システムの整備が求められている．

2005年1月に神戸で開催された国連防災世界会議においても，今後緊急に取り組むべき課題の一つとして，津波・高潮や洪水を初めとする自然災害の早期警戒システムの充実が取り上げられた．しかし，10分～1時間毎に河川流域内の降雨量分布や上流側の水位の情報がリアルタイムで確実に入手できるテレメータ施設の整った日本のような国は，世界的にはむしろ稀であり，多くの発展途上国では，流域住民はおろか河川管理者ですら河川上流域の降雨や洪水状況を迅速に把握できる状況にないのが実態である．

一方，人工衛星の観測データを活用してグローバルに宇宙から降雨量を評価する試みが近年始まった．米国NASAでは，TRMM衛星や気象衛星のデータを組み合わせることで0.25度(約30 km)四方のメッシュ毎に3時間毎の降雨量を評価したプロダクト(3B42RT)をインターネットで公開している．そこで，これらの情報を適切に加工することで洪水監視・予警報に役立つ情報を提供しようとするプロジェクトがGFAS(Global Flood Alert System)である．IFNet：国際洪水ネットワーク(事務局：(社)国際建設技術協会)が，このシステムの2006年中の運用開始を目指して準備を進めている．

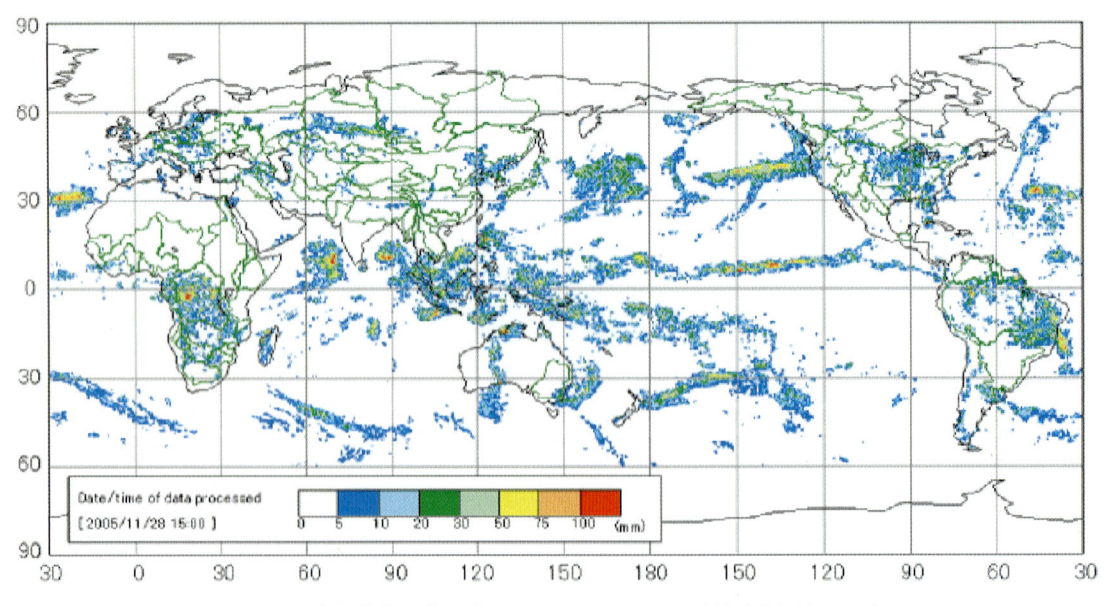

図3.1 衛星情報に基づく0.25度メッシュ日降雨量分布図(GFAS)

（2） 技術の特徴

GFASは，衛星観測による降雨量分布（上述の3B42RT）を0.25度メッシュ・日単位で北緯60度から南緯60度の間の領域で整理・評価し（図3.1），それぞれのメッシュ雨量の生起確率を評価して再現期間が数年以上に1度の規模の降雨であれば，下流側に洪水をもたらす危険がある降雨としてWeb上に表示する（図3.2）と同時に，IFNetに参画している希望団体等に注意喚起のメールを発信するシステムである．メッシュ雨量の頻度分析は，1998年から蓄積されてきたTRMM（熱帯降雨観測）衛星の観測に基づく降雨量データベースに基づいている．すなわち，GFASは数時間遅れの大雨情報に相当し，定量的に河川の水位や洪水氾濫域を直接予測しようとするものではないが，データソースが衛星観測データであるが故に，地上テレメータ雨量・水位観測網が存在しない（もしくは十分維持管理されていない）発展途上国の河川流域でも，確実に情報を確保できる点が最大の特徴と言える．数 $1,000\,km^2$ 以上の流域面積を有し洪水到達時間の長い大河川や，仮にテレメータ情報が存在したとしても上流側の国からの水文情報の入手が困難な国際河川における水害危険度の予測判断では，特に有効と期待される．

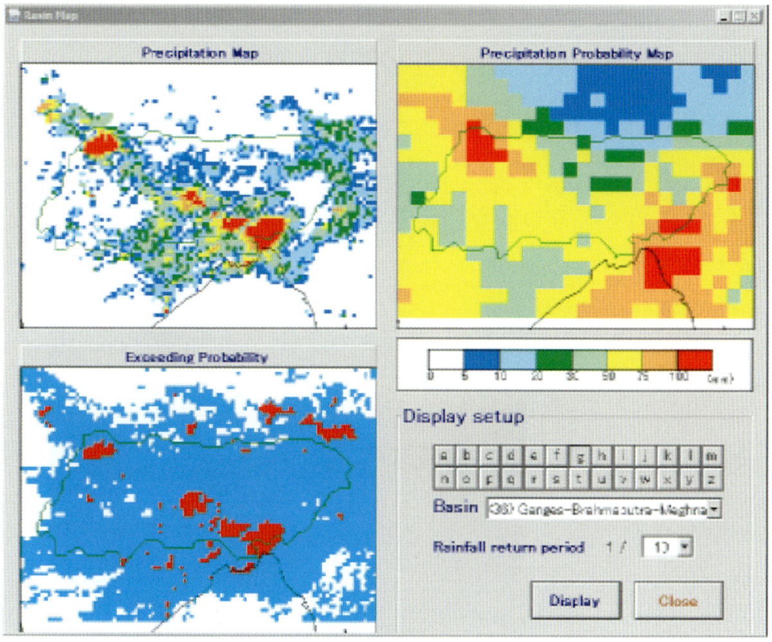

（3） 次世代GFASへの取り組み

（独）土木研究所国際水災害リスクマネジメント研究センター（ICHARM）では，さらに次世代のGFASの実現を目指した研究を始めている．まず，多くの地球観測衛星の情報を組み合わせて有効活用することで宇宙からの降雨観測の時空間分解能を向上させる（目標：空間解像度0.1度以下，時間解像度1時間程度）ことを目指した共同研究を宇宙航空研究開発機構（JAXA）と開始している．また，それらの衛星由来の降雨情報を直接入力するとともに，グローバルに入手可能な地理情報データベースを活用することで洪水流出解析モデルの諸定数を1次推定することにより，地上水文観測網が不十分な河川流域でも洪水解析・予測計算を可能とする総合洪水解析システム（IFRAS）の開発を，国際建設技術協会および民間8社との共同研究により進めている．これらの成果を総合すれば，発展途上国での洪水予警報システムをより迅速かつ安価に整備し，安定的に運用することが可能になるとともに，IFNet等を通じた全世界の主要河川での相対的な洪水危険度評価の情報発信も，技術的には可能になるであろう．

参考文献
1) IFNetホームページ：http://internationalfloodnetwork.org/

図3.2 （左図）降雨頻度分析評価図の一例（GFAS）

左上：日降雨量分布観測値
右上：確率雨量分布評価値
左下：再現期間がある閾値を超える日雨量観測値が得られた領域の表示

Chapter 3 予測する

3.1 降雨を予測する

地球環境変化による世界の降雨予測

鼎 信次郎

どうも最近，異常気象じゃないの？ そういう会話をテレビやラジオなどでも良く耳にするようになった．例えば2004年は日本に10個の台風が上陸したが，これは観測史上最多だった模様だ．2005年にはアメリカ南部をカトリーナという巨大台風が襲い，ニューオリンズという有名な街がボロボロになった．

たまたま台風のことばかりを話題にしたけれども，大雨とか冷夏とか，反対に全く雨が降らずにダムがカラカラになってしまうとか，最近はどこのスキー場も雪不足な気がするとか，注意さえしていれば多くの情報が耳に入ってくる．やはり，なんだか気候が不安定のようだ．少なくとも，そういう疑いがある．

地球の大気にはカオスという性質があるので，10日から2週間以上先の天気を予報することは，ほぼ絶望的だとされている．けれども，例えば冬の時点で，次の夏はとても暑くなるだろう，とか，たくさんの台風が上陸し大雨に悩まされる可能性は高い，などというような少々漠然とした情報でも得たいという人は多く，そういった予測が実現可能となることが期待されている．

さらには近年話題の，人間が排出する温室効果ガスによる地球温暖化という問題があり，上に記した異常な状況のいくつかも関係があるのではないかと疑われている．温暖化に関しても，「このままずっと温室効果ガスが増加し続けたら数十年後の世界の雨や気温はどうなるのか？」への回答となる予測が強く社会から望まれている．

(1) GCM の開発

これらの予測を行うための道具として，General Circulation Model（GCM）というものが開発されてきた．直訳すると大循環モデルというものである．GCMには大気GCMと海洋GCMがあり，それらを結合したものが大気海洋結合GCMと呼ばれる．これらは大気と海洋という流体に注目した区分であるけれども，忘れてはならない要素として陸面モデルが存在する（注：陸面は流体ではないので陸面GCMとは言わない）．そこで，大気陸面海洋結合モデルと呼ばれることもある．

GCMは1950年頃からアメリカの大学や研究機関で開発されてきたものであり，その一部は明日や数日先などの天気を予報する道具として特化していった．少しだけ将来を対象とした天気予報に関してならば，海洋GCMは必要ないし，陸面モデルもごく簡単なもので良いが，計算するときの初期値に気を配らなければならない．

一方，今度の夏は？とか，二酸化炭素がどんどん増えて地球が温暖化したら？とかいう問いに答えるためには，海洋GCMや陸面モデルなども重要な意味を持つことになる．これらGCMの開発の歴史においては，舞台こそはアメリカであったものの，日本人がとても重要な発明や貢献をしてきた．一般にはあまり知られていないことだが，我々が世界に誇るべき分野といえる．

(2) モデルの意味と利用

ところで，ここまでにモデルという言葉を何回も使った．GCMのMもモデルである．嘘をあまりつかない範囲でモデルの意味をわかりやすく記

すならば，「大気・海洋の流れの力学や，陸面・海面と大気との間の熱や水のやりとりや，雨や雲の発生・消滅などの様々な過程を，物理的化学的な知識に基づいて，主として微分方程式のような数式として表現したもの」となるであろうか．さらに，それらはスーパーコンピュータ上のプログラムという形で表現され，予測計算に用いられるわけである．注意すべきは，「様々な過程」が総てわかっているわけではないことで，まだまだ研究や開発の余地（＝楽しみ）がある．

現在では世界各国の大学や研究機関などが，それぞれのGCMを開発し，様々な目的に利用している．日本では気象庁と東京大学がそれぞれ開発を行っている．ここでは代表的な利用例として，地球温暖化に伴う降水量変化の予測をとりあげる．

ところで，地球温暖化問題に関しては，厳密には「予測」という言葉があてはまらないことに，少しだけ注意を喚起したい．英語ではprojectionという語が用いられる．日本語では「見通し」と訳するのがまずまず適切であろうとされている．これは，将来の社会の状況やそれに伴う温室効果ガスの排出量が不透明であるため，あくまで「将来の社会がこういう風に進むのならば」という仮定に基づくからである．もちろん広い意味では予測と言えるし，世間でも温暖化予測という言葉は一般的に使用されている．

図3.3は，おおよそ100年後に世界の雨がどれぐらい増加するかの見通しをパーセントで示したものである．前述のように，ある方向に社会状態が進んでいくというシナリオのもとでの，合計13個のGCMを用いた算定結果である．この図は13通りの結果の平均値を示したものであり，1つのものに依存しない安心感はあるものの，本当にこの通りになるという確証があるわけではない．それでも，国際政治の場などでは，このような図を目安として使うことによって，今後のCO_2削減対策などが議論されているのだ．

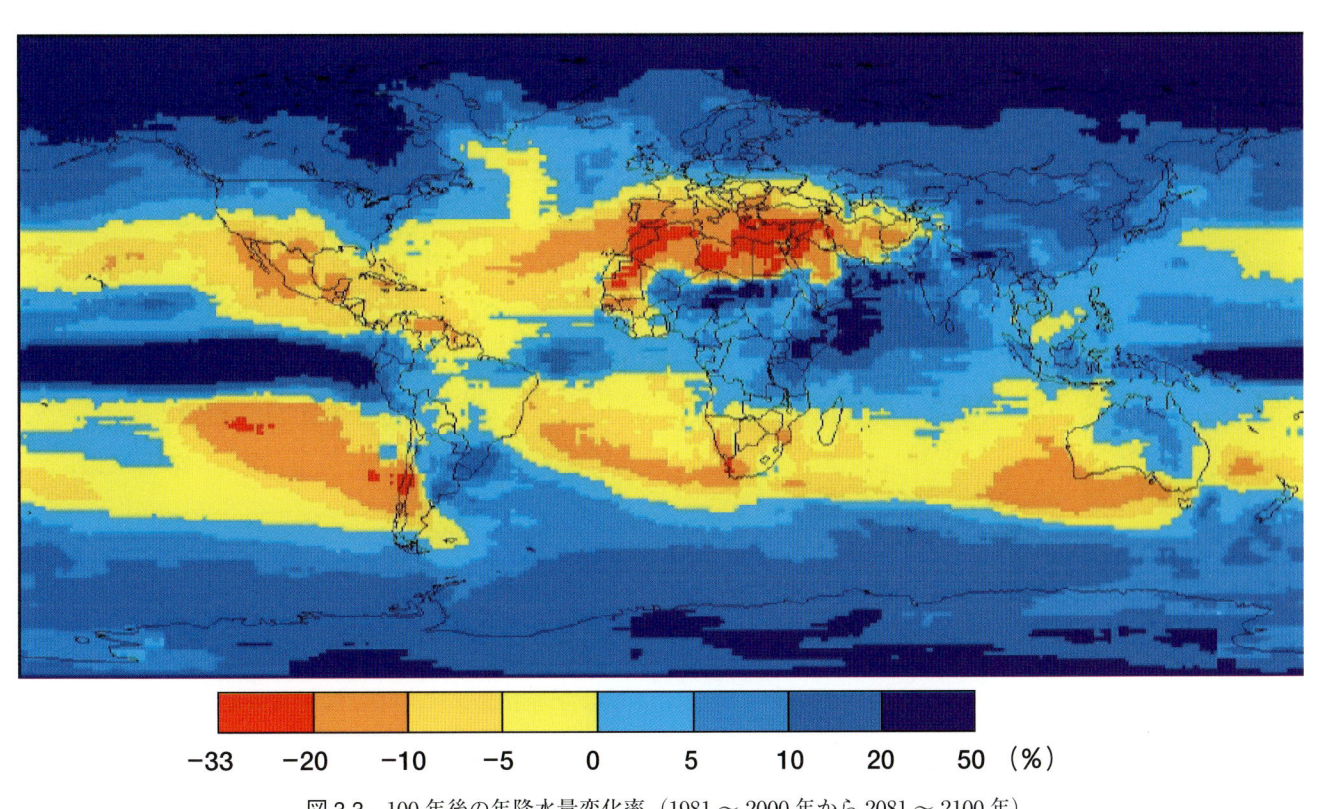

図3.3　100年後の年降水量変化率（1981～2000年から2081～2100年）

3.1 降雨を予測する

地球環境変化による流域の降雨予測

深見　和彦

(1) 技術開発の背景〜静力学モデルから非静力学モデルへ〜

地球温暖化等に起因した地球規模での気候変動の定量的予測は，大気大循環モデル（GCM）と呼ばれる大気数値シミュレーションモデルによる計算結果に基づいているが，その空間分解能は一般に100〜300kmのスケールである．そのままでは，具体的な個別の河川流域スケールでの降雨量等の気象・水文現象を評価することは困難である．そこで，GCMの計算結果を初期・境界条件として，より細かい格子（グリッド）間隔での大気数値計算を行うネスティング手法を応用することで，流域スケールでの降雨量等の予測を行う研究が始まった．

その第1世代は，20km程度のメソβスケールまで適用可能な静力学近似を用いた大気数値モデルによるネスティング研究であったが，洪水制御計画等に有効な情報を抽出するためには，空間分解能のさらなる向上と豪雨イベントの再現性の向上が不可欠である．そのためには，空間分解能を10km以下（メソγスケール）にする必要があるが，そこではより局所的な積雲対流や地形の影響を考慮することが必要となるため，静力学的近似を用いることはできない．

このことから，国内外の多くの研究機関で非静力学モデルの開発と，地球温暖化影響予測に止まらない河川流域スケールでの降雨量分布再現・予測への応用研究が，現在精力的に進められつつある．

(2) 非静力学モデルによる流域スケールでの降雨予測

米国NCAR-MM5をベースにUCDと独立行政法人土木研究所が共同で開発した非静力学モデルを用いて，栃木県塩原ダム流域（123km^2）における1998年の那須豪雨の予測計算を試みた．12時間毎に気象庁が発表する20km格子の気温・風速・湿度に関する数値予報データ（GPV）を初期・境界条件として採用している．流域平均での48時間降雨量予測値は，総雨量比で約41％であり絶対誤差は大きいが，その雨量比を調整することで，図3.4に示すように相当程度実測値に近い洪水再現が可能となった．

ここでは，米国で標準的に用いられているパラメータ値をそのまま用いていたことから，雲物理モデル等について日本域に最適なチューニングを行う等の工夫によって，6〜12時間の降雨予測・洪水予測に応用できる可能性があり，今後の研究の発展が期待される．

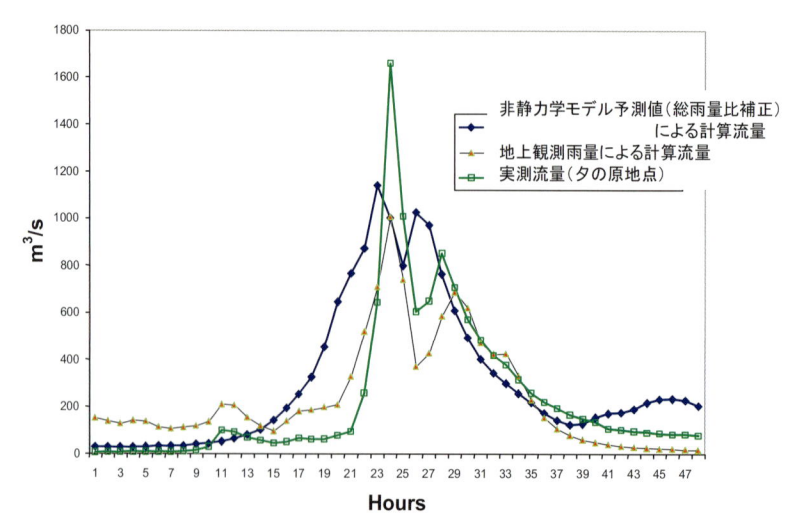

図3.4　左モデルによる塩原ダム（夕の原地点）流量ハイドログラフ再現結果：1998年8月26日12時〜8月29日12時

(3) 非静力学モデルによる流域スケールでの過去の降雨分布の再現

発展途上国では，過去の水文資料が存在しないために的確な治水・利水計画の立案に支障を来している例が多い．したがって，当該地域にある河川流域では，地球温暖化等による将来の水文・水資源予測だけではなく，過去の水文・水資源状況を再現推定することも重要となっている．幸い気象データについては，世界の主要気象機関によって，第二次大戦後の期間を対象として当時の地上観測やゾンデ観測値に基づいたグローバルな気象再解析データが200 kmスケールで整備されている．このデータを初期・境界条件としてネスティング計算を行えば，流域スケールでも降雨分布を再現できる可能性がある．

図3.5は，UCD-土研大気数値モデル（IRSHAM）を用いて利根川・荒川流域の日降雨量を再現した結果である．降雨の有無や大まかな雨域の再現には成功しているが，定量的精度はまだ十分でない．図3.6は，土木研究所と富山大学が共同で，不十分ながらも存在する過去の地上降雨量観測値の情報を活用し，カルマンフィルタを導入して非静力学モデルによるシステム推定値を修正する試みを行った結果の一例である．

今後，地球シミュレータ等による時空間分解能の高いGCMの予測結果の活用，非静力学モデルの改善，地上データベースの有効活用といった側面から，この分野の研究の更なる発展が期待でき，同時に利用分野の拡大も進むものと期待される．

参考文献
1) Yoshitani *et al.*: Regional-scale Hydroclimate Model, Chap.7 in Mathematical Models of Large Watershed Hydrology, ed. by V.P.Singh and D.K.Frevert, pp.237-282, 2002.
2) Okumura *et al.*: Reconstruction of historical rainfall over the Mekong River Basin using the non-hydrostatic model, Proc. of Int. Conf. on Advances in Integrated Mekong River Management, Vientiane, Lao PDR, pp.81-84, 2004.

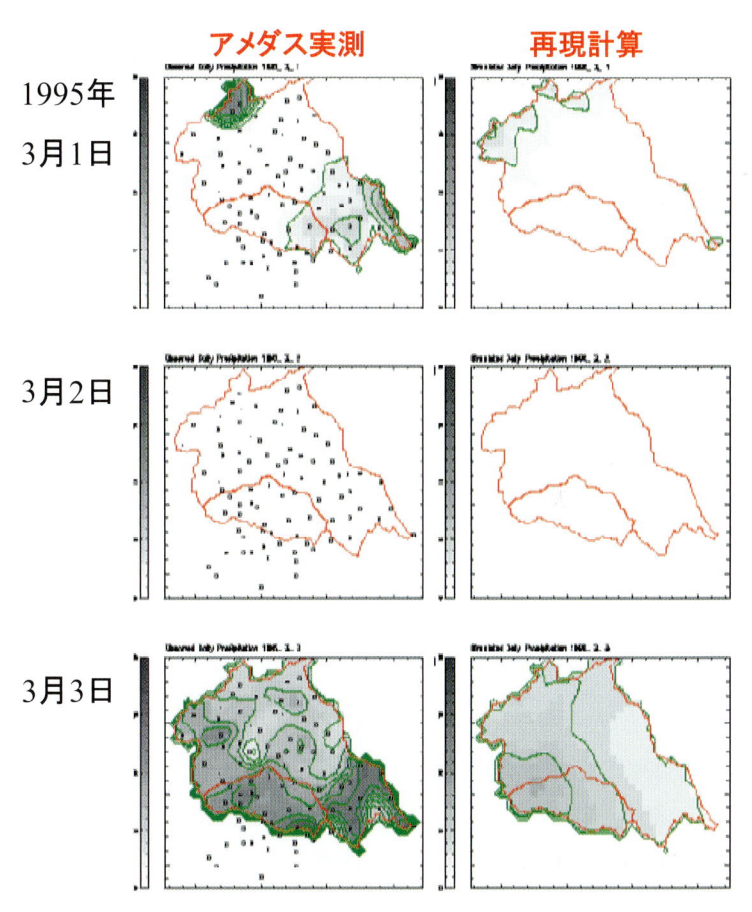

図3.5 NCEP/NCAR再解析データ（200 kmグリッド）を用いてUCD-土研IRSHAMにより日降雨量分布を再現した例（利根川・荒川流域）

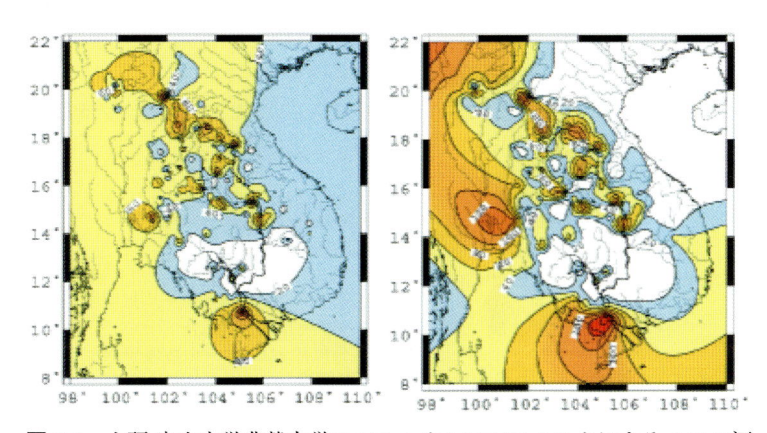

図3.6 土研-富山大学非静力学モデル＋カルマンフィルタによるメコン河中下流域の降雨量分布再現計算結果（2000年5月1～7日）
左図：計算値，右図：地上観測値（メコン河流域外部の雨量分布は，地上データがないため意味はない．）

3.1 降雨を予測する

短時間降雨予測手法

中北 英一

(1) 最近までの技術

数時間先の降雨分布を数 km の観測分解能で予測する手法は，短時間降雨予測手法と呼ばれる．図 3.7 は様々な手法の予測精度を概念的に示したものである．横軸は予測のリードタイム，縦軸は各リードタイムで期待される空間分解能を考慮しての予測精度である．21 世紀初頭までに，(1)レーダ画像のみを用いた予測手法（運動学的手法，ナウキャスト），(2)レーダ画像に降雨の概念モデルを導入する方法，(3)メソスケール数値モデルによる手法が現業手法として実現され，現在も利用されている．

(1)はメソ β (20 km-200 km)〜メソ γ スケール (2 km-20 km) の観測分解能を持つレーダ観測降雨分布の移動パターンを捉えて予測する手法で，その移動予測の方法により，様々なバリエーションがある．地形性降雨の導入された手法も含め，気象庁や国土交通省によって実践的な手法として日々利用され我々に有効な情報を提供してくれている．

また，いくつかの政令指定都市では，よりきめ細かな独自のレーダ観測情報を用いて予測システムを構築して運用されている．わが国の大河川流域での洪水予測・貯水池制御に必要な情報としては 1 時間程度先まで，中小河川や都市域での雨水排除のために必要なより空間的に細かな情報としては 30 分程度先までの精度が必要となる．予測精度の誤差構造を解明したり，それを洪水予測に取り組んだり，その利用手法・場がますます広まっている．

一方では，レーダ情報を取り込まないものの，気象学的な知識を取り入れた短時間降雨予測手法の開発が進められ，その中に，予測領域を 3 次元的に空間分割して，その一単位ごとに，大気の支配方程式を数値積分し，計算単位ごとの物理量を算定する手法（数値予報）があり，気象庁ではまず 20 km 程度の分解能を有する数値予報（メソ数値予報）を現業化した．しかし，空間分解能の粗さ，数時間先の降雨予測精度は十分ではなかった．

そこで，図 3.7 の(2)に示すように中間的な手法も開発された．大気の支配方程式を厳密には追いかけないものの，4 時間先までの予測精度の向上を目指し「降雨の概念モデル」を導入することで，大気の支配方程式を考慮するだけでなく立体的かつ高分解能なレーダ情報を物理情報として実時間で利用できるようにして，可能な限り気象学的に降雨予測を行うものである．

現在，山岳域での大雨の予測を主眼として，国土交通省近畿地方整備局で運用されており図 3.8 に示すように，大雨，特にそれが地形の影響を強く受けている時に効果を発揮する．

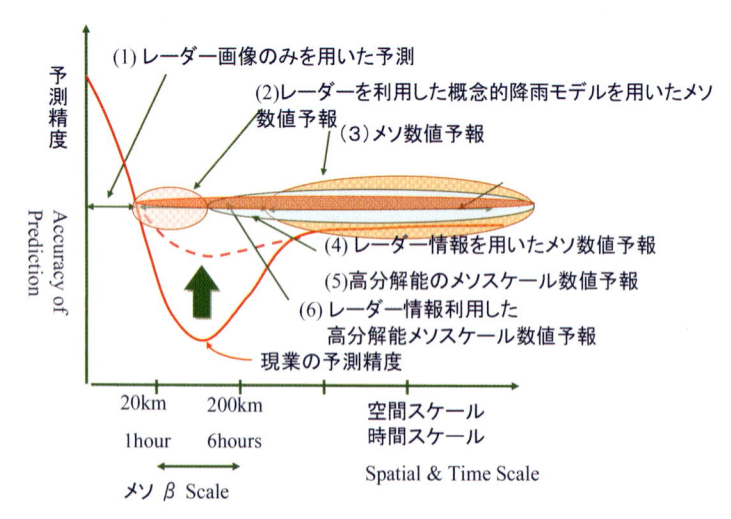

図 3.7 降雨予測精度の概念図

(2) 最新の技術と今後の動向

2000年代に入って，メソ数値モデルの精緻化とレーダ情報との結合が図られてきている．気象庁による精緻化の大きな一つは，予測空間分解能の高度化であり，10 km分解能に改良され，2006年度から5 km分解能へ移行する．もう一つの精緻化は，静水圧近似（静力学的近時）から非静水圧（非静力学的）な扱いへの移行による浮力の導入である．豪雨のような小スケールで見た激しい気象擾乱は浮力が予測精度向上の大きなファクターとなる．

一方，上記高分解能，現実的なモデルへの発展は，より細かなスケールでの初期値を必要とする．そのため，図3.7の(2)でまず実現が果たされたレーダ観測情報の物理的な取り込みが必要となる．図3.7の(4)としてそれを実現した気象庁メソ数値予報が現業化されている．

ただし，(2)のような立体的な降雨情報の取り込みはまだである．ただ，衛星による海面温度やウインドプロファーラーという測機による地点上空の高度別風速情報は取り込まれている．気象庁ではごく近い将来，2.1の『ドップラーレーダと偏波レーダ』にあるようにレーダ観測の現業化，その情報との結合目指している．

一方では，図3.7の(5)に示すように，研究レベルでは地球シミュレーターという大規模並列計算機により，より詳細な雲物理過程を含めかつ100 mオーダーの空間分解能を持った高詳細空間分解能のメソモデルの実行が可能となっており，2003年の新潟豪雨の予測可能性が示唆されている（この段階では2003年の福井豪雨の予測可能性はまだない）．

今後の最先端の研究では，図3.7の(6)に示すように，こういった高詳細メソモデルとレーダ情報との結合がまず研究レベルで進められ，より小規模場な福井豪雨の予測可能性が探られてゆくことになる．一方では，2.1で紹介されている偏波レーダ情報との結合はほぼ全くこれからの研究開発事項であり，今もますすの予測精度の飛躍的な改善を目指しての研究が進められている．

⇒ 4.4の『河道改変による自然再生』

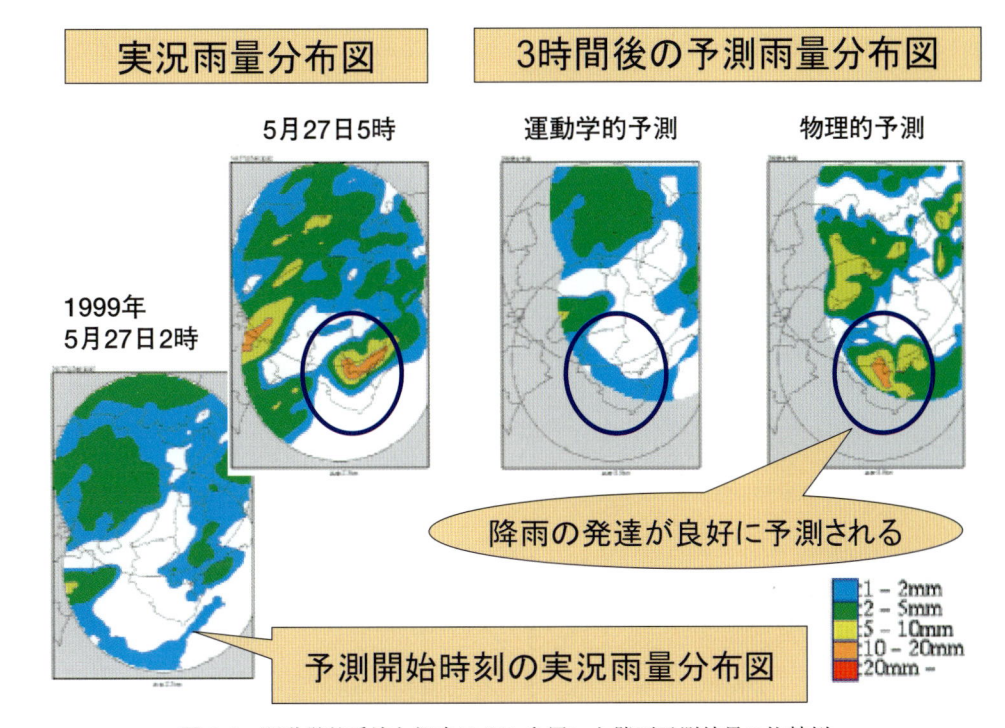

図3.8 運動学的手法と概念モデルを用いた降雨予測結果の比較例
（国土交通省近畿地方整備局淀川ダム統合管理事務所）

3.2 水量変化を予測する

分布型モデルによる洪水予測

立川　康人

　安全・安心で快適な流域をデザインするためには，洪水や渇水の発生の仕方や大きさを事前に予測すること，また流域環境や気候の変化に伴う水循環の変化を事前に評価することが求められる．そのためには流域に降った雨水がどのような過程を経て流域を流動するかを再現・予測する数値シミュレーションモデルが必要となる．その数理モデルを流出モデルとよぶ．

　洪水を予測する場合，流出モデルは一般に降雨が河川流量に変換される過程を対象とする．一方，河川流量を長期的に予測することを考えると，蒸発散量が河川流量を支配する大きな要因となる．この場合は，気温や日射量，風速なども流出モデルに与えられなければならない重要な情報となる．観測によって得られる水移動や物質移動の情報は，流出現象のある一断面を捉えているに過ぎず，観測値だけで水や物質の流動を理解することはできない．現象をよりよく理解するためにも観測値とともに流域内の水や物質の循環過程を再現・予測する数値シミュレーションモデルが重要な役割を持つ．

　地形や土地利用などの地理情報の数値化やそれらの数値情報を処理する地理情報システムが目覚しく発展している．同時にレーダ雨量計をはじめとする水文量の時空間観測システムの整備が進んでいる．これらの技術開発と水文素過程に関する観測・モデル化，また流域情報をできるだけ流出モデルに反映させようとする分布型流出モデル構築の構想とが結びつき，流域の状況に即応して水循環を再現し予測しようとする分布型流出モデルの開発が大きく前進している．こうした取り組みは水量のみならず，土砂動態や物質循環を再現・予測しようとする分野でも積極的に行われている．対象とする流域の大きさも数 ha の水文試験地レベルから数十万 km^2 の大陸規模の河川流域にまで広がっている．

　図 3.9 は近畿地方の数値河道網情報を表示したものであり，日本全国の河道位置情報が電子計算

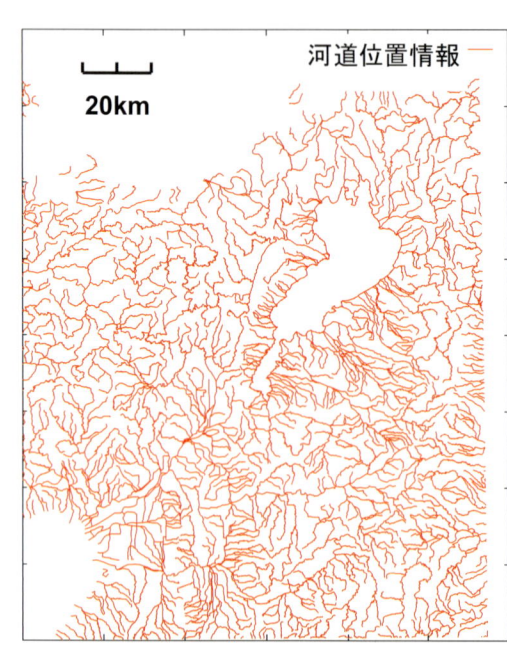

図 3.9　近畿地方の数値河道情報

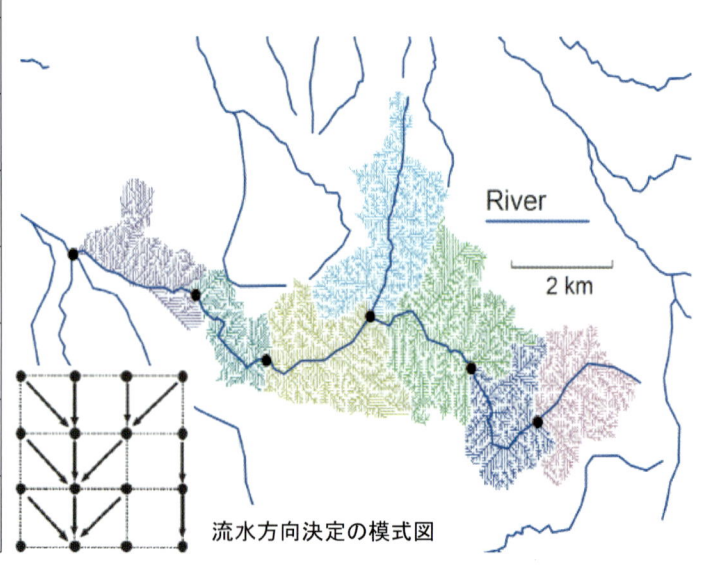

図 3.10　数値標高データを用いた流域モデル

機で容易に取り扱うことができるように整備されている．また，図 3.10 は格子状に整備された標高データから決定した山地斜面での雨水の流れ方向を示しており，流水線が接続する河道区間ごとに異なる色で表示している．

図 3.10 の左下図に示すように，ある格子点に着目しそれに隣接する周り 8 点の格子点の中で最も勾配が急になる方向に雨水が流下すると仮定する．この作業をすべての格子点で実施することにより，流水線網を生成することができる．この流水線網の接続状況に従って，雨水や物質の流れを斜面上流から順次下流に向かって計算して行けば，時空間分布する降雨や地形・土壌・土地利用に応じて雨水や物質が流動する過程を再現・予測することが可能となる．土地利用などの地表面情報は，衛星や航空機によって得られるリモートセンシング情報を用いることができる．

こうした分布型流出予測モデルは，短時間降雨予測手法と組み合わせて，実時間で流出現象を予測できるようになっている．図 3.11 は淀川流域全域（枚方地点上流，$7,281\,\mathrm{km}^2$）を対象とした広域分布型流出予測システムの例であり，250 m 分解能の流域モデルに 2.5 km 分解能の予測降雨が与えられ，6 時間先までの流出予測を実現している．この流出モデルはダムによる流況制御の効果も導入した予測モデルとなっている．

参考文献
1) 池淵周一，椎葉充晴，宝 馨，立川康人：エース水文学，第 9 章，流出モデル，朝倉書店，pp.125 〜 142, 2006.
2) 佐山敬洋，立川康人，寶 馨，市川温：広域分布型流出予測システムの開発とダム群治水効果の評価，土木学会論文集, No. 803/II-73, pp.13 〜 27, 2005.

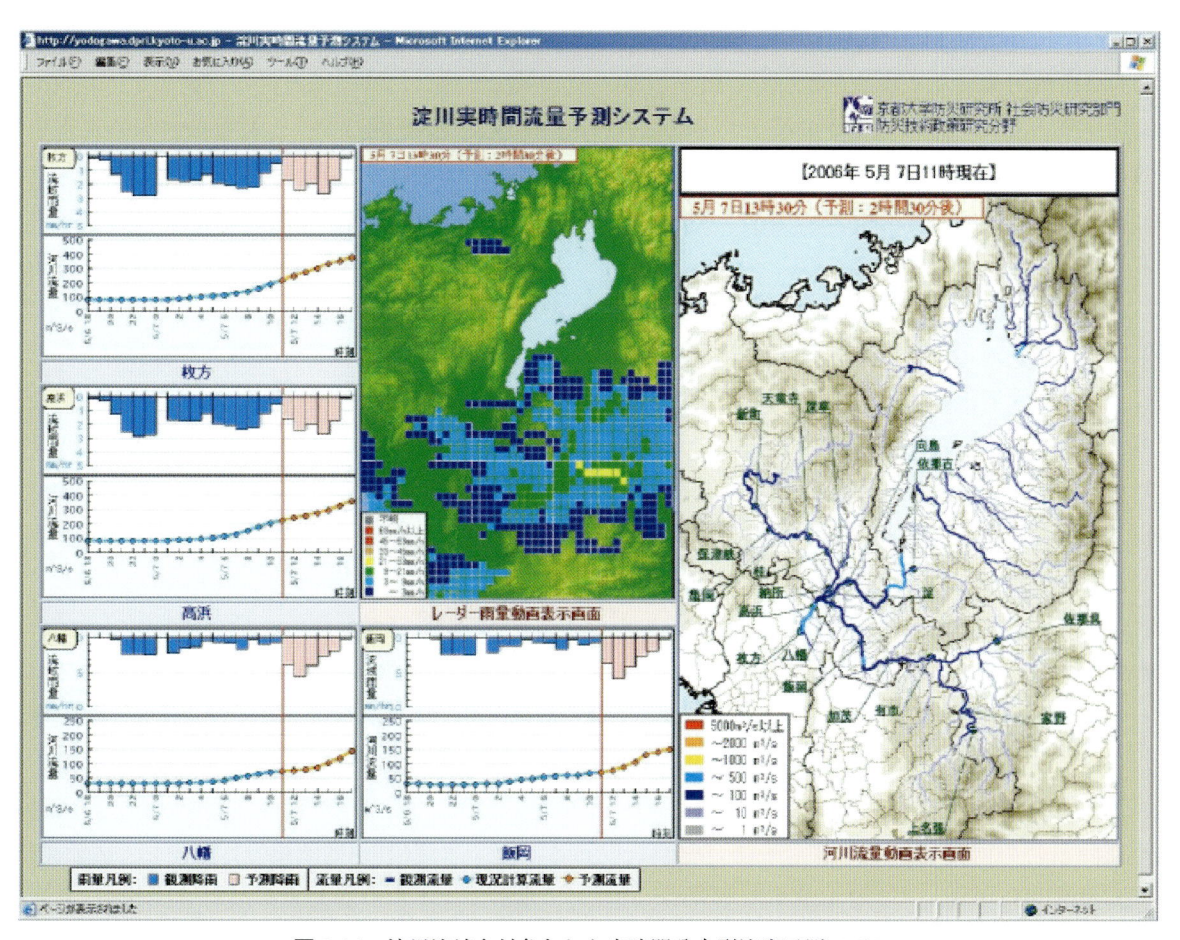

図 3.11　淀川流域を対象とした実時間分布型流出予測モデル

3.2 水量変化を予測する

水循環解析による1年間の水量予測

木内　豪

(1) 技術の特徴

近年，"水循環系の健全化"が水管理行政における重要なキーワードとなっている．ここでいう水循環系とは，一般的には流域スケールにおける降雨，浸透，流出，蒸発散，地下水流動などの自然現象(自然系水循環)と取水，排水，ダム等による調節といった人為的・人工的な操作を伴う現象(人工系水循環)からなる水循環全体のことを意味し，水量のみならず水質を左右する汚濁物質や土砂等の移動と消長をも含む概念である．

水循環系の健全化が叫ばれる背景には，流域の改変によって様々な弊害(河川の平常時流量減少，洪水による浸水の常態化，河川や湖沼の水質悪化など)が顕在化していることや，これらの弊害を個別的局所的対策で取り除こうとしても限界があり流域全体としての取り組みが必要であること，自然の保全や復元を求める声の高まりなどがある．このため，流域の水循環系の実態を把握し，対策の効果や将来の流域変化の影響を予測することのできる手法が必要とされる．

年間を通じた河川流量や地下水位などの予測情報は，将来の水資源賦存量の把握，河川の正常流量の維持，地下水や湿地の保全などを図るうえで重要である．また，これらの情報は，水質モデルと組み合わせて湖沼や沿岸海域等に河川水・地下水とともに流出する汚濁負荷量や土砂量の予測にも活用され，良好な水環境を守るうえで欠かせないものである．

(2) 水循環解析の手法

河川堤防の高さやダムの容量を決めるため，様々な降雨時の河川流出量の算定手法(例えば，貯留関数法，合理式，タンクモデルなど)が河川計画において利用されている．また，低水計画には，洪水時から低水時までの長期(年間)の流出モデル(例えば，タンクモデル)が利用される．これらのモデルを用いて流域内の多種多様な改変による水循環系変化を詳細に予測するには，いかに適切なパラメータを設定するかという課題がある．一方，流域を多くの微少要素に分割し，それらの要素間や各要素内の水の移動を物理方程式に基づいて解析する数値モデル(分布物理型モデル)は，水循環系健全化の対策や現状分析を行ううえで有用なツールである．分布物理型モデルは，近年，様々な流域基盤情報の共有化やGIS技術の発展，コンピュータの進化と相まって，実務分野に普及してきている．

(3) 年間を通した水循環解析

年間を通した水循環解析の一例として，茨城県の牛久沼流域(図3.12)を対象に将来の都市化が水循環系に及ぼす影響について試算した結果を紹介する．図3.13および図3.14は，つくばエクスプレスの開通に伴う沿線約13 km²の開発(都市域の面積は流域の33％から41％に増加)によって，河川流量や地下水など水循環の各過程がどの程度変化するのかを，分布物理型モデルで解析した結果である．流域外からの導水により河川の平常時流量が灌漑期に増大する様子や，非灌漑期の低水流量，洪水時のピーク流量，年間の流量変動が良好に再現されている．

また，沿線開発前後の流量を相関図で見てみると開発によって洪水時の流量が最大40％ほど増大することがわかる．一方，低水流量への影響は小さい．全流域の年間水収支を見ると，将来の土地利用変化と人口増に伴い，蒸発散量，浸透量および地下水流出・中間流出等は減少し，表面流出，上水および下水が増大する傾向がわかる．ちなみに，開発区域では現在に比べて蒸発散量，浸透量，

地下水流出，水田灌漑用水がそれぞれ279 mm（現在の41％相当，以下同様），598 mm（60％），38 mm（18％）および190mm（100％）減少する一方で，表面流出は376 mm（1.6倍）増加，上水は1,312 mm（22倍）増加し，これにより河川流量と下水はそれぞれ258 mm（43％）と1,235 mm（62倍）増加することが予測された．

参考文献

1) 「都市小流域における雨水浸透，流出機構の定量的解明」研究会編：都市域における水循環系の定量化手法—水循環系の再生に向けて—，（社）雨水貯留浸透技術協会発行，2000.
2) Jia, Y., Kinouchi, T. and Yoshitani, J：Distributed hydrologic modeling in a partially urbanized agricultural watershed using water and energy transfer process model, J. Hydrologic Eng., ASCE, 10(4), 253-263, 2005.

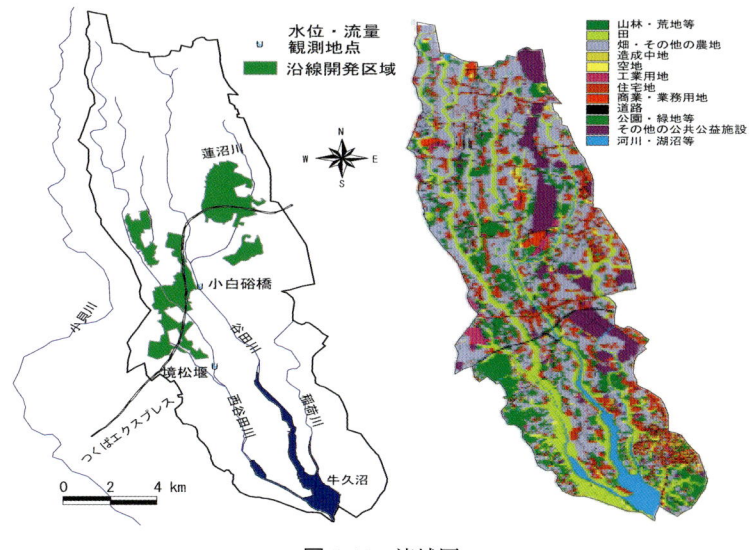

図3.12　流域図

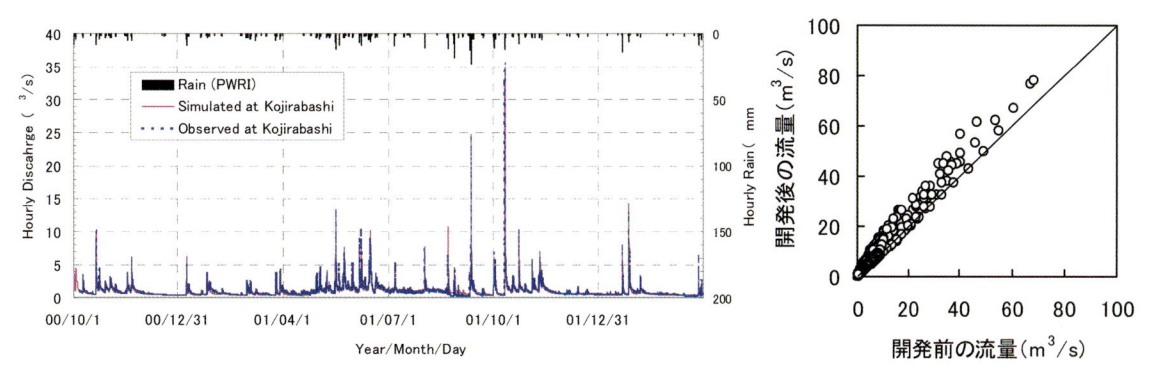

図3.13　年間の河川流量変動の算出結果（左）と開発前後の日流量の相関（右）

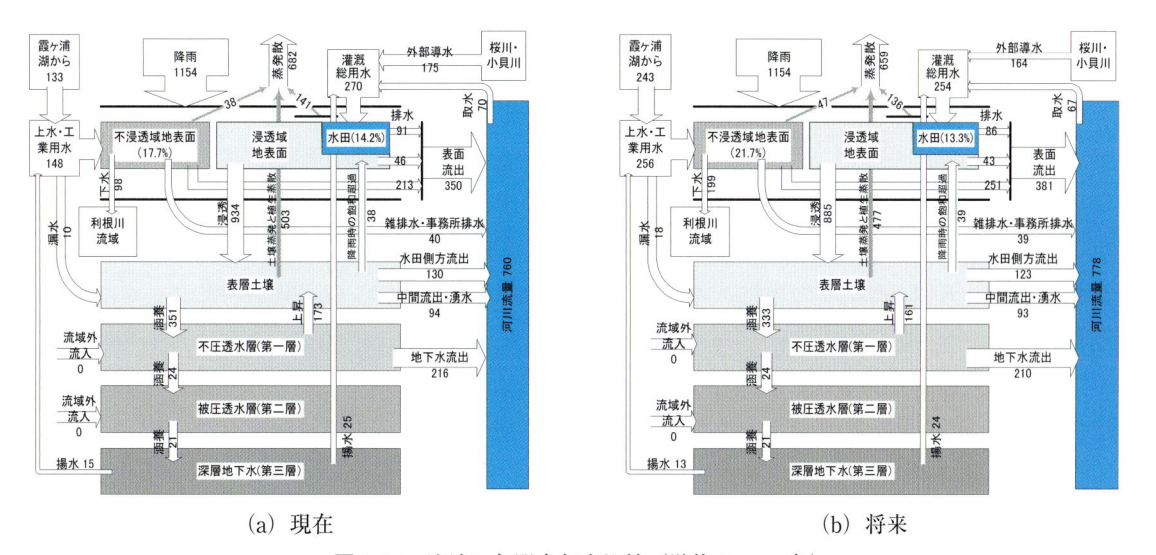

(a) 現在　　　(b) 将来

図3.14　流域の年間水収支比較（単位：mm/年）

Chapter 3.3 流れの変化を予測する

洪水時の河川水位・流速解析

武藤 裕則

　河川流は通常，流下方向，横断方向，水深方向の順に代表空間スケールのオーダーが小さくなる．したがってその取扱いには，より小さなオーダー方向の現象を平均化することで次元を減らすことがしばしば行われる．そうすることにより解析モデルが簡便となり，その取扱いが容易となるのみならず，必要となるデータ量や計算容量の点でも有利になる．

　一方で，このような省略を行わない3次元解析も，計算機の進歩とともに可能となってきた．各解析手法の長所・短所ならびにそれらの適用性については参考文献1)にまとめられている．現在では，洪水時の水面形計算には準2次元解析が，また，流れ場の計算には平面2次元解析が用いられることが多く，実用的にもまずまずの精度で解析結果を与えていることから，標準的な技術となりつつある．

　しかしながら，河川流の内部構造は元来非常に複雑であり，平均化の取扱いが常に許されるとは限らない．すなわち，3次元性の強い流れ場では3次元解析を行う必要がある．そのような流れ場としてこれまで，湾曲流・蛇行流，複断面流れ，砂州・河床波等不規則な河床形状での流れ，狭幅水路や河道隅角部の流れ，構造物周辺の流れ，植生を有する流れなど，様々な研究対象が取り上げられてきた．

　特に近年は，水工学・河川工学分野における環境問題のウエイトの高まりに伴い，水路縦横断形状の複雑化，砂州や瀬・淵環境の維持，水制などの構造物利用などが一般的となりつつあり，複雑な境界条件下での3次元的な流れが重要な課題として認識されている．以上のことから，現場からの様々な問題提起に対して，3次元解析の必要性は今後ますます高まるものと思われる．

　ここでは，3次元解析の適用例として，上述した流れの中から，複断面蛇行開水路流れと，水制周辺部の流れと河床変動を取り上げる．複断面蛇行開水路流れでは，蛇行した低水路に沿う流れと直線的に流れる高水敷上の流れとが干渉し，両者が交差することで強い二次流が発生する．この二次流が媒介となり，高水敷上流れの低水路河床への到達や低水路内流れの高水敷への乗り上げといった現象によって局所的な深掘れや河岸侵食を引き起こす．図3.15はこのような流れを対象とした解析例である[2]．

　本解析モデルでは，図に示したように水平面には三角形有限要素格子を用い，それを鉛直方向に重ねることで3次元格子としている．図より，低水路の蛇行に沿って上述の流れの構造が表されており，流れの再現性は概ね良好と言える．一方で実験で見られる並列する複数個の二次流セルは再現できておらず，この微少な差異が河床形状計算に大きく影響する恐れがある．

　次に，図3.16は執筆者の研究グループによる越流時不透過水制周辺部の河床変動の解析例である．水制越流時には，前面部の馬蹄形渦，先端部からのはく離，背後における後流など非常に複雑な現象が観察される．ここでは図に示したような非構造格子を用いた解析を行っている．その結果，流況については良好であったが，河床変動に関しては，流れの変動に追随する河床材料の動態までは考慮しなかったため，その再現性には改善の余地が認められる．

　以上のように，3次元解析によって得られる情報量は飛躍的に増加し，複雑な流れ場の理解に資する面は大きい．また，今後適用例が増えることでその精度も向上していくものと思われる．一方，モデル上では既に非常に複雑かつ高度な事項も取り扱うことが可能となってきているが，その妥当性を検証するデータが不足していることが3次元

解析の発展を阻害している面も否めない．したがって，モデルの検証に耐えうる良質かつ量的にも十分なデータを得るための実験・観測を遂行することが強く期待される．

参考文献
1) 土木学会編：水理公式集，pp.109～111, 1999.
2) Shukla, D.R. and Shiono, K.: Secondary flow structures in compound meandering channels during floods, Proc. ICE, 投稿中, 2006.

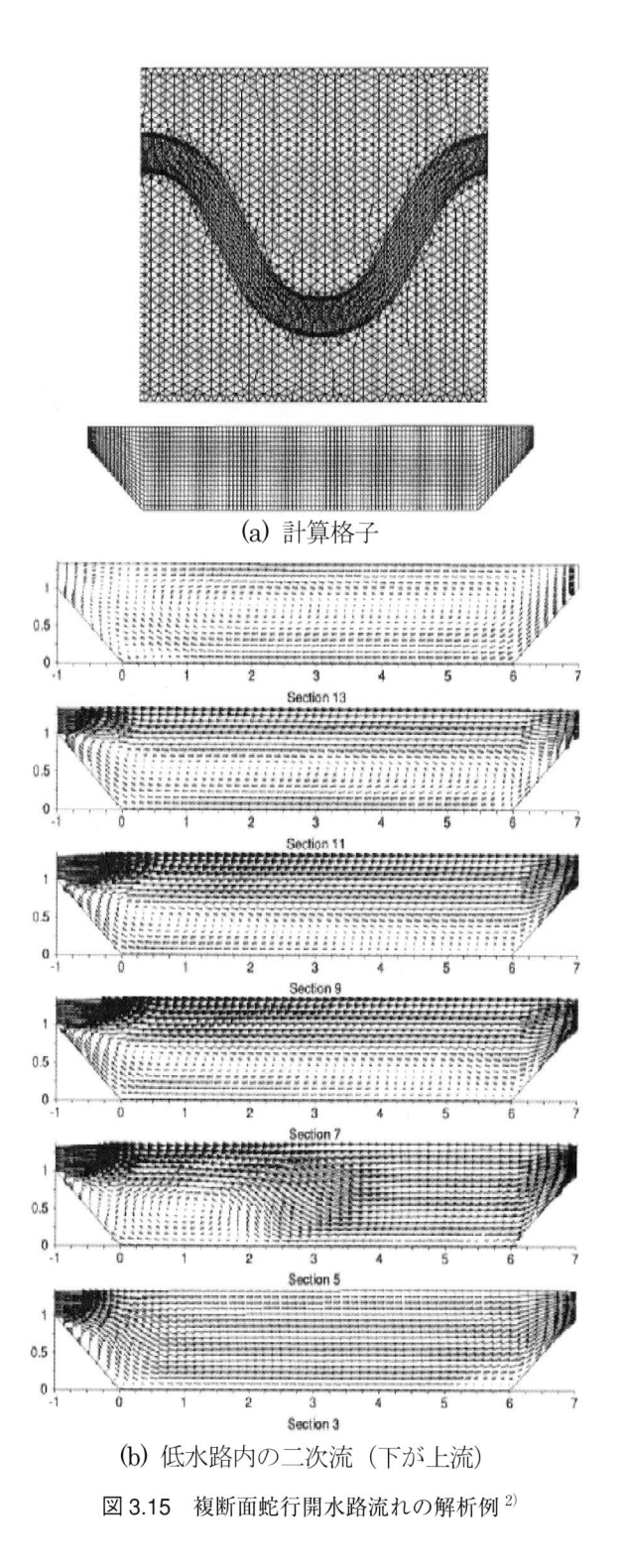

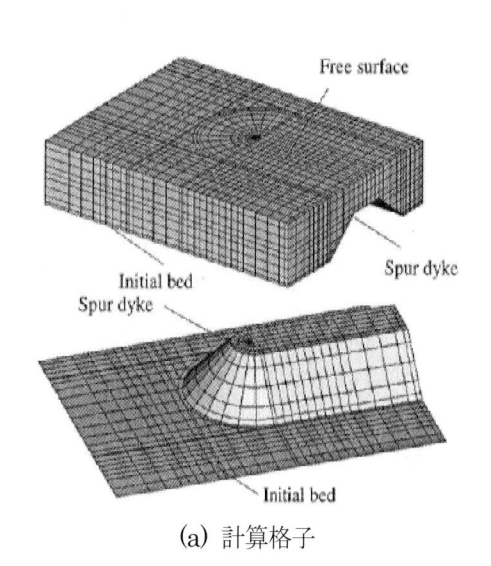

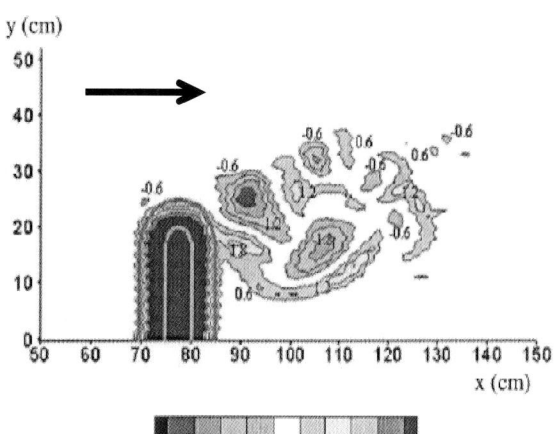

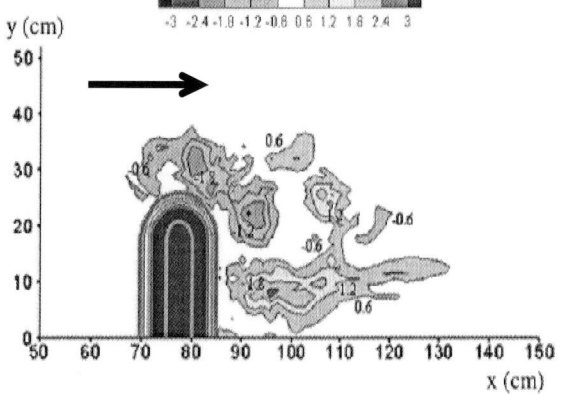

(a) 計算格子

(b) 低水路内の二次流（下が上流）

図 3.15 複断面蛇行開水路流れの解析例[2]

(a) 計算格子

(b) 平衡河床形状（上：実験，下：解析）

図 3.16 水制周辺部の河床変動解析例

3.3 流れの変化を予測する

破堤氾濫シミュレーション

末次　忠司

(1) 技術の特徴

洪水に伴って破堤災害が発生すると，氾濫流により甚大な被害を被るため，その影響を氾濫シミュレーション（氾濫解析）により予測しておくことが重要である．次項で解説されているように，通常の氾濫シミュレーションでは洪水流と氾濫流を分けて不定流計算により解析している．これは破堤箇所付近の洪水・氾濫流は常射流の混在した急変流となり，不定流計算では安定的な解析ができない（計算が発散する）ためである．

これに対して，FDS（流束差分離）法を用いた解析では，流れの波動方向の運動量輸送を考慮することにより，洪水流と氾濫流を一体的かつ安定的に解析して，破堤箇所付近を含めた詳細な氾濫流の挙動を把握することができる．

(2) 技術の用途と役立つ成果

2004年は全国各地で水害が発生し，新潟県では梅雨前線に伴う洪水（7月）により11箇所で破堤災害が発生した．特に刈谷田川では中之島地区において，越水に伴って破堤氾濫（破堤幅約50 m）が発生し，死者3名，全半壊家屋53棟という甚大な被害が発生した．当該地域にFDS法を適用した結果，破堤箇所付近の氾濫現象，氾濫流による避難困難度（歩行が困難となる時刻），氾濫流が家屋に及ぼす流体力を評価することができた．

FDS法の適用にあたってはまず地形情報を収集する必要がある．堤内地の標高はレーザプロファイラおよび測量結果を用い，計算メッシュ幅は2 mとした．家屋情報は住宅地図帳等より収集した．破堤幅の時間的変化は目撃証言等より与えた．また，河道の痕跡水位，氾濫原浸水深痕跡データより粗度係数を決定した．

破堤後50分経過した破堤氾濫に伴う浸水深分布を図3.17に，浸水深の時間的変化を図3.18に示した．図3.17では浸水深が破堤箇所を中心に高い分布となっており，図中に赤色で示した家屋

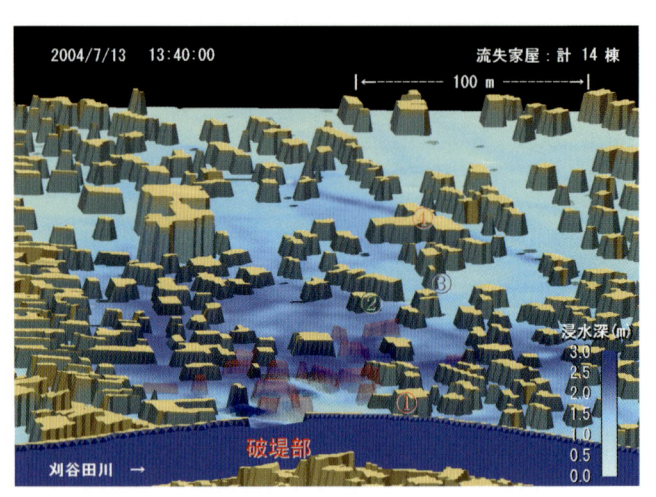

図3.17　刈谷田川中之島破堤による浸水深鳥瞰図
注）：○数字は図3.18と対応

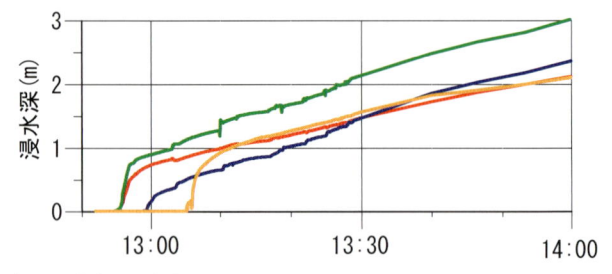

<u>破堤氾濫流の目撃証言</u>
① 家の時計が13:05で止まっていた．
② 鉄砲水が家の中に飛び込んできて水はすぐ2階近くまで達していた．
③ 泥水が来て3分もしないうちに畳が浮いた．
④ 午後1時頃に道路から水がはけないことに気づいた．2階なら安全だと思い，避難したが，まもなく保育所一帯は2階の高さまで冠水した．

図3.18　浸水深の時間変化と目撃証言
注）：○数字は図3.17と対応

は氾濫流によって流失した家屋を表している．また，図3.18からわかるように，氾濫水が到達して数分間で浸水深（第1波）が50〜70 cm上昇し，その後30分程度かけて浸水深（第2波）が1 m前後上昇している．この時間変化は，破堤氾濫流の目撃証言ともおおよそ一致した結果となっている．既存の調査結果では浸水深の上昇速度は10〜20 cm/10分であったが，これは今回解析して得られたおおよそ第2波に相当し，第1波については氾濫解析で初めて得られた解析結果である．

また，中之島地区で死亡したのは堤防近くに住む高齢者であった．今後水害被害を少なくするよう，破堤氾濫時の避難を考えるために，氾濫解析結果を用いて，避難困難度を調べた．図3.19は氾濫解析の結果得られた水深，流速を用いて推測した浸水中の歩行困難となった時刻である．破堤してから10分以内で破堤箇所から約200 m以内の地域において歩行困難になっていたと推測される．

当時のニュース映像に映っている屋根で救助を求める人の家の周辺は破堤後すぐに歩行困難な状況になったと考えられる．なお，破堤箇所の北側に歩行困難となる時刻が遅い地域があるが，この区域は他区域より標高が1〜2 m高い地域である．

一方，氾濫解析では各メッシュにおける水深と流速が計算されるので，この値を用いて家屋に作用する流体力を算定した．図3.20には氾濫流により家屋に作用する力の最大値を示した．

破堤箇所から300 m以内では流失した家屋と同等もしくはそれ以上の力が作用したという解析結果が得られている．

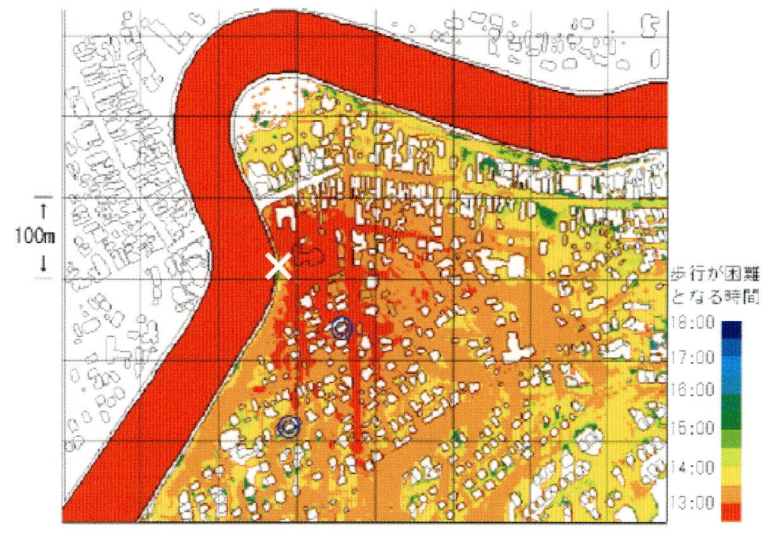

参考文献
1) 川口広司，末次忠司，福留康智：2004年7月新潟県刈谷田川洪水・破堤氾濫流に関する研究，水工学論文集，第49巻，pp.577〜582，2005.
2) 中村徹立，川口広司，末次忠司：水害対策技術に関わる最新の調査研究について，河川，No.707，pp.53〜56，2005.

図3.19　氾濫流により歩行が困難となる　×：破堤地点

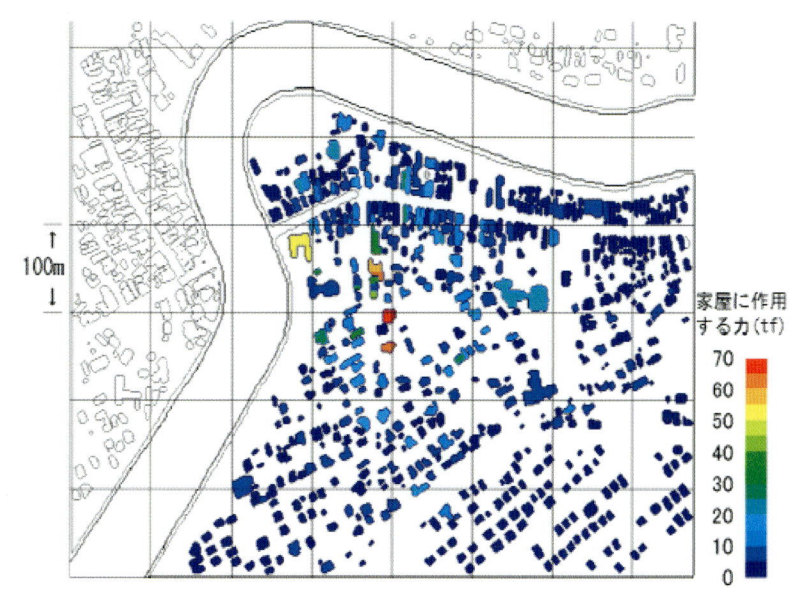

図3.20　堤防近くの家屋に作用する力

3.3 流れの変化を予測する

内・外水複合氾濫シミュレーション
（河川と下水道等からの氾濫）

海野　修司

(1) 技術の特徴

　愛知県は，2001年に新川・日光川・境川の3流域において，内・外水複合氾濫シミュレーション（河川と下水道等からの氾濫）手法の開発を行った．解析モデルの開発では，流域全体を対象とした流出氾濫シミュレーションモデルの基本構造を作成するとともに，3流域の地形特性に応じた適用法を見出した．浸水被害の予測に際しては，流域で発生すると思われる水災シナリオを考え，それらに応じた降雨外力を設定した．これらによって，様々な事態に対応するための具体的な情報を得ることができ，地理情報技術を活用して，パソコンでわかりやすく，多様なニーズに応じて利用できるようにシステム化した（図3.21）．

(2) 氾濫シミュレーション

　一般的に中小河川の中下流域には，内水域が広範に分布し，そこでは河川の破堤や越水による外水氾濫だけでなく，市街地などで水路や下水道が溢れて起こる内水氾濫や，これらが重なった複合氾濫によって浸水被害がもたらされることが多い．2000年の東海豪雨では，名古屋市内で新川の左岸堤防が破堤し，洪水流が市街地に流入した左岸域では浸水深が2mを越える激甚な水害となったが，破堤を免れた右岸域でも内水ポンプの排水能力を上回る洪水の流出などによって大規模な内水氾濫が発生し，浸水深が1.5mを超える深刻な水害に至った．

　そこで，内水を加味した氾濫解析を行って，降雨規模の変化に応じて発生する浸水被害の形態と過程を明らかにするために，「愛知県氾濫シミュレーション技術検討会」（委員長・辻本哲郎名古屋大学大学院教授）を2001年9月に発足させ，「モデルの開発」「想定外力とシナリオの設定」「情報提供のあり方」の3つの視点から多角的に検討を加えるものとした．

(3) モデルの開発

　モデルは，流域全体の複合氾濫現象を解析するために，水源から海に至る雨水の流出と氾濫の過程を，その流れに沿って一貫して追跡するものとし，以下の構造を構築した（図3.22）．

　①流域全体のメッシュ分割：流域全体を微細な直交格子（新川の場合50m四方・11万メッシュ）に分割し，その流れを解析．

　②流出域と氾濫原の分離と接続：雨水の流れの特性に従って，流出域と氾濫原に二分し，各々の特性に応じた水理モデルを適用するとともに，地形特性に即した境界接続法を開発．

　③氾濫原モデル：氾濫原は，下流側水位の影響を受け時々刻々変化する流れ（Dynamic Wave）を示し，2次元不定流モデルを採用，排水施設や盛土，建物抵抗則を組込んで氾濫流を追跡．

　④流出域モデル：流出域は，斜面の流れ（Kinematic Wave）を呈し，地形勾配に沿う流れの一つ一つを追跡する分布型流出モデルを採用して氾濫

図3.21　浸水深情報（新川）

原への流入量を算定．

（4） 想定外力とシナリオの設定

水災対策を実践的に立案していくためには，降雨の規模と浸水被害の関連や浸水被害の過程を明らかにしておく必要がある．実際の流域では，内水排水施設や河川の排水能力をこえると氾濫が始まり，拡散・貯留して浸水被害が発生するが，これらをわかりやすい情報として提供するために，水災シナリオの設定を行った（図3.23）．

（5） 情報提供

地理情報技術（GIS）を用いて，解析した浸水情報を地図上に図化して表示できる浸水情報システムを開発した．このシステムは，想定する水災シナリオ，情報の種類（浸水深・流速・到達時間・道路浸水情報など）を選択すれば，時々刻々変化する浸水情報をパソコンで動的に表示できるようになっている．2002年8月にシステムの説明会を開催し，新川流域の市町など各機関でのシステムの活用を促した．その後3年が経過し，18市町でのハザードマップ作成に寄与するとともに防災関連の学術研究に利用されている．

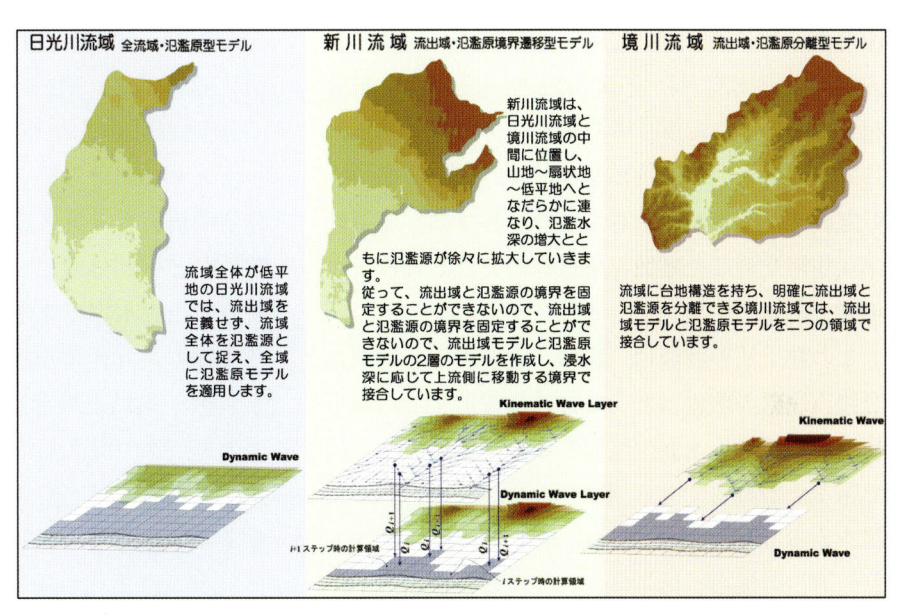

図3.22　新川・境川・日光川流域の地形特性に応じたモデル概念図

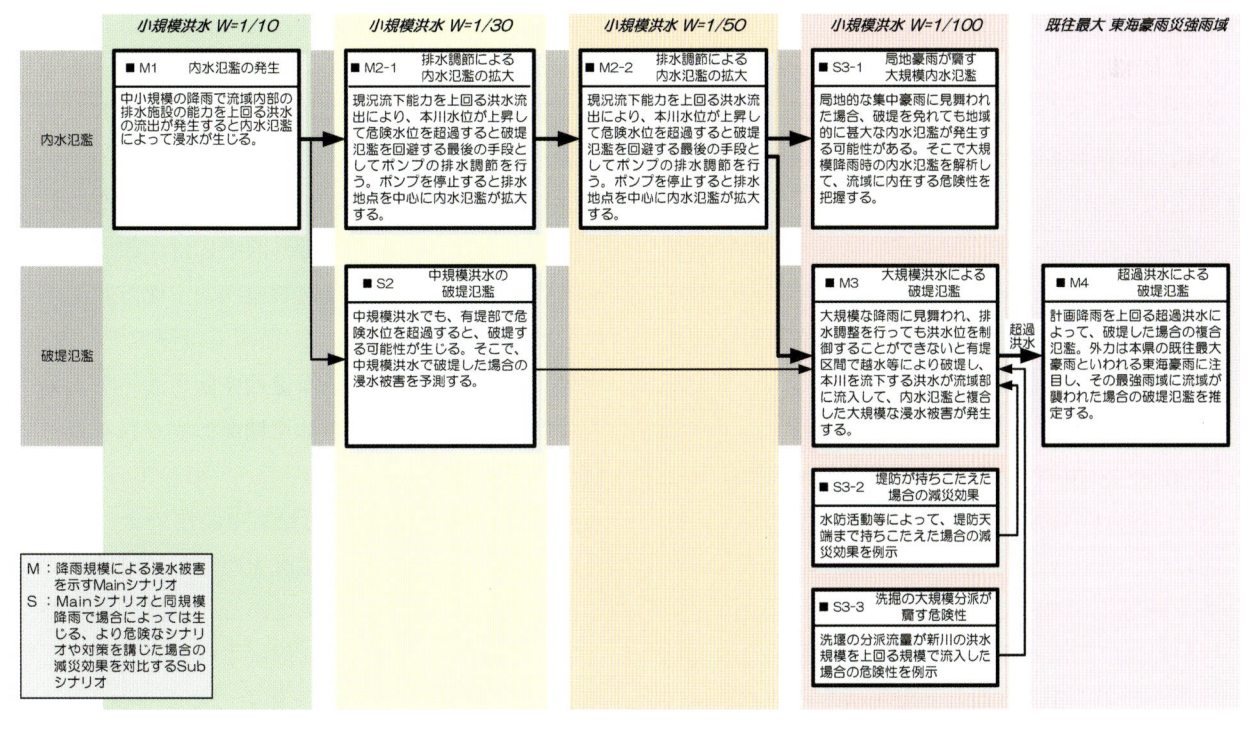

図3.23　水災シナリオ構成図

3.3 流れの変化を予測する

粒子法による流れの解析

後藤 仁志

粒子法は，広義には粒子群の数理モデルの呼称で，分子動力学(気体分子運動の数値解析)や個別要素法も粒子法に属するが，ここでは，流体解析のための粒子法についてのみ紹介する．流体の数値解析では支配方程式(Navier-Stokes式)を離散化する必要があるが，多くの場合，離散化には計算格子が導入され，物理量(流速，圧力)は格子点で定義される．これに対して粒子法では，粒子間相互作用を通じた離散化を行うので，計算格子が不要である．

この粒子法の特徴は，特に，水面の激しい変動を伴う流れの解析において有効に機能する．この種の流れでは，水面の位置を如何に精度よく追跡できるかが重要である．断面2次元場で考えると，穏やかな水流では水面は1本の線で表現できるが，河川の瀑布や海岸の巻き波型砕波では水中に空気塊が取り込まれ，水塊は分裂して飛沫となって空気中に飛散し，水面の一筆書きが不可能な複雑な水面形が出現する．

格子を用いる方法では，個々の格子がどの程度水で飽和されているかを逐次判断して，飽和と不飽和の境界を水面と定義するが，水面形が極端に複雑化した状態では誤判別が生じやすく，水面が不鮮明となる．一方，粒子法では，水面は粒子数密度(単位体積当りの粒子数)に基づいて定義され，水面での水塊分裂や再合体に対しても容易かつ柔軟に対応することが可能である．

流体解析における粒子法[1]にはMPS(Moving Particle Semi-implicit)法とSPH(Smoothed Particle Hydrodynamics)法があるが，水工学上の問題には，非圧縮性流体の扱いに優れたMPS法が多く適用されている．

MPS法では，流体の運動方程式の圧力項と粘性項が粒子間相互作用としてモデル化され，移流項は粒子移動として計算される．また，質量保存則(連続式)は，粒子数密度を一定に保持することにより満足される．粒子間相互作用を計算しつつ，多数の粒子群を追跡すると，自由表面流れのシミュレーションができる．なお，数理モデルの詳細に関しては，MPS法の提案者である越塚誠一の著書[1]に詳述されている．

水工学における粒子法の適用は，海岸における砕波の解析を対象に開始され，直立堤の越波量の解析などへと発展してきた．水流の解析の進展と同時に，流木等の浮体群を含む流れの解析，水流と土砂の相互作用を扱う固液混相流モデル[2]，粒子スケール以下の乱流変動を表現するSPS乱流モデル，水中混入気泡の影響を表現する気液二相流モデルなどが，鉛直2次元場を対象に開発されてきた．これらの経緯は参考文献1)に，混相流モデルの定式化に関しては参考文献2)に詳述されている．

最近，計算コードの3次元化と並列化が実施され，より現実的な境界条件での複雑流が計算できるようになってきた．ここでは，3次元粒子法の河川工学関連の問題への適用に関して，筆者らのグループの成果を示すこととする．

図3.24は，デニール型魚道の3次元流況のシミュレーション結果である．図中には，鉛直横断面内の循環流セルおよび同断面内の主流方向流速の強度分布を併示している．循環流は側方で下降，中央で上昇しており，底面付近の低速流体が上昇して水路中央に広範囲の低速域が形成されることが理解できる．

図3.25は，都市部の局地集中豪雨によって氾濫水が地下街に流入する状況を想定し，階段部での氾濫水挙動を計算した例である．階段が避難路となることから，水流中に位置する人間の脚部を模したモデルに作用する流体力の推定を試みた．図中には，既往の水理実験の結果を併示している

が，実験に見られる昇段時と降段時の流体力の差も含め，両者の対応は良好である．

図3.26は，河床部穴あきダム（治水専用ダム）の洪水吐きでの流木群の通過過程のシミュレーションの例である．管路流・開水路流遷移を伴う3次元的流況において流木間の接触・衝突が頻発するという極めて複雑な状況が計算できることがわかる．浮体群を伴う流れは，津波氾濫流の解析等でも重要な課題とされており，災害科学の観点からも解析法の高度化への期待は大きい．

参考文献
1) 越塚誠一：粒子法，丸善，pp.144, 2005.
2) 後藤仁志：数値流砂水理学，森北出版，pp.223, 2004.

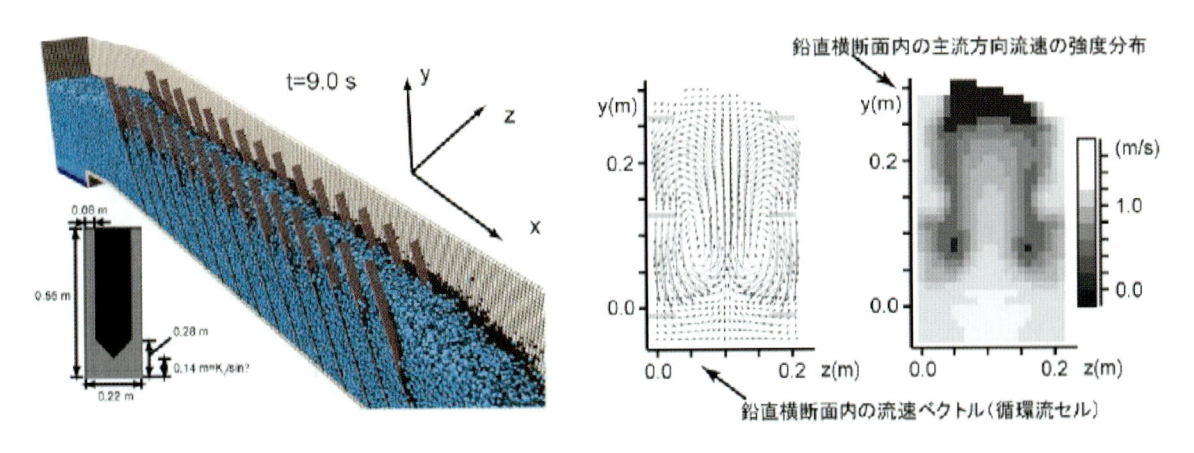

図3.24 デニール型数値魚道

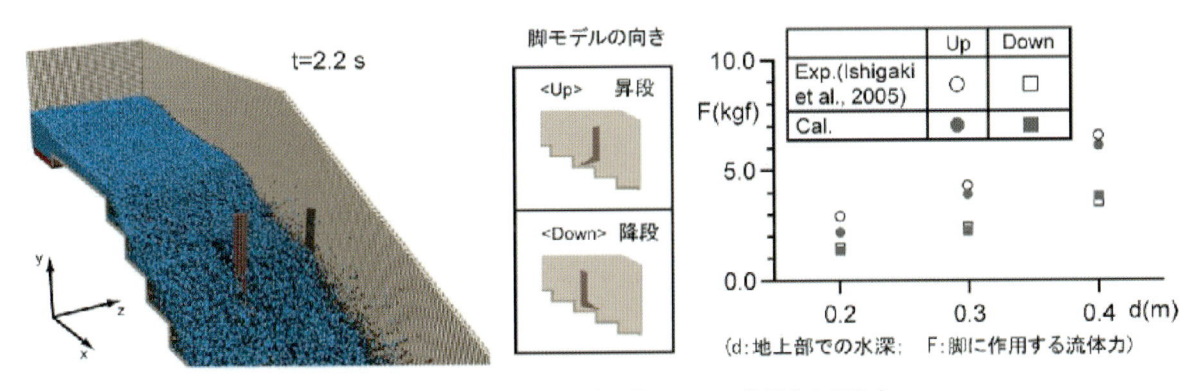

図3.25 地下街階段上流れ中の脚モデルに作用する流体力

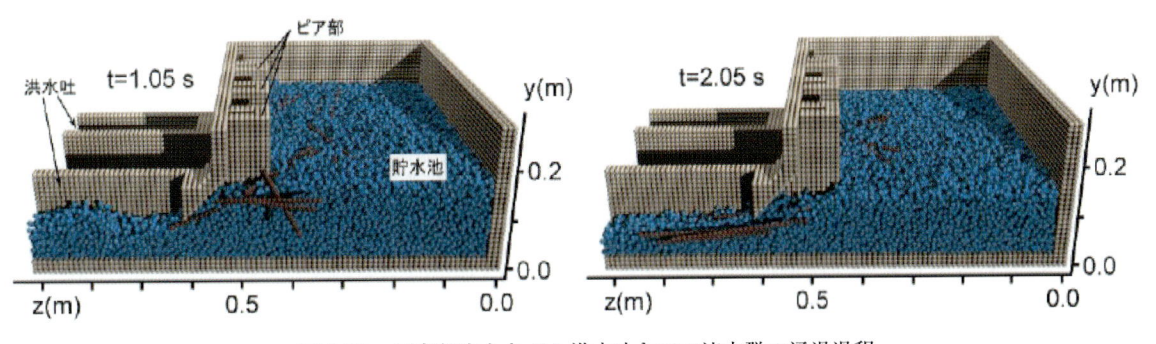

図3.26 河床部穴あきダム洪水吐きでの流木群の通過過程

3.3 流れの変化を予測する

地下街を含む流れの解析

戸田 圭一

(1) 技術の特徴

気候変動の影響や台風と前線の相互作用などによって激しい雨が降る傾向が強まっており，アスファルトやコンクリートで覆われた都市域では，とくに水害発生の危険性が高まっている．その中でも，地下街，地下鉄，地下室などの地下空間は都市の最深部に位置しており，地上が万一，洪水で氾濫した場合に氾濫水が集中する可能性が高い場所である．

地下空間は地上部に比べてその面積(容積)が小さいため，いったん水が浸入すると急激に水深が上がってくる．また避難経路にあたる地上との連絡通路から氾濫水が浸入してくるため，地下にいる人は流れに逆らって避難することになり，大変な困難を強いられ，最悪水死事故につながる危険性がある．

そこで，実在する地下空間の模型を用いた水理実験を実施し，地下空間の浸水特性を明らかにするとともに，人間の避難可能性を通して地下浸水時の危険性を考察している．

(2) 多層化した地下空間の浸水実験

対象とした地下空間は図3.27に示すような3層構造で，市内河川に接する東端から西方向へ650 mにわたっている．図に示されるように地下1階と2階は西側の2箇所で，地下1階と3階は東側の1ヶ所でそれぞれ接続されている．また地下1, 2階では西半分が東半分より床面が1.5 m高くなっている．模型はアクリル製で縮尺1/30とし，観測や測定のため，天井は設けないで地下2階を側方へずらせている（写真3.1）．

市内河川が大雨により地下空間の近隣で100 m^3/s 溢水するとし，そのうち約 30 m^3/s が地下に流入するという条件での地下空間における浸水状況を図3.28に示す．流入開始から30分後には地下3階の地下鉄プラットホームで水深が2 mを越え，60分後では浸水域は地下1, 2階を含めた地下空間全体に拡がっている．このような急速な浸水の進行は地下空間の浸水危険性を如実に示すものである．

次に浸水時の避難経路となる階段部での流速(u)と水深(h)を，流入流量を変化させて計測した．流入流量は地上の水深をもとに設定し，流入口の開口幅に応じて段落ち式より算定した．地上浸水深 0.5 m 相当の流入流量（単位幅流入流量 0.6 m^3/s/m）を与えた結果が図3.29である．

階段歩行実験[1]で，「$u^2h>1.5$(m^3/s^2)の領域では歩行が困難になる」という結果を用いると，本実験の結果から階段では地上浸水深 0.5 m の状況では明らかに避難困難となることがわかる．

最後に，市内河川が 100 m^3/s 溢水するとの条件のもとでの地下空間の避難可能性を見たのが図3.30である．×印は上記の結果からみた歩行困難な階段を示しており，また，「平面部では水深が 0.2 m を超えると子供が，0.5 m 以上では成人女性がそれぞれ歩行困難になる」[2]という結果を併せて示している．

流入開始15分後には地下1階への6箇所の階段が歩行困難となっており，地上への避難が難しくなっている．地下2階では水深が 0.5 m を越え，すでに避難困難である．20分後では地下1階東側全域の水深が 0.5 m を超えるとともに，地下3階ホームから地下1階への避難も困難となるなど，浸水が始まれば急速に非常に危険な状況に陥る結果となった．

(3) まとめ

地下空間の浸水実験より，地下空間での浸水域の拡大や水深の上昇が速いこと，地上浸水深が

0.5mを越えると地下空間では階段の歩行が困難であることなど，浸水時の地下の危険性が明らかになった．このような危険性は，わが国の街に存在する多くの地下空間にあてはまるものであり，ハード・ソフト両面からの地下空間の浸水対策が望まれる．

参考文献

1) 武富一秀，舘健一郎，水草浩一，吉谷純一：地下空間へ流入する氾濫水が階段上歩行者に与える危険性に関する実験，第56回土木学会年次学術講演会講演概要集第2部，pp.244～245，2001．
2) 亀井勇：台風に対して，天災人災 住まいの文化誌，ミサワホーム総合研究所，1984．

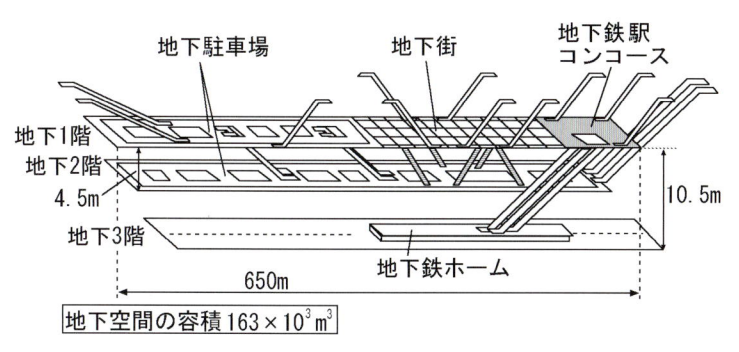

図3.27 地下空間の概要

写真3.1 地下空間模型

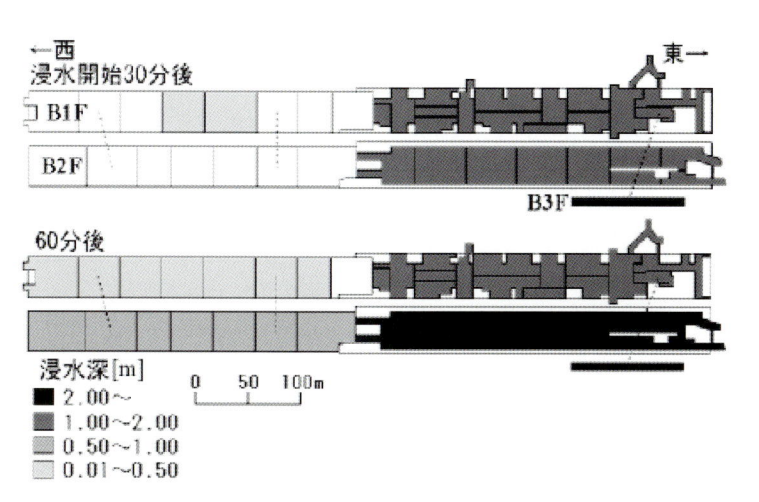

図3.28 地下空間の浸水深分布

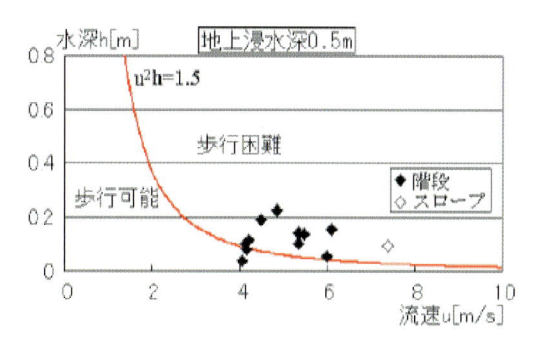

図3.29 階段部の避難可能性

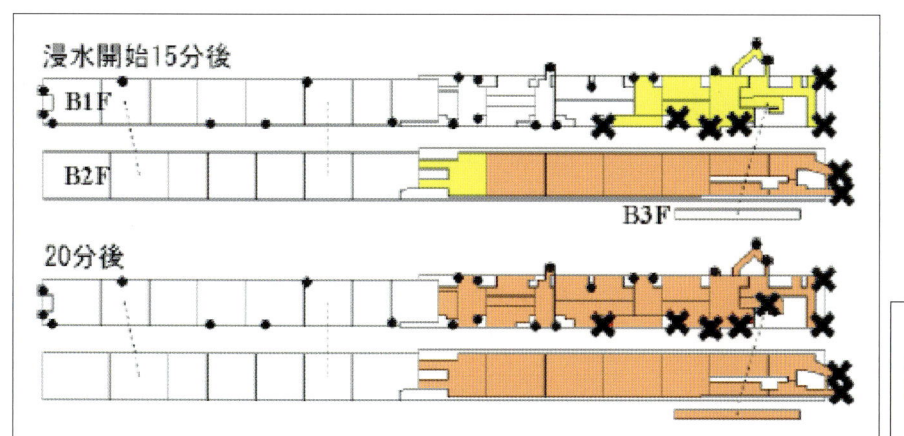

図3.30 地下空間からの避難困難性

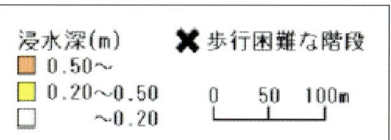

3.4 土砂動態を予測する

流域全体の土砂動態予測

大西 亘

(1) 技術の特徴

全国的に海岸侵食が顕在化しているが、これはダム・河川横断工作物や砂利採取による河川からの土砂供給量の減少、海岸構造物等の人為的なインパクトによる沿岸漂砂量の変化等による土砂の供給と流出とのバランスの崩れが要因の一つであることは否めない。マイナス面だけを捉えて河川に人為的インパクトを与える手段を一概に否定する主張も一部にみられるが、消極的解決策に逃避するのではなく、これらの課題に対して積極的な姿勢で解決に向けて努力するのが「土木工学」の役割であり、そのような流れの中、最近では「総合的な土砂管理」の概念が強く意識されるようになっている。

総合的な土砂管理を行うにあたっては、流砂系の定量的な把握を基礎にして、実行可能な具体的な土砂管理手法を選定するための定量的予測を行うことが不可欠であるが、土砂管理手段の効果と影響は土砂の量だけでなく質（粒径）にも強く依存するため、これまでは予測モデルの構築において「粒径の考慮」が一つの課題であった。

本節では、天竜川－遠州灘海岸流砂系を対象として、1次元河床変動計算モデルと粒度組成の変化を考慮できる汀線変化モデルを組み合わせることで、河川と海岸が一体となった流砂系の変遷の把握と予測を定量的に行うことを可能にした流砂系の定量的予測モデルを紹介する。

(2) 流砂系の変遷と定量的予測手法の概要

本モデルの大きな特徴は、ダム、河道、海岸における土砂の粒径累加曲線の重ね合わせにより、天竜川下流部－遠州灘の有効粒径集団の流掃特性について整理を行い、計算対象粒径とその区分等を設定を行ったことにある。モデルの妥当性については、河床高や河床変動量より1次元河床変動計算の現況再現の検証を行うとともに、計算により得られた海岸への河口流出土砂量（8.3×10^5 m^3/年）の妥当性を、縄文海進以降の天竜川によって形成された扇状地の土砂量から推定した結果（約 $5 \sim 12 \times 10^5 m^3$/年）から確認を行った。また、1次元河床変動計算から得られた海岸への河口流出土砂量（$8.3 \times 10^5 m^3$/年）を、海岸への土砂供給量として粒度組成の変化を考慮できる汀線変化計算を実施し、汀線変化量や沿岸漂砂量の実態と比較検証を行い、1次元河床変動計算と汀線変化モデルの整合性の確認を行った。

(3) 得られた知見と今後の展望

具体的な対策案として、ダムに堆積した土砂をダムの下流に供給することによる河川・海岸への影響を、本モデルを用いて検討した。その結果、

① 侵食の激しい河口部の現況汀線を維持するためには、河口まで到達する $0.2 \sim 0.85$ mm 粒径の土砂の $2 \sim 3 \times 10^5 m^3$/年程度の供給が必要である、

② 0.85 mm 以上の粒径の土砂は、河床に堆積し、洪水対策上問題が発生する。また、上流から供給しても、河口からの供給土砂量の増加への即効性はない、

③ 逆に、$0.85 \sim 2$ mm の砂を直接海岸に $7.5 \times 10^4 m^3$/年程度供給できれば、河口部の現況汀線を維持できる。しかし、海岸の粗粒化が進むため環境面での問題が残る、

などが明らかになった。

このことから、天竜川における土砂管理対策として、粒径別に次のように考えることができる。

① 海浜の安定、回復を早期に実現するためには、0.85 mm 以上の粒径の土砂を河口部から直接

海岸へ供給する．

②粗粒化の進んだ海岸を元の海岸に復元するためには，0.2～0.85 mm の粒径の土砂を，河川の自然流下により供給する．

ダムからの排砂対策としては，日本で実績のある排砂バイパストンネルの新設，ダムの改造(排砂ゲートの設置)，上流貯砂ダムの設置等が考えられる．

参考文献

1) 佐藤慎司ほか：天竜川－遠州灘流砂系における土砂移動の変遷と土砂管理に関する研究，海岸工学論文集，第 51 巻，土木学会 pp.571～575, 2005.

⇒2.4 のコラム『土砂はどのように動くのか？』

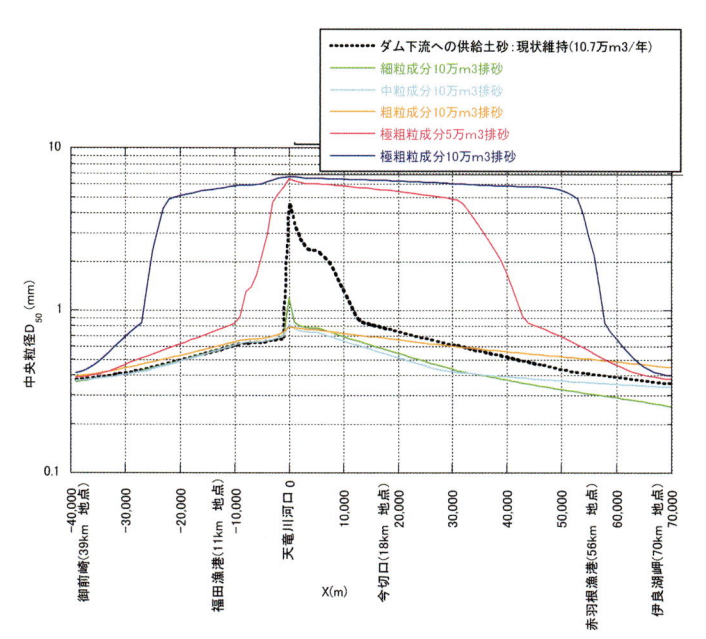

図 3.31 ダムからの排砂量の違いによる海岸汀線の中央粒径 D_{50} の変化(50 年後)

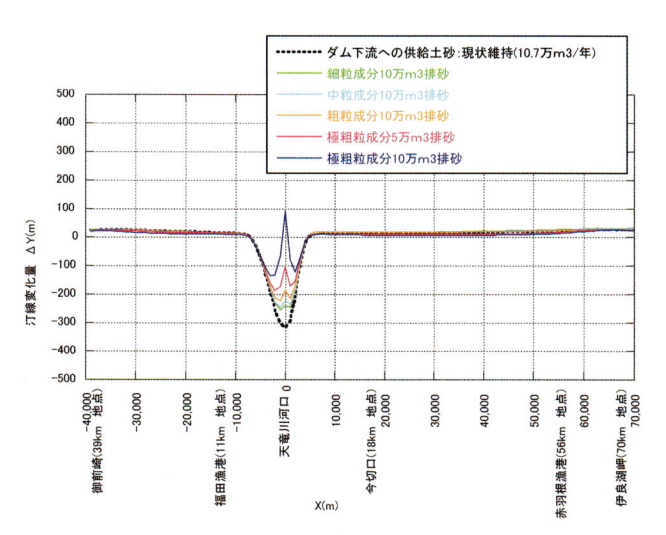

図 3.32 ダムから土砂を 10 万 m³/年放流した場合の海岸汀線変化量(50 年間)

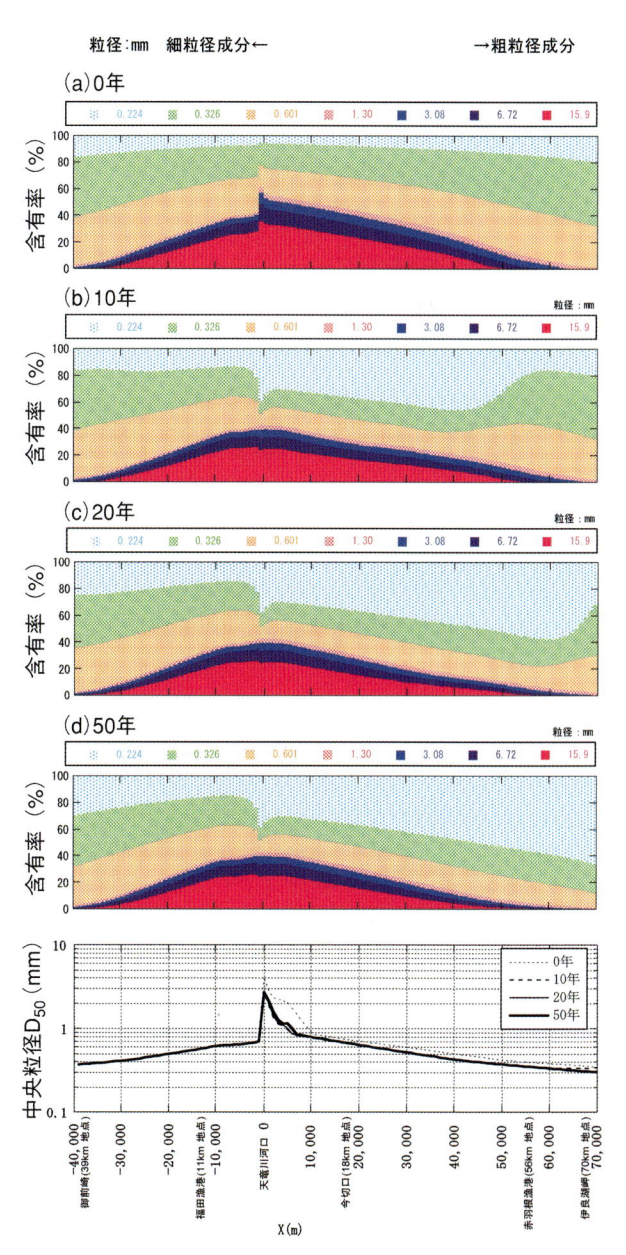

図 3.33 ダムから $0.25 \leq 0.425$ mm の土砂を 20 万 m³/年放流した場合の海岸汀線の代表粒径の含有率と中央粒径 D_{50} の変化(50 年間)

3.4 土砂動態を予測する

ダム貯水池の堆積土砂の予測

柏井 条介

(1) 技術の特徴

ダム貯水池の堆積土砂（堆砂）の予測は，流入土砂量の予測と堆積形状の予測に大別される．前者は後者を予測するための境界条件を与えるもので，堆砂実績に基づく解析が主体となる．

日本の多くの貯水池では，毎年の非出水期に堆砂測量が実施されており，年間の堆砂量が求められている．ダム建設数の増大に伴い，年間堆砂量データも逐次蓄積されてきており，流入土砂量の解析に用いられている．こうしたデータの蓄積は世界に類のないものといってよく，わが国の自慢である．

堆砂形状予測は，河床変動計算が基本となる．堆砂計算の特徴は，河床を構成する成分である砂や礫のほか，シルトや粘土といった微細粒子の挙動を再現しなければならないことにある．貯水池により異なるが，平均的にはわが国の堆砂の約半分はシルトや粘土で占められており，これら微細粒子の存在を無視することはできない．幅広い混合粒径の計算が必要になる所以であり，流入土砂量の予測では，粒径別の土砂量の予測が必要になる．

(2) 流入土砂量の予測

流入土砂量の予測方法として，雨を原因として流域からの土砂流出過程を再現するモデルが検討されているが，このモデルが貯水池の堆砂計画に用いられることは今のところほとんどない．労多くして精度の確保が難しいからである．

既設ダムで堆砂計画を再検討する場合には，当該貯水池の実績がそのまま用いられる．その場合でもいくつかの問題がある．例えば，ダムの嵩上げ等により貯水池規模が大きくなる場合には，流入土砂量と堆砂量の違いを明らかにする必要がある．貯水池規模が小さいと，流入土砂の多くが沈降せずに通過するためである．また，年堆砂量は一般に変動が大きく，掘削等の堆砂対策を検討する場合には変動を適切に評価する必要がある．

堆砂量と流入土砂量の違いは，簡単には，貯水池の回転率（一定期間の流入水量と貯水容量の比）の関数として与えられるが，後に示す堆砂形状計算を用いることにより，より精度の高い推定が可能になっている．また，年堆砂量の変動状況は，降雨と同様の統計・確率表現により表すこともできるが，土砂輸送力となる流入水量との関係により表すことも可能であり，ボーリング調査により得られる堆砂の粒度分布と年毎の堆砂形状，水文資料を用いて，粒径別の流入土砂量と水量の関係を得る方法が検討されている．

こうして得られた流入土砂量は，上流河道の平均的な断面，流砂量式により算定される値よりかなり小さいことがいくつかのダムで示されている．上流河道に流砂量式の土砂量を供給するほど土砂が存在しないということのようであるが，今後検証される必要がある．

当該地点の堆砂データがない新設ダムでは，近傍類似ダムの堆砂実績をもとに推定するのが一般的である．堆砂データの蓄積とともに，その予測精度は徐々に上がりつつある．類似ダムの選定と当該ダム堆砂量設定のためには，関連する因子とその影響を知る必要があり，統計的手法を主体に検討が進められている．

関連因子として流域の地質や降雨量，地形，崩壊地面積，河床勾配，植生などが考えられており，全国のダムを対象に各種因子と堆砂量の関係を提示する方法が試みられているが，未だ成功していない状況にある．

(3) 堆砂形状の予測

堆砂形状の予測は，河床変動計算により実施される．河床変動計算の基礎方程式は流れと流砂に関する方程式の2つに分けられる．流れに関しては連続式と運動方程式からなり，土砂に関しては流砂の連続式，粒径別の浮遊砂輸送方程式などからなる．これらを連立させて数値計算により計算することになる．

堆砂計算では微細粒子の占める割合が高いので浮遊成分のより厳密な取り扱いが要求される．現況の課題として，貯水池内に形成される水温成層の影響および微細粒子の再浮上の問題がある（図3.34）．

水温成層の影響については，水質問題の一つである濁水長期化現象を予測・検討する手段としてモデル開発が進められているが，これと河床変動計算を組み合わせることは計算上かなりの負担を生じる．大量の土砂が流入する大規模出水では，貯水池全体に混合が生じて水温成層が破壊されることが考えられ，堆砂予測としてどの程度水温成層の影響を考慮すべきかが課題となっている．

また，粒子間の粘着性を評価しなければならない微細粒子の再浮上条件については，あまり知見がないのが実態である．実験室内においても安定したデータが得にくいのが現状であり，今後の研究に負うところが多い．

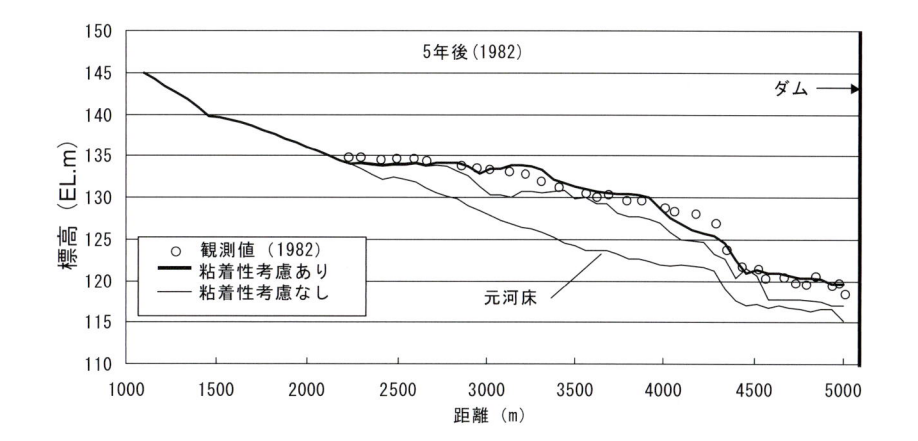

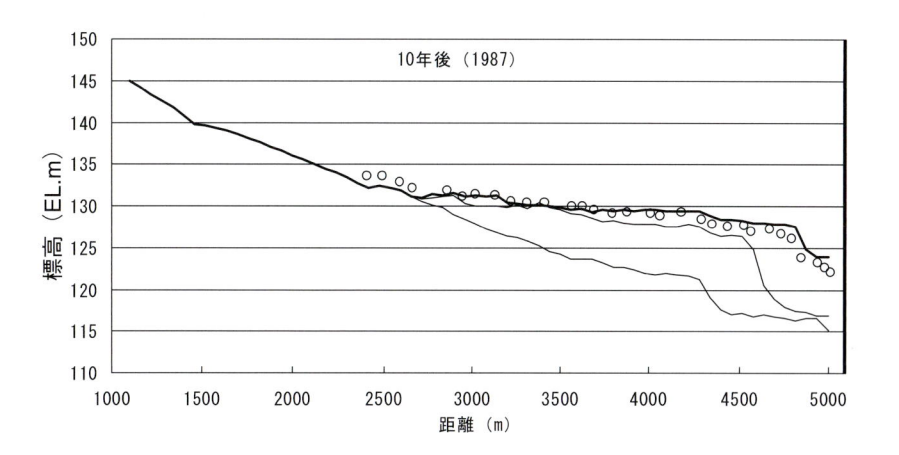

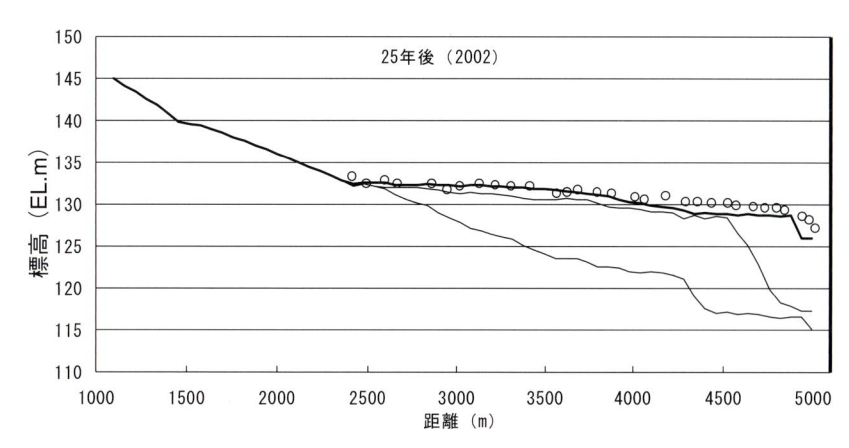

図3.34 堆砂計算例（1次元混合粒径の河床変動計算．本例では水位低下による土砂排出が行われており，年の経過とともに堆砂形状が安定化している．また，粘着性を無視すると再現性が悪化する．）

3.5 地形変化を予測する

河床変動シミュレーション

清水　康行

(1) 技術の概要と分類

　一般に河床変動シミュレーションは①河川の流れ計算，②流砂量の計算，③河床変動の計算という手順を微少時間間隔で行われ，河床が変化した段階でその河床上の流れを①に戻って計算するという手順を繰り返す．

　流れの計算は対象とする流れの状況や範囲，対象とする期間に応じて空間的に1次元，2次元および3次元の流れの運動方程式が用いられる．このうち，2次元モデルは平面を対象としたもの(x-y)と断面（x-zもしくはy-z)を対象としたものがある．前者の代表例としては河川流を浅水流として扱った平面2次元解析，後者の例としては河川の縦断やダム貯水池を立て切りにした解析方法，および河川横断面内の2次元流れ（y-z)を扱うモデルがある．ここで，xは河川の流下方向，yは横断方向，zは鉛直方向である．

　時間的な扱いとしては，流れを定常もしくは擬似定常として扱う場合と，非定常として扱うがある．より複雑な流れや高精度の解析結果が必要な場合には，乱流モデルを用いる場合もある．2次元や3次元の場合，方程式は河道の平面形状や横断形状に沿った境界適合座標が用いられる場合が多い．数値計算方法は有限差分法や有限体積法などの構造格子を用いる場合が多いが，非構造格子による計算や有限要素法による計算も見られる．差分方法は単純な風上差分から，対象とする流れ場によっては各種の高精度差分法を採用するなどの工夫が必要である．

　流砂量は，対象河川の状況に応じて，掃流砂または浮遊砂あるいは両者を対象とする．扱う粒径は均一粒径として扱う場合と混合粒径として扱う場合がある．様々な流砂量式が用いられるが，流砂量を局所的な河床せん断力の関数として扱う平衡流砂量モデルと，空間的や時間的な非平衡性を考慮した非平衡流砂量モデルを用いる場合がある．浮遊砂の計算は，空間的・時間的に浮上・沈降・移流・拡散を考慮した扱いが必要となるが，流れの計算と同様に，擬似定常や擬似平衡を仮定して計算を簡略化する場合もある．ダム貯水池や低平地河川のようにwashload(通常は河床変動には影響を及ぼさない，河床材料より細かな粒径成分の流砂)が卓越し，それが河床変動に影響を及ぼすような場合にはwashloadを考慮した扱いも必要となる．

　河床変動は流砂の連続式により河床高の時間・空間的変化を計算する．混合粒径モデルの場合は河床材料と流砂の交換が行われる交換層を想定し，交換層内の粒径別の流砂の収支を求めることにより河床材料の粒度構成の変化を計算する．砂州の移動や変形など，洗掘・堆積が繰り返される河床変動を混合粒径モデルで記述する場合は過去の堆積履歴を記憶しておく必要があるため交換層を深さ方向に複数配置する，多層モデルを用いる．最近では河床変動計算と並行して河岸侵食の計算も行い，流路変動の計算も可能となっている．

(2) 流れと河床変動シミュレーションの例

　図3.35は蛇行水路の河床変動と河岸侵食，図3.36は直線水路が砂州の発生により河床・河岸変動が生じ，蛇行水路へと変形する様子を計算した例である．

参考文献
1) 水理公式集[平成11年度版]土木学会水理委員会編，(社)土木学会発行．
2) 福岡捷二：洪水の水理と河道の設計法，森北出版，2005年3月．

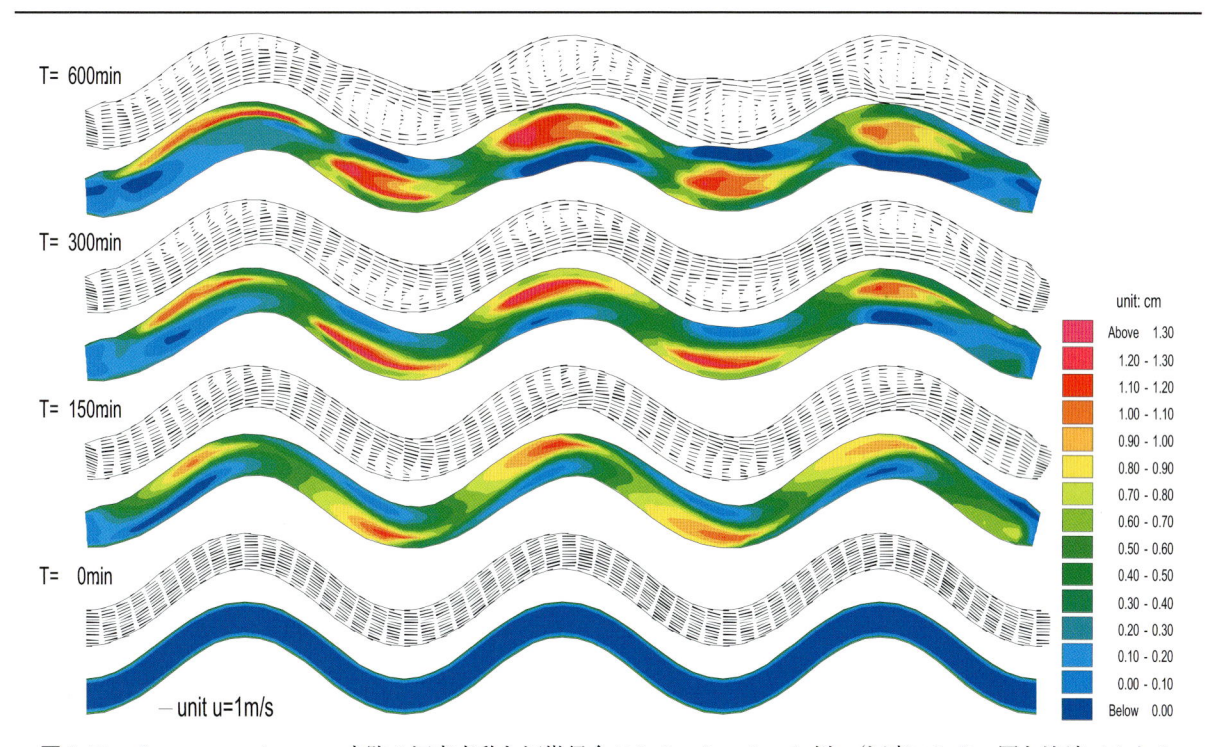

図3.35 sin-generated curve水路の河床変動と河岸侵食のシミュレーション例（河床コンター図と流速ベクトル図の時間変化表示）

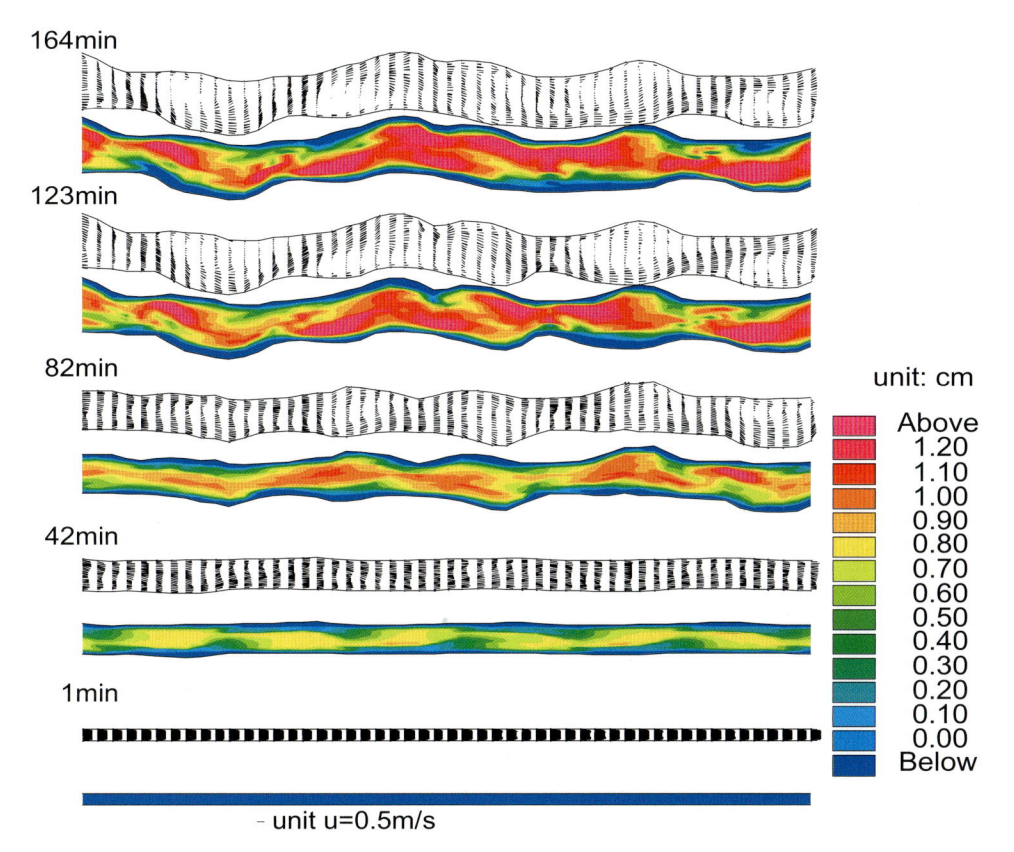

図3.36 直線水路の交互砂州の形成から河岸侵食，流路変動のシミュレーション例（河床コンター図と流速ベクトル図の時間変化表示）

コラム

千代田実験水路での地形変化観察

渡邊　康玄

(1) 千代田実験水路建設の経緯

千代田実験水路は，北海道十勝地区を貫流する一級河川十勝川の千代田地区における洪水疎通能力不足から計画された千代田新水路の建設に伴い，設置されることとなった．

十勝川中流に位置する千代田堰堤は，1935年に設置された農業用水の取水のために建設された固定堰で，その地点での計画の川底の高さより5.6m高くなっている．このため，堰堤が流れの阻害となって洪水を安全に流下させることができない状況となっている．一方この固定堰は，サケの捕獲場として地域の観光資源として重要な構造物であることから，洪水時に流水を分流する新水路を千代田地区に建設し，千代田堰堤を残したまま治水上の安全性を高めることとされた．新水路のイメージを図3.37に示す．

実験水路構想は上記の千代田新水路の一部を利用し，その水路に融雪期等河川流量の多い時に流量を制御して擬似洪水を発生させ，実河川スケールの水理実験を行うものである．実験で得られるデータは，従来観測困難であった洪水時の流れのメカニズムや土砂の動き等について，縮尺の影響を受けない精度の高いデータの収集が期待され，今後の河川管理に関する課題の解消に寄与するものと考えられる．なお，この実験水路は水理実験以外にも，一般の人々の洪水体験や防災訓練等への利用が計画されている．

実験水路の諸元や運営方法等については，学識経験者で構成する千代田実験水路運営準備委員会（委員長　清水康行北海道大学教授）において，2003年から検討が行われ2005年3月に答申が出されている．

(2) 実験水路の諸元

上記委員会では，実験を行うことが可能な流量，水深，流速等を検討した結果，水路の基本諸元を表3.1のように設定している．

なお，側壁は連接ブロックで固定し底面は移動床としている．また，最大通水可能流量は約150 m^3/s であり，中小河川の実物大模型の規模を持っている．

(3) 実験水路における実験

実験水路で行う実験テーマは，今後の行政上のニーズの変化等により変更も考えられるが，上記

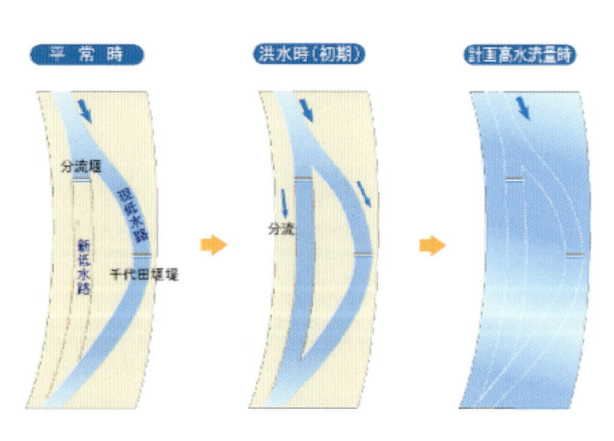

図3.37　千代田新水路のイメージ図
（国土交通省北海道開発局帯広開発建設部パンフレットより抜粋）

委員会では5つの主要なテーマを選定している.

1. 堤防等の破壊プロセスに関する研究：治水安全度の高い堤防や構造物設計手法の確立を目指す．例えば，越水による堤防破壊過程の把握等があげられている．

2. 河床変動など土砂移動に関する研究：流砂系における土砂管理方法や，安全で経済的な河道整備計画手法の確立を目指す．例えば，河床波の形成・消滅過程と河床波による流水への抵抗特性の把握等があげられている．

3. 河道内樹木の密度と抵抗に関する研究：治水安全度を満足した河道内樹木の管理手法および自然再生手法の確立を目指す．例えば，樹木の流れに与える抵抗の把握や樹木の流れに対する抵抗強度の把握等があげられている．

4. 多自然型工法や樹木・植生等による堤防や河岸の保護機能に関する研究：安全で環境に配慮し低コストの堤防や河岸の設計手法の確立を目指す．例えば，環境に配慮したブロックの適用条件の明確化等があげられている．

5. その他：現地における観測方法や計測機器の開発試験等

各テーマの実験に関するイメージを図3.39に示す．

参考文献
1) 千代田新水路事業パンフレット，国土交通省北海道開発局帯広開発建設部．
2) 千代田実験水路に関する報告書（案），十勝川千代田実験水路運営準備委員会，2005年3月．

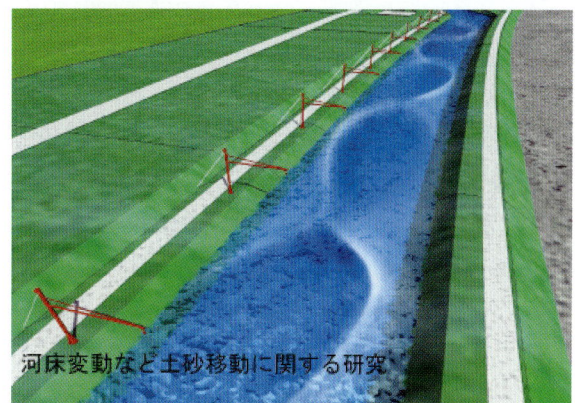

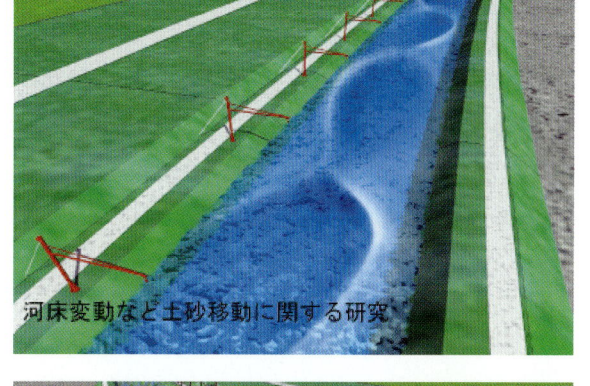

表3.1 実験水路の諸元

項目	諸元
断面形	幅30 m，高さ4 m
実験区間延長	全長900 m（直線部600 m，蛇行部300 m：蛇行半径150 m）
上流給砂区間	整流区間を含め160 m
下流沈砂池	50 m
勾配	基本的に1/500

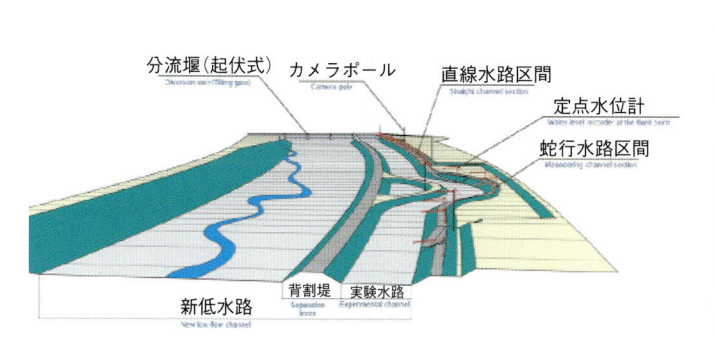

図3.38 実験水路の鳥瞰図

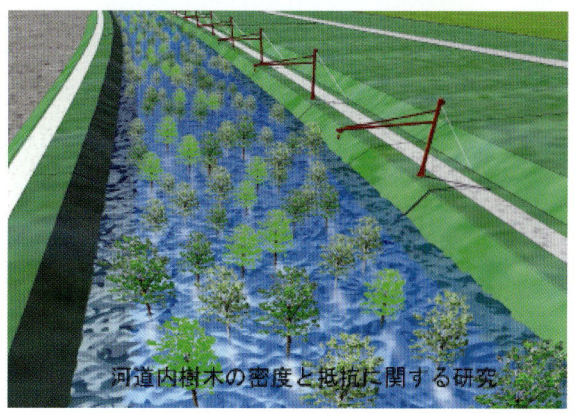

図3.39 実験のイメージ

コラム

現地実験(常願寺川)

黒田 勇一

(1) 現地実験

急流河川では，洪水時水位はそれほど高くならないが，流速が速いため河岸を侵食し流路を大きく変動させることから，中小洪水でも河床洗掘による破堤が懸念される．わが国有数の急流河川である常願寺川の治水対策は，護岸の根継ぎが主要な治水対策となっているが，対策費がかかることからも検討が必要となっている．このため，急流礫床河川の合理的な治水対策を検討する際には，いつ，どこで，どのような大きさの洗掘深が発生するかを精度良く判断できる技術の確立が必要不可欠となる．

急流礫床河川での河床変動は，土砂移動の収支によって引き起こされる．また，土砂移動は河床材料の粒度構成に支配されている．実験は，河床変動が生じる要因を明らかにし，最大洗掘深の推定法の確立につなげることを目指している．河床礫の形状は様々で，球体に近いもの，錐体状のもの，平板状のもの等が組み合わされて河床を形成している．縮尺を小さくした模型実験では，形状の違う礫により構成された河床の状態を再現できないことから，現地での実験が必要となる．

今回，常願寺川で礫床河川の流路形成機構とそれに伴う河床材料特性を調べるために，河道内に水路を開削し，実験を行ったものである．

(2) 実験概要

常願寺川の13.1 km地点(河床勾配約1/75)の河道内に水路を開削し実験を行った．開削水路は全長約170 m，水路幅約4 mの直線水路で，重機により河床を素掘りにしたものである．最上流部での土砂締切りにより，流水を開削水路および自然水路に切り替え，開削水路の河床が平衡状態になるまで通水し開削水路の変動状況を把握する．

①測定項目
　・水面形，河床形状，流量，縦横断，河床材料粒度分布

写真3.2　開削水路への瀬替

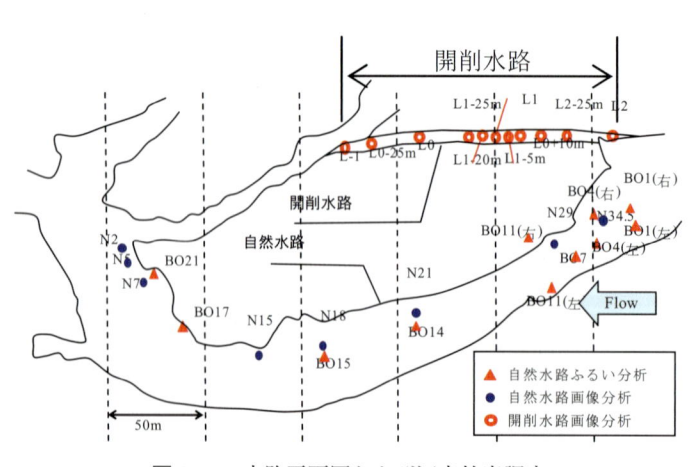

図3.40　水路平面図および河床粒度調査

写真3.3　通水中の開削水路

②実験の工程・計測

2004年11月16日〜18日：3日間

自然水路→開削水路→自然水路→開削水路→自然水路

重機を用い，瀬替えを実施し，その間に水路の計測を実施した．

(3) 実験の結果

①開削水路の河床変動

開削水路の水位，全水頭，河床高，掃流力の縦断分布は図3.41の通りとなった．通水によって初期河床の勾配が大きい区間の河床が大きく洗掘され，さらに勾配が大きくなっている．また，側岸の侵食についても急勾配で掃流力の大きい区間において侵食量が大きいことが確認された．これらのことから，河床変動河岸侵食と掃流力の間には強い関係があり，流路が一様な直線であれば，最も掃流力が大きくなる急勾配部で最大洗掘が生じる．

また，掃流力の大きい場所では大きい粒径範囲の河床材料が河床の安定に対して必要な量が露出するまで河床が低下することになる．

②礫床河川の流路・河床変動機構

図3.42は，河床変動機構を示したものである．平均年最大流量以下の規模の洪水が流下すると，掃流力に耐えられない小さい粒径の河床材料は流送され，河床は低下し，粗粒化していく．同時に澪筋側岸の侵食も進行し，大きい礫は河床に転がり落ちて留まり安定な河床に近づいていく．礫床河川は粒径の幅が広いため，澪筋はある程度大きな掃流力に対しても粗粒化することで河床洗掘，河岸侵食に耐える河床粒度を形成し安定する．

(4) まとめ

現地実験によって，礫床河川の流路・河床変動と河床材料の間に洪水規模に対応した密接な関係があることが明らかとなった．今後は，大きい洪水流量について開削水路を用いて現地実験を再び行い，流路変動機構と河床粒度の形成機構を調べ，今回得られた結果が広い範囲で成立するかを確認することが課題といえる．

最後に，ご指導いただいた中央大学研究開発機構福岡教授，また，ご協力いただいた関係各位に深く感謝申し上げます．

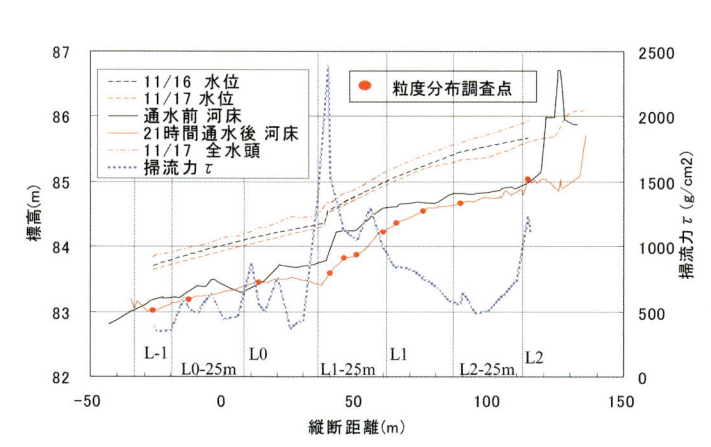

図3.41 開水路の河床高，水位，掃流力縦断分布

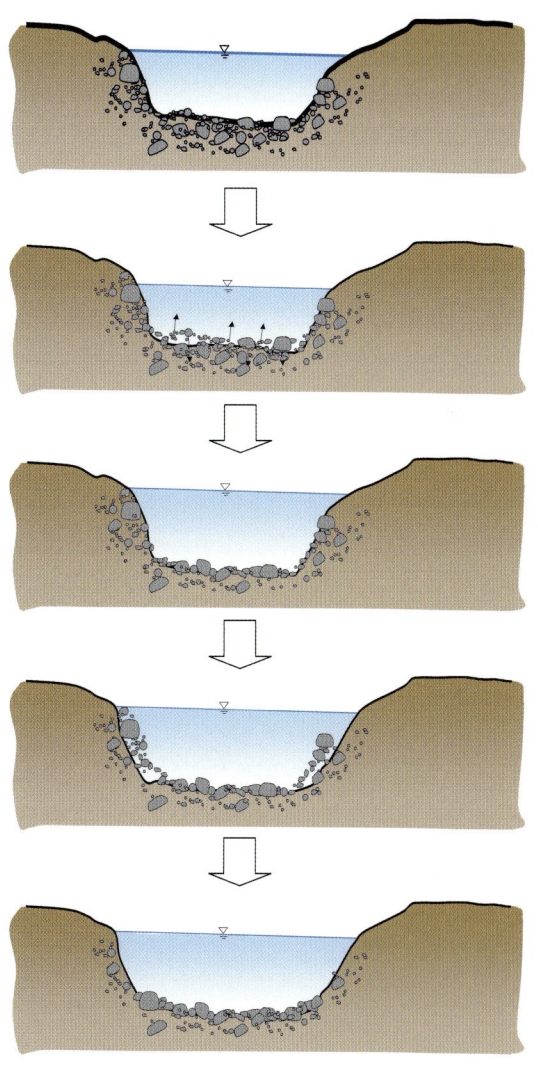

図3.42 礫床河川の河床変動機構

3.6 水質変化を予測する

ダム貯水池における水環境解析

天野　邦彦

(1) 技術の特徴

　河川を堰止めて建設されたダム貯水池は，河川水の視点から見れば，これを貯留することで流下にかかる時間を遅らせる施設であるとみることができる．ダムがなければダム地点を速やかに流下したであろう河川水は，ダムが建設されたことで貯水池に滞留する．このため，単純に考えると，現時点でダムから放流されている水は，滞留時間分前に貯水池に流入した水であり，水質が現時点での流入水のそれと異なっていても不思議ではない．

　貯水池への流入河川水量は変動するため，この時間差（滞留時間）は常に変動している．さらに貯水池に滞留する間に河川水質そのものが変化しているし，多くのダム貯水池において水質は空間的に均一ではないので，取水・放流位置によっても下流河川水質は変化する．このような理由で生じるダムによる河川水質の不連続性が，ダム貯水池における水質問題の大きな原因である．

　ダム貯水池で起こる水質変化を数値解析で再現したり予測することができれば，上に述べたような問題に適切な対策を立てるのに役立つ．ダム貯水池水質解析モデルは，このような要望に応じる技術である．

(2) ダム貯水池水質解析モデルの特徴

　ダム貯水池水質解析においては，水温分布解析がもっとも重要な要素である．水温は水の密度を規定するため，同じように貯留されているようにみえる貯水池でも，水温分布が異なれば水の流れ方も異なるからである．水の流れ方が異なれば当然のことながら水質分布の変化も異なることになる（ちなみに水温4℃で水の密度は最大になる）．

　水深が深い貯水池では，春から秋にかけて貯池の水深方向に大きく水温が変化する水温成層が形成されることが多く，このような貯水池において表層で取水が行われると流入水温に比べて温度の高い水が，底層で取水されると温度の低い水が放流されるといったことが起こる．

　主なダム貯水池水質解析モデルは，上記のような特徴をもつ貯水池の水温変化を流れと熱収支を並列で解くことで，貯水池内の水温分布と流速分布を逐次計算する．また，水温以外の水質項目についても，各計算格子における水温と流速の計算結果を利用して，その変化が計算される．計算格子の設定の仕方により，モデルは分類できるが，鉛直方向の水質分布のみを計算する（水平方向には水質は一様という仮定）鉛直1次元モデルや，さらに流下方向の分布も計算する鉛直2次元モデルが一般的に使用されている．

　放流水質と流入水質との差を小さくするような取水施設運用を設定したり，カーテンを用いて流入濁水の浸入位置を変えたり，貯水池表層部の混合を促進させる曝気循環法を適用した場合の水質改善効果の算定を，これらのモデルを使用して行うことが可能となる．以下に適用事例を示す．

　出水時に濁った川の水は出水が終わればもとの水質に戻るが，ダムが出来るとこの濁水は貯水池に貯留される．出水後にこの貯留水が下流に放流されるが，いったん貯水池が濁ってしまうと，長期間にわたり濁水を放流することになり，下流の河川環境に影響を及ぼす場合がある．この影響を軽減させる手法として，カーテンを用いる方法がある．

　ダム貯水池内にカーテンを設置した場合の流入濁水の流動状況を解析した結果を図3.43に示す．流入端にカーテンのような流れを阻害するものを設置することにより，流れの様子が変化しているのがわかる．河川水が濁るような出水時には，流

入河川水温が貯水池表層水温よりも低いことが多い．このため流入河川水は，まず流入端で貯水池水と混合した後，表層から潜り込み，貯水池底上を下流へと進む．そして，等水温の深さまで達すると貯水池底から離れて，その等水温層に浸入する（図3.43(a)）．

カーテンは，流入端における貯水池水と流入河川水との混合を促進することで，この混合後の水温を低下させ，流入してきた濁水を貯水池のより深い部分に導入しようとするものである．濁りの高い層を底部に誘導することで，表層に清澄水を残存させることができる（図3.43(b)）．この清澄水（図中の青い部分）を出水後に表層から取水することで，出水後の濁水放流期間を軽減させるのがこの手法の考え方である．ダム貯水池水質解析モデルを適用することで，このような対策が効果を発揮しうるのか，また最適運用はどのようなものかを事前に知ることができる．

ダム貯水池水質解析モデルを利用することで，種々の水質変化予測や，水質対策の効果についての評価が定量的に可能となる．いろいろな対策の効果の比較検討が可能なため，ダム湖の水質シミュレーションは，環境アセスメントにおいても多く利用されており，実用的な価値の高いものである．

参考文献
1) 櫻井寿之：貯水池放流水の水温と濁度の制御に関する研究，土木研究所報告，No.204, pp.29〜70, 2006.

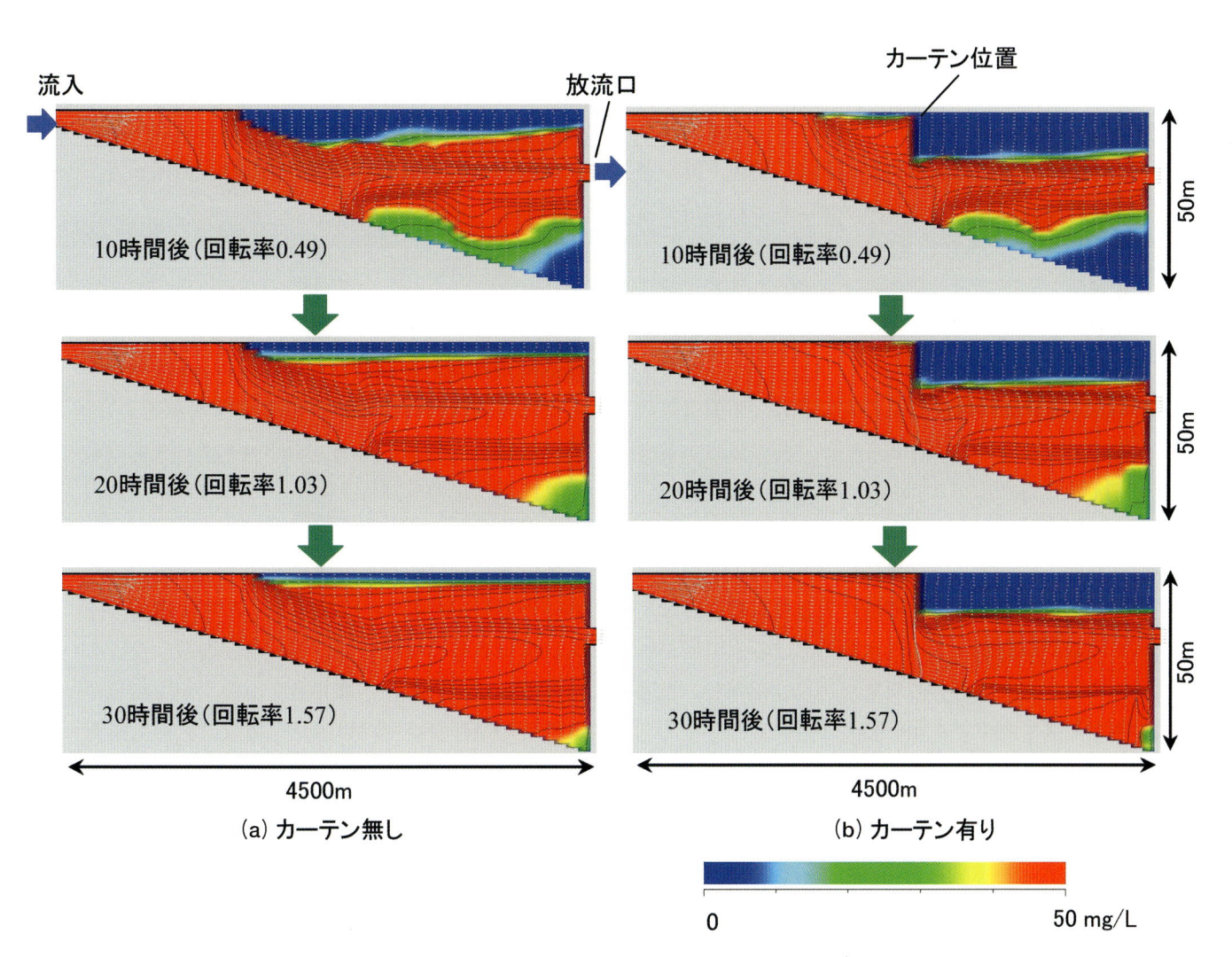

図3.43　カーテンの有無による貯水池内の濁りの変化[1]

3.6 水質変化を予測する

汽水域における水環境解析

西田 修三

(1) 水域の特徴とモデル化

河口域では，河川水の河口流出や河道への塩水遡上により，淡水から海水に至る広範な塩分環境が形成され，豊かで多様な生態系が構築されている．この水域の流動構造と水質構造は，塩分差に起因した密度の成層効果により流下方向だけではなく水深方向にも大きく変化し，さらに，潮汐の影響を受けて時間的にも大きく変動する．そのため，水環境の解析においては，このような時空間的な変動特性を十分に捉えることのできる解析手法が要求される．

汽水域の特徴的な現象として，上流から輸送されてくる懸濁物の凝集・沈降・堆積や，密度の成層化による底層の貧酸素化や栄養塩の溶出，等があげられる．また，上流から豊富な有機物や栄養塩が供給されるために，特に流れの停滞性が強い汽水湖沼においては活発な一次生産がなされ，豊かな水産資源を有することも汽水域の特徴といえる．

汽水域における生態系の安定性は，栄養塩等の物質循環に大きく依存している．特に生息する生物の多様性と生活史は塩分環境に強く支配され，その微妙なバランスの上に成り立っている．その一方で，生息する生物自体が物質循環の連鎖に組み込まれ，汽水域の水環境に大きな影響を及ぼしている．したがって，汽水域における水環境の解析には，汽水域特有の現象の再現性確保と，生態系を考慮したモデル化が必要とされる．

(2) 流動・水質モデル

汽水域の流動と水質は成層構造に大きく依存するため，密度場(塩分，水温)を考慮した3次元流動モデルの適用が必要である．ただし，横断方向に水理量の変化が小さい河道部では，横断方向に平均化された鉛直2次元モデルも用いた解析もなされ，精度向上に向けた2次元モデルの改良も続けられている．

水質モデルは種々提案されているが，他の水域と同様に栄養塩(窒素，リン)の収支をモデル化した水質モデルが一般に採用されている．最近は，植物プランクトンを考慮した低次生態系モデルに加え，動物プランクトンや底生生物も考慮したより高次なモデルも用いられるようになってきた．西田ほか(2003)[2]は，汽水湖の水質に及ぼす生態系の影響を明らかにするために，優占種であるシジミを物質循環系に組み込んだ水質モデルを構築し解析を行っている．図3.46に示すように，植物プランクトンを補食し無機態窒素を排泄するシジミの水質浄化機能を，汽水湖の物質循環モデルに組み込んでいる．

(3) 適用例

ここでは小川原湖への適用例を示す．小川原湖は高瀬川水系の感潮域に位置する汽水湖であり，大潮期や荒天時に高瀬川河道部を塩水が遡上し，湖内に塩分が供給される．図3.47は，洪水対策として湖口部の疎通能を向上させるために，湖口浅水部を掘削した場合の塩水流入状況の変化を，3次元流動モデルを用いて予測したものである．わずか0.5mの湖底掘削にもかかわらず塩水の流入状況は大きく変化している．湖口周辺はシジミの産卵場所でもあり，塩分濃度のわずかな変化がシジミの産卵ひいては資源量の増減に大きく影響する．

図3.48は，塩水流入時に湖口で産卵放出されたシジミの幼生の浮遊移動を，粒子追跡法により予測した結果である．図は産卵4日後の幼生分布を示しているが，潮汐と風に起因した流動によって広域に拡散し，湖口における産卵環境の保全が

湖全域の資源量の確保に重要であることがわかる．

図3.46の水質モデルを用いて，湖の水質に及ぼすシジミの影響について解析した結果を図3.49に示す．シジミが多く生息している湖岸浅水域において植物プランクトン（クロロフィルa）が大きく低下しており，シジミによる水質浄化機能が明瞭に見てとれる．このようにシジミにより摂取された窒素やリンは，年間2,500トンにのぼる漁獲として系外に除去され，小川原湖の安定した水環境が保たれている．今後，汽水域の水環境解析は，バイオマスの変動予測や生物生産の管理に向けた解析へと進展していくものと考えられる．

参考文献
1) 鈴木伴征，石川忠晴ほか：水環境学会誌，第23巻，pp.624～637，2000.
2) 西田修三，鈴木誠二ほか：海岸工学論文集，第50巻，pp.1016～1020，2003.

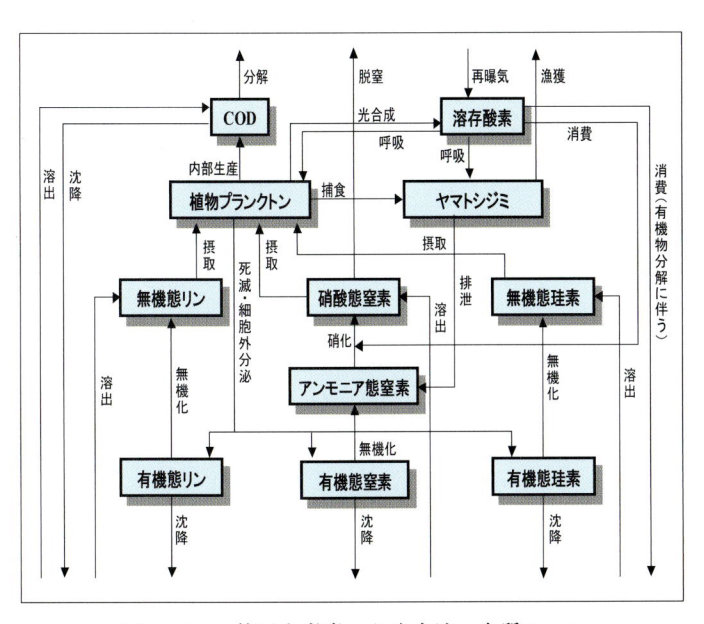

図3.46 二枚貝を考慮した汽水域の水質モデル

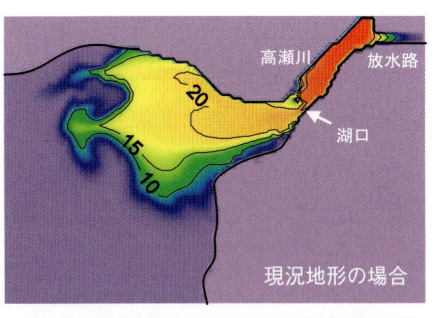

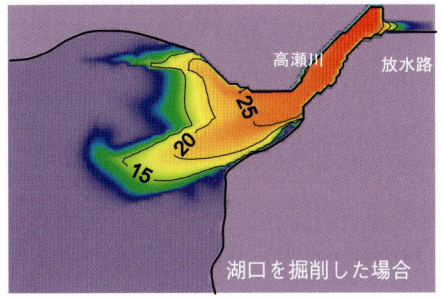

図3.47 湖口における塩水流入シミュレーション（底層塩分：psu）

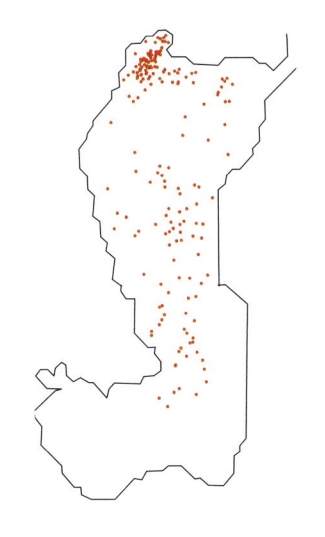

図3.48 シジミ幼生の浮遊拡散

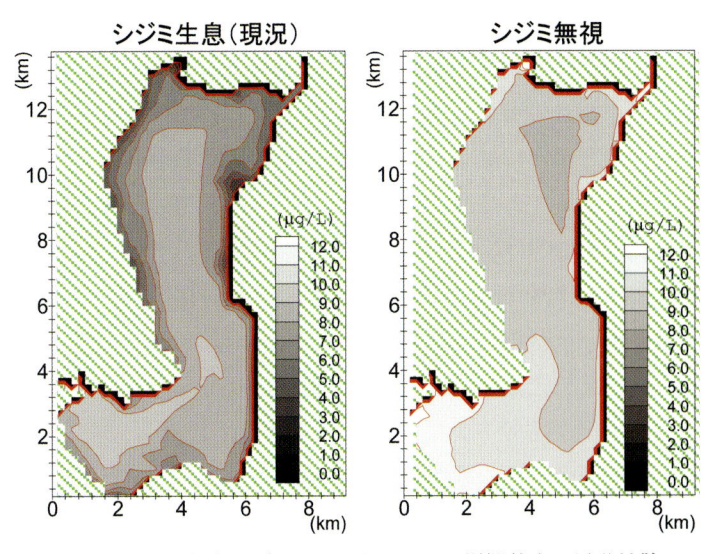

図3.49 水質（Chl-a）に及ぼすシジミの影響幼生の浮遊拡散

3.7 環境変化を予測する

生態系評価モデルによる評価(IFIM, HEP)

田代 喬

(1) 技術の特徴

生態系保全の重要性が認識されている昨今，アダプティブ・マネジメント(順応的管理)に則ったアプローチによって生態系を適切に管理しようとする試みが始められている．しかしながら，生態系は，多種多様な生物群集とそれが利用する環境要素によって構成されている複雑な相互作用系であるため，何らかの事業等を実施しようとする際に，それによる生態系の変化を確実に予測することが難しい．このような不確実な事象に対する問題解決を支援する技術が生態系評価モデルであり，生態系管理の根幹をなす技術であるといえる．一口に生態系評価といっても，生物群集全体の挙動を明らかにしようとするものから，生息適性ポテンシャルを把握しようとするものまで多岐にわたる．これらのレビューについては既往文献(例えば，玉井ら(2000)[2])に譲り，ここでは，IFIM (Instream Flow Incremental Methodology (Bovee 1982))およびHEP(Habitat Evaluation Procedures(U.S. Fish and Wildlife Service 1976))を中心とする生息場評価モデルについて論じる．

生息場評価は，ある生物種の生息場ポテンシャルをいくつかの環境要素から定量化したものであり生態系評価とは異なるが，生態系を代表する種を対象とすることでその代替とされてきた．日本では実際の河川管理に適用された例はまだ無いが，アメリカをはじめとする諸外国では河川のinstream flow(正常流量，あるいはenvironmental flow(環境流量))に関する意思決定に寄与するなど，事例が蓄積されてきつつある．以下では，生息場評価モデルの概要を紹介するとともに，今後の展望について考察する．

(2) 生息場評価モデルの概要と今後の展望

HEPは，対象種に関わる生息場の「質」をHSI (Habitat Suitability Index)指標を用いて表現したうえで，生息場の「空間」および「時間」的広がりに応じてHSIを積算することにより，ある時点，ある空間における生息場を評価する手法である．事業実施を予定する場所における評価値の減少，代償措置(ミティゲーション)を実施した場合の代替生息場における評価値の増加などを数値化できるため，意思決定の判断材料として利用されている．

河川性魚類を対象として開発されたIFIMも，HSIモデルを援用するHEPの主要な枠組みを内包しており，PHABSIM(Physical Habitat SIMulation)がそれに該当する．河川の生息場評価に関する既往の事例では，HEPが陸域生息場を対象として開発された経緯からか，IFIM/PHABSIMとして引用されることが多かったが，実質的にはほとんど同義といってよい．

なお，評価の鍵となるHSIは，対象生物に応じて選定された環境要因毎に得られるSI(Suitability Index：$0〜1$)を掛け合わせたり，算術平均，幾何平均したりすることにより統合し得られる．SI値の決定には，環境要因と対象生物の特性との関係を規定する選好曲線と呼ばれる関数が用いられるため，既往の生態学的知見や専門家の意見などを反映できる仕組みとなっている．

このように生息場評価モデルは明解なコンセプトに基づいた汎用性の高いものであるが，依然として次のような問題が存在する．

① 対象種の生息場を評価できるとされるが，実際には，対象とする種の生活史上(成長段階)の1ステージしか取り扱えない．

② 開発者による推奨案があるものの，環境要因

の選定，選好曲線の設定，SI値の統合の仕方については不確実性が伴う．
③他の生物（餌となる生物，捕食者や競争相手の存在）による影響（生物間相互作用）を考慮していない．

その他にも，把握できる物理量の次元性にも依存するため，実河川における流れ場の計測技術や水理解析技術の動向と密接な関わりがあることも認識しておく必要がある．

これらの問題点に関しては，現在もなお，改良が模索されている最中にある．例えば，田代ら(2002)[1]は，生活史における「成長段階」や「行動モード」によって変化する生息場が連携して成り立つ「生活圏」の評価が必要であるとの認識から，個体サイズに応じた行動圏内において定位する場から各生息場（摂餌，産卵，避難場）へのアクセス性をCI（Connectedness Index）によって評価できる枠組みを考案した（図3.50参照）．

図3.51は，カワヨシノボリを対象とした一例であるが，従来のHSIモデルよりも全般的に評価値が小さく見積もられ，同じ河道条件でも季節，成長段階，行動モードによって大きく異なった．この結果に見られるように，生息場評価はモデリングに対する大きな依存度を有しており，その自由度が大きい分，実務においてはより慎重な取扱が求められる．

最近，わが国においても，生態系評価のためにHEPなどの生息場評価モデルの導入についての検討が始まっており，この取り組み自体は評価できる．しかしながら，長所・短所を踏まえたモデルの特徴を十分に理解したうえで臨むべきであり，事業実施に対する安易な免罪符とならないよう注意を促したい．今後は，諸外国の事例を踏まえたうえでの必要な基礎情報の集積はもとより，自然再生事業，多自然型川づくりなどを活用しながらのミティゲーション技術の確立など取り組むべき課題は多く，基礎・応用の両面からの研究成果が待たれるところである．

参考文献
1) 田代喬，伊藤壮志，辻本哲郎：生活史における時間的連続性に着目した魚類生息場の評価，土木学会 河川技術論文集，Vol.8，pp.277～282，2002.
2) 玉井信行 編，奥田重俊 編，中村俊六 編：河川生態環境評価法，東京大学出版会，2000.

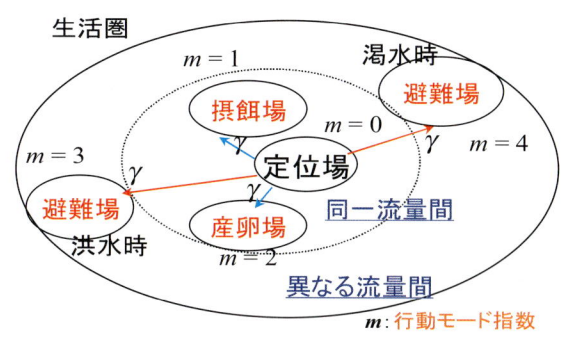

図3.50 魚類の生活圏の概念図

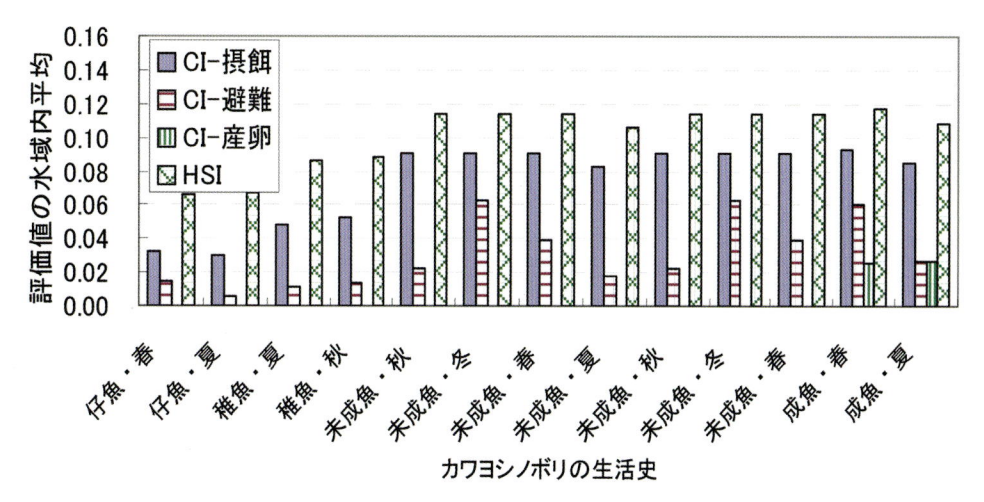

図3.51 生活史におけるカワヨシノボリの評価値の変異

3.7 環境変化を予測する

河原での植物と洪水のせめぎ合いを計算する

藤田　光一

(1) 川の中の植物の生えやすさを考えるうえで「攪乱」が重要

植物がどのように生育し，どのように変化していくかは，ふつう，生育する場所の条件（立地条件）と種々の植物間の相互関係などから，おおむね決まってくる．しかし川の中では，植物がよって立つ基盤そのものが洪水によって大きく変えられ，植物が損傷を受け，流失することもある．これを攪乱という．

特に，勾配の急な礫河川の河原は，礫自体が植物の生育にとって厳しい環境であるうえに，洪水の作用も強く，植物が洪水とギリギリのせめぎ合いを演じる．そして，時として河原の状態と植物で被われた状態が頻繁に入れ替わりながら，全体としては礫河原が優占することが一般的である．このように，ふつうの陸地に当てはまることが川の中の植物については通じにくい．

(2) 礫の河原が樹林にとって代わられることの問題

しかし最近，本来礫河原になりやすい場所でも植物が優勢となり，「樹林化」と呼ばれる現象も多く見られるようになった．植物が増えることは環境上良さそうに思えるが，河原の一方向的な減少は，川の自然環境にとっては問題である．温暖多雨な日本においては，ほっておけばどこでも植物が密生し森林になる．その例外が，高地や攪乱の多い河川などであり，身近にある"例外的"環境の代表が礫河原である．

そうした場所では希少な生物がしばしば見られ，それらの多くは，他の生物にとっても住みやすい普通の陸地では競争に負けてしまう．礫河原の消滅は希少生物の絶滅にもつながるのである．このため，礫河原が減少する原因の究明と，それを復活させる方法の開発が大事になっている．

(3) 河原を樹林にしてしまうストーリー

当初は，攪乱の主役である洪水が減ったから植物が増えたと単純に考えられたこともあった．しかし，よく調べてみると，むしろ洪水をきっかけに礫河原上の植物が急激に増えるパターンがあることもわかってきた．この仕組みには土砂運搬が関わっていて，適度な強さの洪水が礫河原の上に土を運ぶと植物が一気に増えるのである．このほか，川の中で高い河床と低い河床の比高が大きくなるという川の形の変化も，重要な因子となる．

このように，植物と洪水のせめぎ合いは複数の要因の絡み合いを通じて複雑に展開されるので，樹林化が起こる・起こらないという白黒をつける発想は本来なじまず，植物の消長（時間変化）が様々な条件群のもとでどうなるかを，丸ごと予測する技術が大事になる．

写真 3.4　神流川（利根川との合流点から 9.8km 付近）での植生消長の様子．
礫河原は広がり，また縮小している．このようなダイナミックな変化が川の環境の本質である．

(4) せめぎ合いの部分を特に重視した植生消長シミュレーションの技術

「礫を全面的に動かすような大きな洪水の作用がなければ、植物が徐々に増える。しかし、それだけでは樹林化には至らない。洪水が礫河原の上に土砂を運ぶとはじめて樹林化の基盤が整う。樹林化しても、大きな洪水がくれば、再度礫河原に戻る。」

このようなシナリオに基づき、攪乱作用と植物生育の綱引きをモデル化することで、植物の生育そのものではないが、礫河原になりやすい状態（Ⅰ型）、密生した植物が生育しやすい状態（Ⅲ型）、両者の中間の状態（Ⅱ型）という3つの河床状態の移り変わりを計算で求めることができる。

生物的プロセスがきわめて単純化されているという課題はあるものの、このようなシミュレーションによって、樹林化の原因に関するステレオタイプの見方から脱し、様々な要因の相対的な効き具合を吟味でき、詰めるべき大事なプロセスを特定し、実態に即した対策を検討することの手助けになる。なにより、植物の生えやすさが時間ととともに変わっていく様が計算できることで、植物の生育状態が大きく変化しうること、だから、個々の河原あるいは植物の保全だけでなく、植物や河原の消長そのものをにらんだ河川管理を行うべきという考え方に自然になじめることが大きい。

シミュレーションは、それが単純で大ざっぱなものであっても、うまく組み立て、使えば、ものの見方を変える有力なツールとなる。

参考文献
1) 藤田光一, 李参熙, 渡辺敏, 塚原隆夫, 山本晃一, 望月達也：扇状地礫床河道における安定植生域消長の機構とシミュレーション, 土木学会論文集, No.747/Ⅱ-65, 2003.
2) 井上優, 大沼克弘, 藤田光一：流水と土砂の作用による立地条件変化に着目した植生消長の簡易計算手法の開発. 河川技術論文集, 土木学会水工学委員会河川部会, 第12巻, pp.31〜36, 2006.

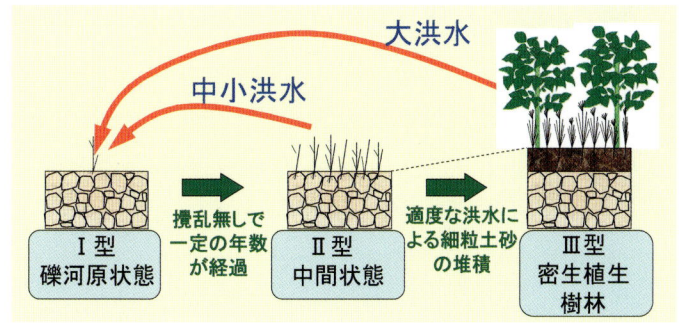

図3.52 せめぎ合いを計算する

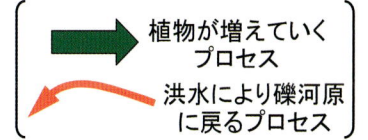

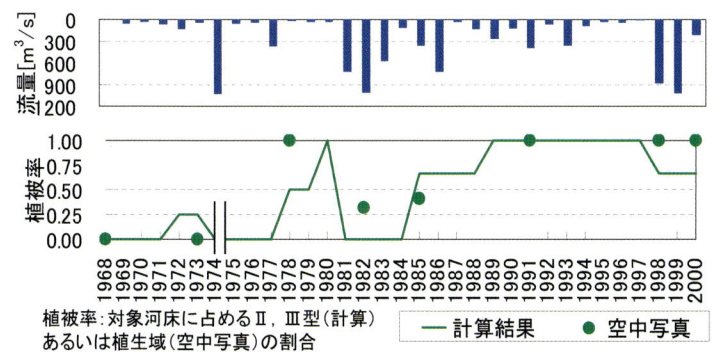

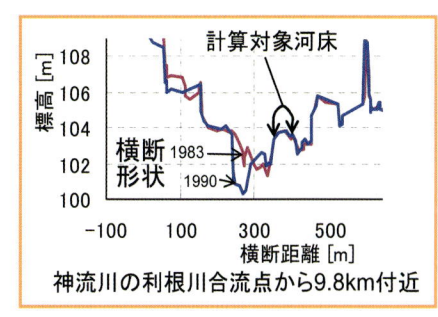

図3.53 植被率（0が礫河原状態）の経年変化についての計算と実際（空中写真判読）の比較例.
植生域が大きな洪水時に減少し（河原は増加）、1990年代に入ると安定的に存在するようになる状況が再現されている.

Chap.4 改善する

藤田　光一

　河川と人との関わりについては，図のような捉え方ができる．河川水系とその流域には，水の流れやそれに乗って運ばれる土砂を含む物質の流れを司るシステム「水物質循環系」が深く組み込まれ，また様々な生物の活動が展開され「生態系」をなす．このような2つの系と一体となって，河川は人間に様々な影響を与える（図の黒矢印と青矢印）．黒矢印は，人間の生活や経済を支える基盤への影響であり，青矢印は，良好な環境や生物の恩恵を長期に持続的に提供するという作用である．

　元々は，黒矢印の中でも自然の災禍（洪水，水不足など）や自然の制約など，負の側面の占める度合いが相対的に大きかった．そこで人間は，経済的豊かさや快適性，利便性，安全性を支える側面を何とか増やそうと営々と努力してきた．それが，人間の側からの河川システムへの働きかけ［図中の赤矢印］であり，「改善する」にあたる．この赤矢印によって，河川とその流域は変えられ，それは当然その上で展開される水物質循環系や生物・生態系にも影響を与えることになり，青矢印の内容も変わっていった．黒矢印を人間に都合の良いものに変えていくための駆動力である赤矢印が，結果として青矢印を変質・劣化させる駆動力にもなってしまうというのが，河川環境に関わる課題の構図である．

　したがって，これからの赤矢印すなわち「改善する」は，黒矢印を質的にさらに良くしながら（ことによると量的な部分は少しダイエットして），青矢印を再度強化していくものでなければならない．さらに，それは持続可能なものでなければならないし，起こる可能性のある大きな環境変化にも対応・順応できるものでなければならない．

　そのうえ川の「改善」のための技術には，工業製品などを新たに作る技術と大きく違うところがある．対象が自然であり，暮らしの場であり，取り替えがきかない．技術の適用がいきなり本番になり，試作品でいろいろ試すということがやりにくい．また，河川は大きくて複雑なシステムなので，ある場所を改善すると，その影響が思わぬ広がりを持つことがある．このため，どうしても，うまくいった過去の経験に頼りがちになる．

　しかし，いま私たちの前には，過去の経験だけでは乗り越えられない新しい課題が次々と立ちはだかっている．だから，「測る」，「知る」，「予測する」技術を駆使して，こうした川の技術特有のハンディを克服し，しかし川のシステムに手を入れることに対する健全な畏怖心を失わず，緊張感をもって改善にあたっていかなければならない．難しいが，多様で，創造性を発揮でき，人々の暮らしの基盤に直接関わるとても大切な仕事である．

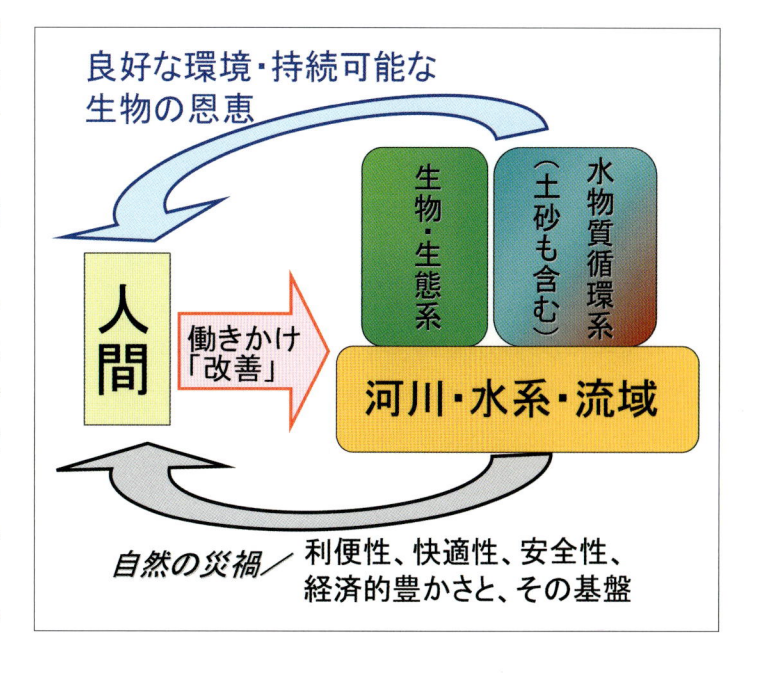

4.1 洪水流出を制御する

降雨予測と連動したダム操作

川崎 将生

気象観測や気象予測モデルの高度化等により，降雨予測精度の向上が図られつつある中，近年頻発する異常洪水・異常渇水に機動的かつ的確に対応し，被害を最小限にとどめるため，水管理実務への降雨予測の利用に大きな期待が寄せられている．

一方，わが国のダムでは，実績の気象・水象情報に基づいて洪水調節や各種用水の補給を実施することを基本としてきた背景から，降雨予測を活用した高水・低水管理を行う環境が十分整えられていないのが現状である．これはダム管理実務の面からみた降雨予測の定量性に関する評価，つまりダムの操作運用を安全確実に実施するという命題に対して，「誤差を有する降雨予測をどの程度信頼しても支障が発生せずむしろ効果的」という定量的な評価が定まっていないことが原因の一端にある．

ダム管理実務と一口に言っても内容は多種多様であり，その内容によって降雨予測の取扱いや求められる精度も異なる．例えば，ダムによる洪水調節では貯水池への流入量に応じた水量を放流する必要があり，前もって精度の良い時間雨量の予測情報が取得可能であれば，流入量の予測精度も向上して，確実な放流操作をバックアップすることになる．また，洪水調節前には，貯水池周辺やダム下流河川の巡視，放流警報の実施などの事前作業が発生する．事前にダムから貯留水を放流して洪水調節容量を一時的に増加させる，いわゆる事前放流操作が行われる場合もある．これらの事前作業に対しては，降雨の時間波形だけでなく今後発生する降雨の全体規模を把握することが重要であり，そのためには総雨量の予測情報が必要となる．より早い段階でより正確に，こういった予測情報が得られれば，余裕を持って的確な作業が実施できるようになる．

そこで現在，降雨予測の精度評価およびダム管理実務への適用性に関する検討が進められている．図4.1は，全国7水系において2002年3月から2004年末までに発生した規模の大きい降雨イベントの際に水系内の延べ214箇所の雨量観測所で観測された実測時間雨量と，同じ降雨イベントにおいて気象庁が発表した降水短時間予報（VSRF）および数値予報（MSM，RSM）による予測時間雨量を比較したものである．相関係数が1であれば降雨波形が相似で，かつ回帰係数が1であれば各時刻の雨量も一致することを意味している．

これらの図は，全観測所，全降雨の平均値を表していることから，観測所や降雨イベントごとに見れば必ずしも同様な傾向を示すわけではないが，降雨予測精度の平均的な傾向を知ることができる．すなわち，予測先行時間が長くなると降雨波形の相似の度合いが低くなり，時間雨量を小さく見積もる傾向が強くなる．VSRFは予測先行時

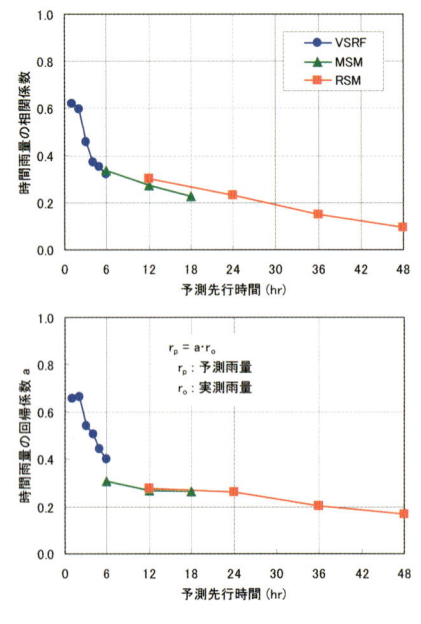

図4.1 時間雨量の先行時間別の相関係数・回帰係数

間が2時間までは実測値との相関が比較的良いが，これを超えると急激に予測精度が劣化する．また，この図を見る限り，MSM，RSMは時間単位の予測雨量として精度があまり期待できない．このようなことから，ダム貯水池の流入量予測への活用が期待できるのは，平均的に見れば2時間先までのVSRFの予報値であると考えられる．

一方，図4.2は積算雨量の予測精度を示している．相関係数に着目すると，降雨予測の方法，積算雨量を求める時間間隔によらず，高い水準で大きな変動もなく相関を維持している．回帰係数を見ると，予測値が実測値より小さい傾向を示しているが，これも降雨継続時間によらず比較的安定している．したがって，積算雨量については比較的長い先行時間であっても活用の可能性が見えてくる．

降雨予測のこうした性質を踏まえ，今後はダム管理実務への降雨予測の活用方法について具体的な検討を行っていくことになる．例えばダムの事前放流においては，洪水後の利水運用に支障を与えないよう，洪水調節によって"確実に"貯留回復が見込まれるボリュームを予測しつつ，その範囲内で放流操作を実施しなければならない．この場合，過去の降雨予測(あるいは降雨予測を使って算出される流出量予測)データをもとに，その誤差を加味して予測雨量(流量)の信頼区間を設定し，信頼区間の下限値を使用することが一つの考え方としてあるが，これには当然，予測がこれまでになく外れ，貯留回復に失敗するというリスクを伴う．降雨予測の活用を考える際には，効果だけでなくリスクの程度も把握し，必要となるリスク回避方策を検討しておくことが重要である．

本稿では現在の降雨予測精度を踏まえ，ダムによる高水管理を中心に記述したが，さらに長期の降雨予測の精度が水管理に活用できるレベルにまでなると，図4.3のように，渇水・洪水ともにより安全で効率的なダム運用が可能となる．気象予測の世界では，ソフト・ハードの発展がめざましく，今後，精度，解像度，予測時間はますます改良されていくことになる．ダム管理における降雨予測の活用について，さらなる研究が期待される．

参考文献

1) 和田一範，川崎将生，冨澤洋介：河川の高水管理における予測降雨情報の適用性に関する考察，水文・水資源学会誌第18巻6号，pp.703〜709，2005.
2) 内閣府総合科学技術会議：地球規模水循環変動研究イニシャティブ・シンポジウム「水循環変動研究の最前線と社会への貢献」，pp.107〜112，2005.

⇒ 3.1『降雨を予測する』
　3.2『水量変化を予測する』

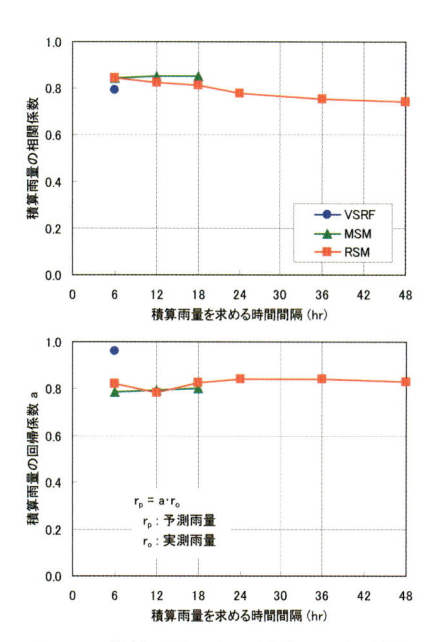

$r_p = a \cdot r_o$
r_p：予測雨量
r_o：実測雨量

図4.2　積算雨量の相関係数・回帰係数

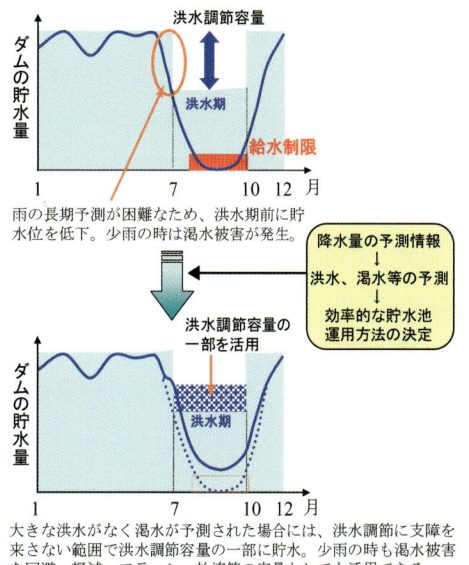

図4.3　貯水池の効率的運用のイメージ

4.1 洪水流出を制御する

都市における洪水の制御

中村　徹立

（1）　技術の特徴

河川流域の都市化に伴う流出量の増大を抑制し，下流河川に対する洪水負担の軽減を図ることを目的として流出抑制施設が設けられる．流出抑制施設は，雨水貯留施設と浸透施設に分類される．

（2）　雨水貯留施設，浸透施設

貯留施設は，開発地域下流で河川，下水道，水路によって雨水を集水して貯留し，流出を抑制するオフサイト貯留（遊水地，大規模開発に伴う防災調節池）と，雨が降ったその場所で貯留し，雨水流出を抑制するオンサイト貯留（公園，校庭，棟間，駐車場貯留，公園校庭等の空間地を掘削し砕石等で置換し，地下に空隙を設け貯留する空隙貯留，各戸貯留施設，低床花壇，貯留槽）がある（図4.4）．また，貯留施設は，河川管理施設（調節池）と河川管理施設以外（学校，公園，暫定調節池の恒久利用，沼池）に区分することもできる．

貯留施設の計画降雨は時間50 mm相当降雨を下回らないよう設定（1/5～1/10年確率）するとされている．本来の土地利用に配慮するとともに，貯留時においても，利用者の安全性が確保でき，かつ流出抑制効果が期待できる貯留可能容量を設定する．貯留限界水深は，棟間貯留0.3 m，駐車場0.1 m，校庭公園0.3 mが標準である．流出係数は，計画上の安全性を考慮し0.9を標準とする．河川に対する流出抑制効果の評価には，当該河川の計画降雨波形を用いる．放流施設には，人為的操作を必要とするゲートバルブ等の装置を設けないことが原則とされる．

大規模宅地開発に伴う調節池は，下流河川改修に代わる洪水調節のための暫定的代替手段としてダムによる調節池を築造するものであり，高さ15 m以上のダムは，河川法による．洪水調節方式は原則として自然放流方式とし，洪水のピーク流量は合理式による．洪水調節容量は，洪水規模が1/30年洪水に対して宅地開発後の洪水ピーク流量を，開発前のピーク流量まで調節することとされている．

宅地開発等に伴い恒久的な施設として，堤高の低いダム（高さ15 m未満）による防災調整池を築造する場合，雨量規模は，年超過確率1/50の雨量を下回らないものとする．防災調整池は，公園，運動施設等として多目的に利用できる．洪水ピーク流量は合理式により，流出係数は開発前後の流域の状態から定める．流出ハイドログラフは，降雨の初期損失，窪地貯留，浸透能をカットした有効雨量から算定する．洪水調節容量は，宅地開発後の洪水流量（1/50年確率）を調節池下流の許容放流量まで調節するために必要な容量である．

浸透型施設は，雨水を地下に浸透させることに

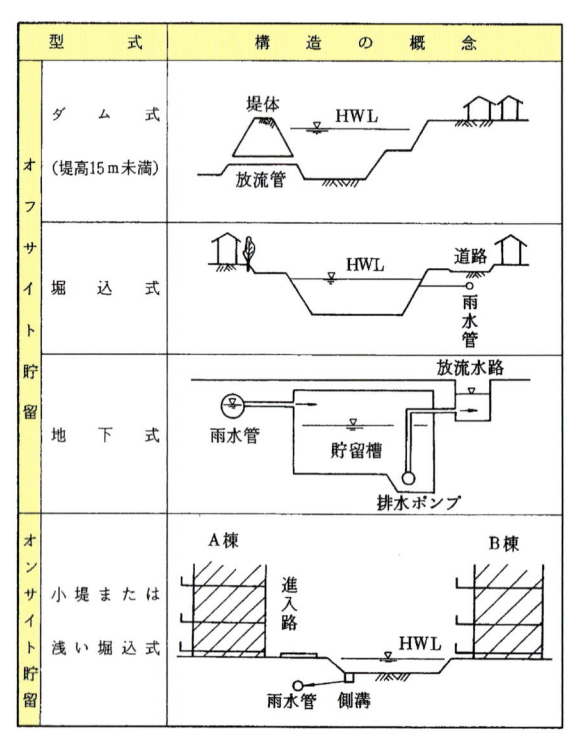

図4.4　雨水貯留施設

より流域からの流出抑制を図る施設で，地表近くの不飽和帯を通して雨水を分散浸透する拡水法（浸透トレンチ，浸透側溝，浸透桝，透水性舗装，浸透池）と井戸により地中の透水層に浸透させる井戸法がある（図4.5）．浸透施設は，総流出量を減少させる特徴があるが，機能を長期的に維持するため，土砂等の流入による目詰まりおよび堆積に対し配慮する必要があり，維持管理として清掃を行い，必要により浸透能力の定期的確認を行う．設計上は，浸透機能発揮のため，浸透施設内に有効な水頭が得られる構造とする．浸透型流出抑制施設の雨水処理能力は現地浸透能力調査により評価する．現地浸透能力調査は，地形地質調査，地下水位調査，ボーリングによる土質試験，現地注水試験による浸透能測定等で構成される．

浸透能力係数＝水温15度の浸透量／湛水深／浸透底面積

であり，

設計浸透量＝設計浸透係数施設の設計水深×施設の浸透底面積

で算定するが，目詰まりによる影響係数を考慮する．

参考文献
1) （社）日本河川協会:増補 流域貯留施設等技術指針（案），pp.5～12，pp.27～54，pp.65～69，1993．
2) （社）日本河川協会:増補改訂 防災調整池等技術基準（案），pp.3～25，pp.61～75，pp.305～337，1987．

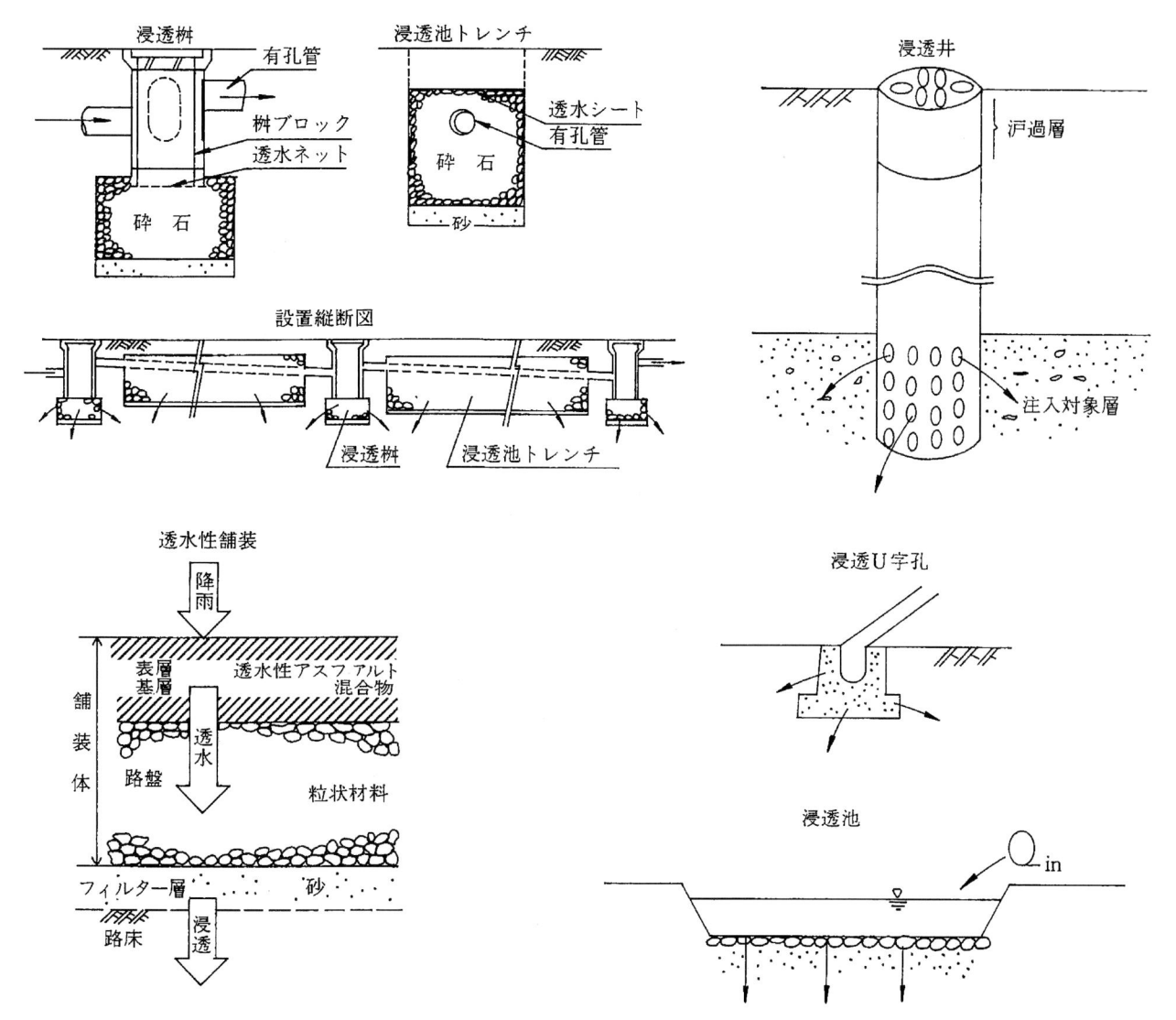

図4.5 雨水浸透施設

4.2 土砂の流れを改善する

ダムにおける排砂技術

角 哲也

(1) 技術の特徴

ダムを建設すると掃流砂・浮遊砂・ウォッシュロードの各形態の土砂が貯水池に流入し、土砂粒径毎に分級された典型的な堆砂デルタが形成される．この堆砂は、取水口などの埋没、利水・治水容量の減少、貯水池上流河床の上昇（背砂）による洪水氾濫の増大、ダム下流河道の河床低下や海岸侵食などの問題を引き起こす．この問題を解決するためには、図4.6に示されるような、貯水池流入土砂の軽減、流入土砂の通過、堆積土砂の排除に大別される各種方策を適切に組み合わせた貯水池の土砂管理を実施する必要がある．

(2) 排砂技術の概要

貯水池への流入土砂を軽減するには、植林や砂防など流域の土砂生産の抑制とともに、貯水池上流端部に貯砂ダムを設置する方策が代表的である．ここで捕捉された土砂は、コンクリート骨材として有効利用されるほか、アユの生息環境改善などを目的として、ダム下流へ運搬・仮置きし、洪水時に自然流下させる河川土砂還元が実施されている．

貯水池への流入土砂を通過させる対策としては、貯水池を迂回させる排砂バイパス（土砂あるいは洪水バイパスとも呼ばれる）が代表的である．その他に、洪水時に貯水池内に潜り込む高濃度濁水を洪水吐きから放流する密度流排出や、河床部に排砂機能を有する洪水吐きを設置し、通常は貯水しない治水専用ダムとしたり、利水容量が必要な場合に土砂流入の少ない支川の利水ダムを組み合わせる治水・利水分離型ダムなどがある．

貯水池内の堆積土砂を排除する対策としては、機械力による掘削・浚渫と、貯水位を定期的に下げて河道状態にし、流水の掃流力により土砂を排出するフラッシング排砂がある．また、近年、ダム水位を活用した水圧吸引土砂排除システム(HSRS)が各種提案されている．

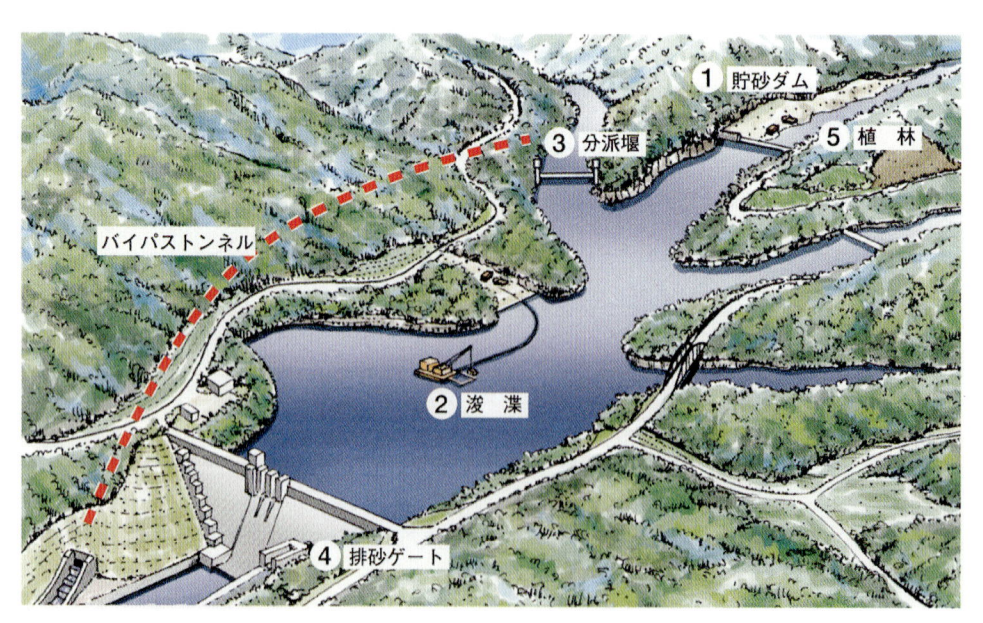

図 4.6 ダム堆砂対策

(3) 排砂対策の適用事例

日本の堆砂対策の代表事例は黒部川の連携排砂である．宇奈月ダム（2001年）と出し平ダム（1985年）は，貯水容量に対して流砂量が極めて多いことから，わが国初の本格的な排砂設備（排砂ゲート）を有するダムとして建設された．両ダムでは，年間1～2回程度，6～8月の一定規模以上の洪水ピーク後に貯水位を低下させて排砂を行う．その結果，図4.7に示すように1995年の大出水以降も総貯水容量の50％以上の容量を持続的に維持することに成功している．排砂水路は砂礫の衝撃に対して鋼板などで磨耗対策を行うとともに，排砂中は河川・海域において水質・生物調査などの環境モニタリングが行われている．

今後の既存ダムの再開発に合わせた堆砂対策の切り札は，排砂バイパストンネルである．美和ダム（1964年，天竜川水系三峰川）は，総貯水池容量の50％以上まで堆砂が進行し，その約75％が粒径74μm以下のウォッシュロード成分であったことから，これを洪水時にトンネル（全長4,300 m，断面積約50 m^2）で迂回させる堆砂対策が計画・建設された．バイパストンネルは，日本最古の重力式ダムである布引五本松ダム（神戸市）や旭ダム（新宮川）にも設置されており，今後適用事例が増加するものと考えられる．技術的課題は，トンネル内部の土砂の流れの安定化と砂礫通過による底面コンクリートの磨耗対策である．

参考文献

1) 角哲也：土砂を貯めないダムの実現－流砂系総合土砂管理に向けた黒部川の挑戦－，土木学会誌，88(3)，pp.41～44，2003

⇒ 3.4の『ダム貯水池の堆積土砂の予測』

出し平ダム

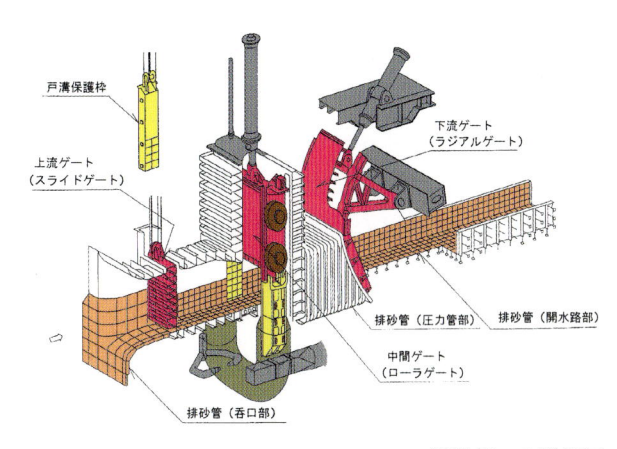

排砂ゲート詳細図

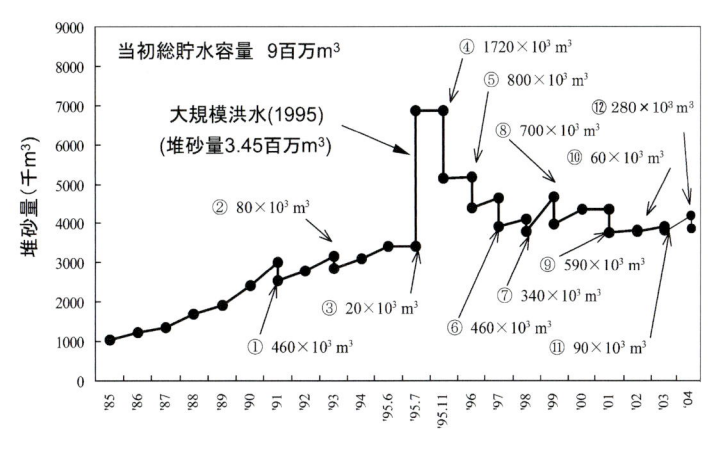

図4.7 黒部川出し平ダムの排砂設備

4.3 水質を改善する

オゾンを用いた浄化

長岡 裕

　オゾン処理は，塩素よりも強いオゾン(O_3)の酸化力を利用して，水中の有機物等の分解や微生物の除去(消毒)を行う処理のことである．オゾンは大気中において，太陽光中の紫外線や雷などのコロナ放電により自然に発生する．現在，殺菌に多く用いられている塩素は殺菌の過程で，多くの有毒な有機塩素化合物等の消毒副生成物を形成するが，オゾン処理では有機塩素化合物の生成はない．

　現在，日本では，浄水処理の分野において高度浄水処理の中心的なプロセスとして普及しており，水道原水水質が悪化している東京圏や大阪圏において，異臭味や色などを分解除去する目的で用いられている．また，フランスでは，塩素の代替消毒手段として，オゾン消毒が採用されている．

　下水処理の分野においては，オゾン処理の高い臭気除去および色度除去性能を利用して，主に下水処理水の再利用の目的で利用されている．河川水を直接オゾンを用いて浄化する例は少ないが，オゾン処理をした下水処理水をせせらぎなどの修景用水として活用している例は多く，広い意味での河川水浄化に利用されているといえる．

　オゾン処理のフローは通常，オゾン発生，オゾン接触槽，排オゾン処理から成る．図4.8は，下水二次処理水(活性汚泥法などの生物学的処理プロセスの処理水)を高度処理して，再利用に用いるためのプロセスの標準的なフロー図である．通常の二次処理水は浮遊物質を少量含んでおり，やや濁りがあるので，凝集・砂ろ過によってこれを除去して，透明度を上げることが必要になる．二次処理水に含まれる色度成分(流入下水等に由来する黄色の成分)および臭気成分は，砂ろ過ではほとんど除去することはできないので，オゾン処理による脱色・脱臭が有効になる．またオゾンは人体に有害であるので，オゾン接触層からの排気は，活性炭の充填層を通すなどして，排オゾン処理をすることが必要となる．

　オゾン発生器(写真4.1)は，通常，乾燥した空気や酸素を原料にして，放電により発生させる．酸素を原料とすると，オゾンの発生効率が良くなるので，オゾン発生器の前段に酸素発生器を置くこともある．

　オゾンを用いた再利用水をせせらぎ用水として利用している例をして，東京都による清流の復活

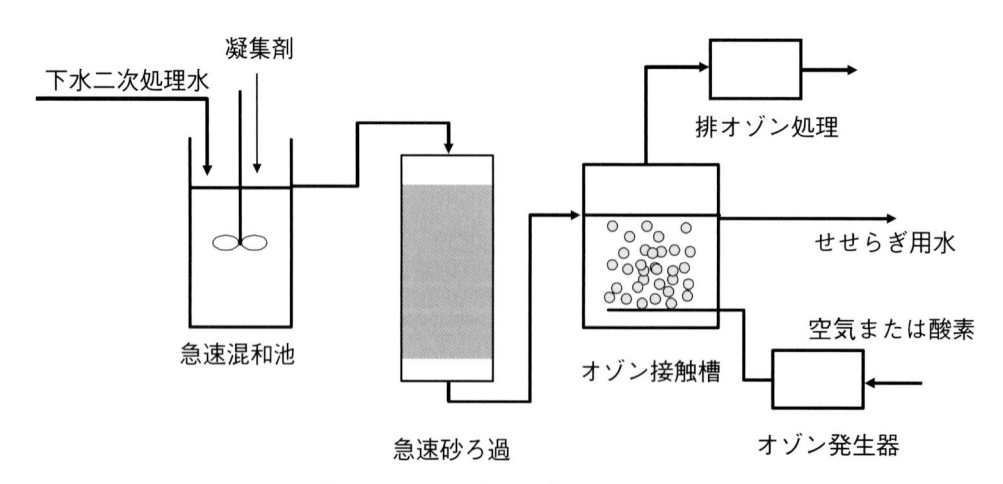

図4.8　オゾン処理を用いた下水処理水再利用プロセスのフロー例

事業(野火止用水，玉川上水，千川上水)をあげる．この3水路は，江戸時代より約300年の間，生活用水，かんがい用水，飲料水などを輸送する水路として活用されてきたが，近代水道の普及とともにその用途は途絶え，水路の水は枯れてしまっていたが，やがて「再び野火止用水に命を」という声が高まり，東京都は多摩川上流水再生センターの高度処理水(凝集・砂ろ過＋オゾン処理)をせせらぎ用水として，これらの水路に送水することとなった(図4.9参照)．導水水量は，野火止用水: 15,000 m^3/日，玉川上水: 13,200 m^3/日，千川上水: 10,000 m^3/日である．この事業は，オゾンを利用した下水処理水の修景用水としての再利用事業としてのさきがけである．

写真4.1 オゾン発生器(阪神水道企業団・尼崎浄水場)

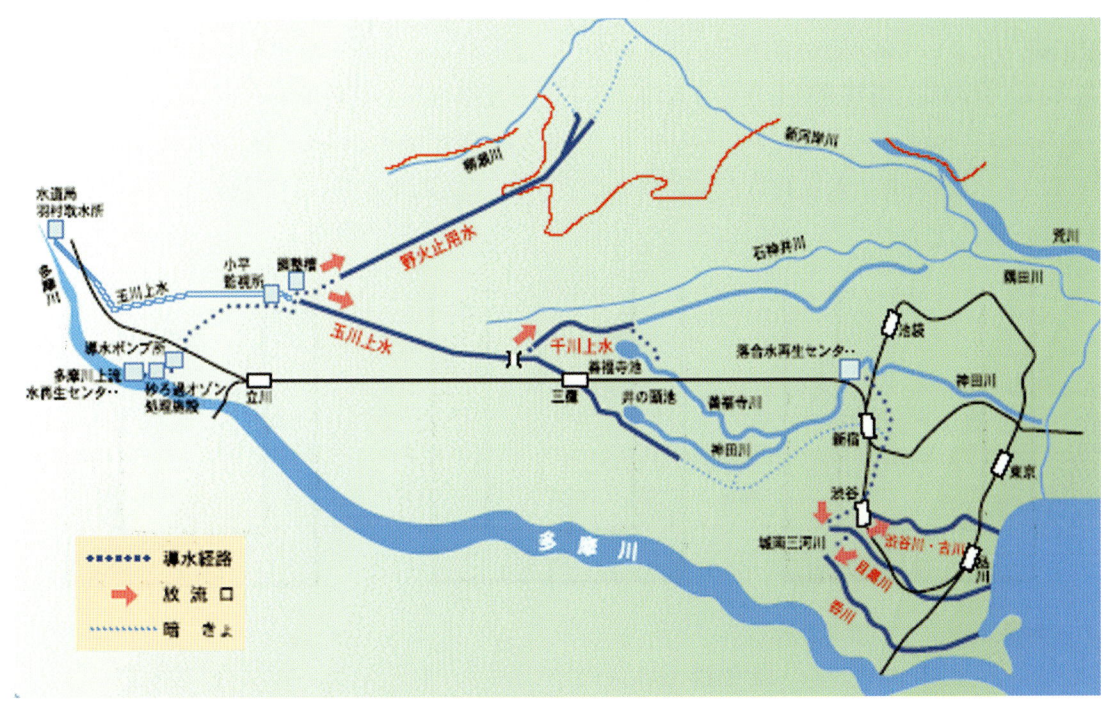

図4.9 東京都による清流の復活事業

4.3 水質を改善する

逆浸透膜を用いた浄化

長岡　裕

　逆浸透膜とは，水は通すが，水中のイオン（ナトリウムやカルシウムなどの金属イオン塩化物イオン，硫酸イオンや硝酸イオンなどの陰イオン）や農薬などの微量な有機物などの溶存物質は通しにくい膜のことで，浸透圧より大きな圧力をこの膜に加えることにより，溶存物質を取り除いた水を得ることができるものである（図4.10参照）．ろ紙などによるろ過機構は，ろ紙上に孔が開いており，これより大きい粒子はろ紙上に捕捉することにより水中より不純物を分離することができるのであるが，逆浸透膜は膜に孔が開いているわけではなく，膜の素材とろ過対象物質や水との親和性の違いにより分離することができる．つまり，水に対して親和性があるが，水中の溶存物質に対して親和性が低い素材の膜を形成することにより，逆浸透が可能となる．逆浸透膜は，海水淡水化用の膜として，水資源に乏しい地域において広いられている．

　海水淡水化プロセスでは，5 MPa～7 MPa程度の操作圧力によって海水から飲料水を得ているが，近年は，水の再利用用途にも用いられるようになっている．

　図4.11は，水中の除去対象物質と水質浄化の分野で用いられる各種膜の分離領域との関係を示したものである．大まかに言うと，精密ろ過膜は水中の粒子を除去するもの，限外ろ過膜は，溶存しているたんぱく質など高分子の物質を，逆浸透膜はイオン類を除去するものと分類できる．ナノろ過膜は，逆浸透膜と類似しているが，イオン類の阻止性能がやや落ちるものである．

　土粒子などの濁りや細菌を除去する目的であれば，精密ろ過膜や限外ろ過膜でも十分であり，実際に，河川水等から飲料水を得るための浄水プロセスでは，これらの膜が使われ始めている．しかし，水中から臭気物質や色成分などの有機物あるいは溶存しているイオン類を除去するためには，逆浸透膜が必要となる．よって，河川に放流される下水処理水をより高度に処理して，飲用まで可能なレベルにまで浄化するためには，逆浸透膜による処理が必要となる．

　図4.12は逆浸透膜を利用した下水処理水の再利用プロセスの例を示したものであり，水資源に乏しいシンガポールで下水処理水を飲用水レベルまで浄化して再利用するNEWaterプロジェクトの概要となっている．通常の活性汚泥処理の処理水（二次処理水を，MF膜あるいはUF膜を通す

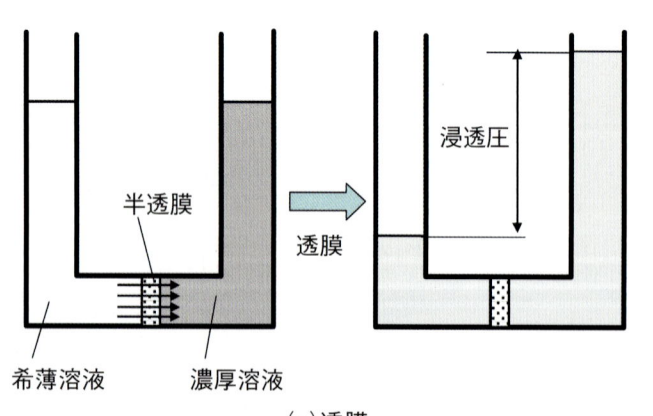

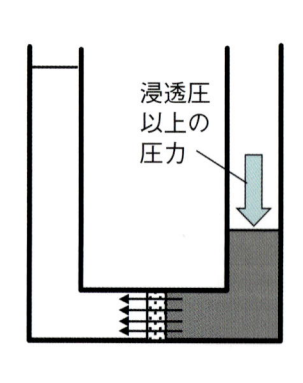

図4.10　逆浸透の原理

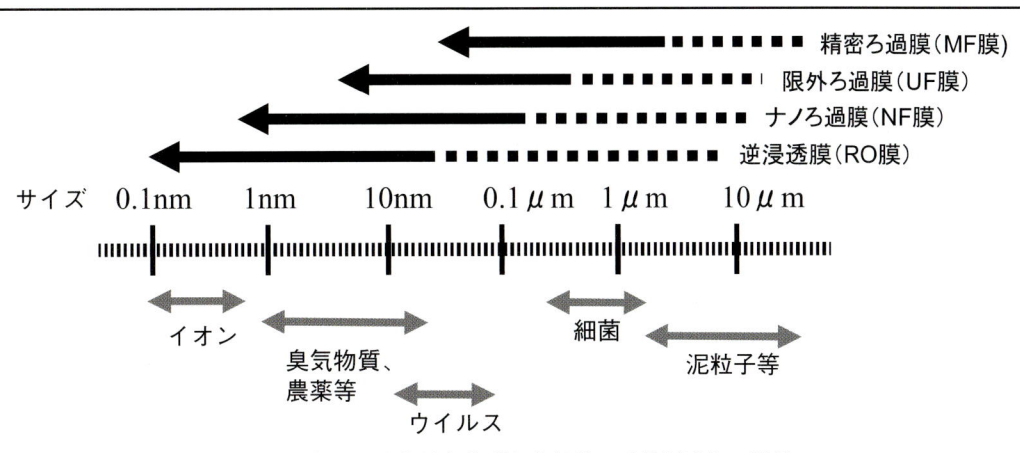

図4.11 水中の除去対象物質と各種膜の分離領域との関係

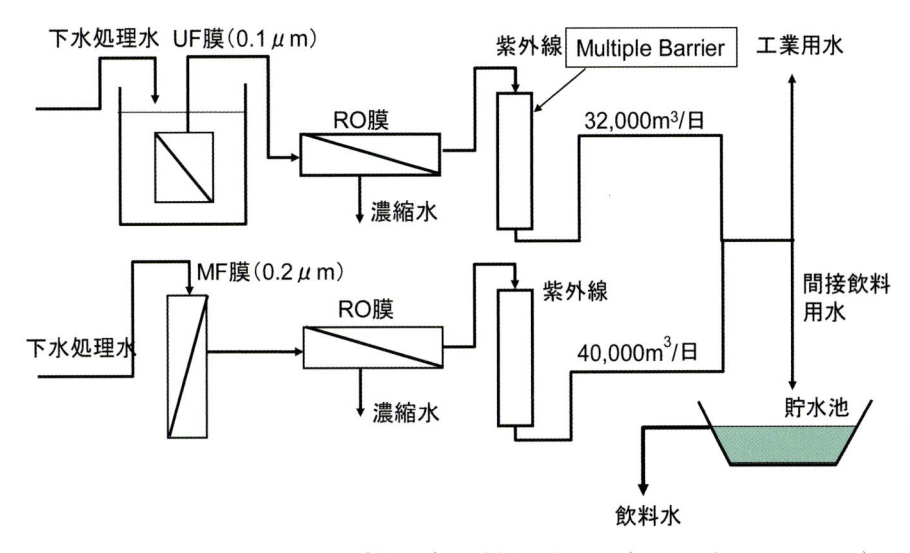

図4.12 逆浸透膜を利用した下水処理水の再利用プロセス（シンガポール NEWater）

ことによって微粒子を除去し，さらにRO膜（写真4.2）を通すことによって，イオン類や溶存有機物を除去している．さらに紫外線による消毒プロセスを通すことにより，膜に破断などの事故があった場合でも衛生的に安全な水を供給するような，Multiple barrier構造となっている．処理水は工業用水として再利用される他に，貯水池に戻され，最終的には飲料水として利用されることになる．

このように，下水処理水を河川に放流する前に逆浸透膜で浄化することにより，飲用まで可能な水を供給することが可能となる．現在の日本ではここまでの処理例はほとんど無いが，今後，有望な技術となることが期待される．

写真4.2 下水処理水の再利用用途の逆浸透膜モジュール（シンガポール NEWater）

4.3 水質を改善する

ダム貯水池における水質改善

和泉　恵之

(1) 技術の背景

ダムの築造により人工的に川を堰止め，水を貯留することによって，新たな水質現象が発生することがある．その主なものとしては，冷・温水，濁水長期化，富栄養化現象がある．このような水質現象が発生すると，上水道への異臭味，農作物の生育不良，下流河川の生態系への影響などの問題が発生することがある．この対策として，様々な種類の水質改善事業が行われてきた．対策の種類としては，対策を実施する場所の区分により，流域対策，流入河川対策，貯水池内対策に分類できる．貯水池に流入する負荷を軽減する面からは，流域対策が根幹的な対策となるが，関係者の複雑化，経済性などの問題により，流域対策の進捗は遅れることが多い．このため，比較的安価で事業手続き面も容易である貯水池内対策と組み合わせた対策を行うのが現実的であり，わが国でも多くのダム貯水池でこのような対策が行われてきている．ここでは，貯水池内対策のうち，曝気循環施設，フェンスについてその技術的特徴をみてみる．

(2) 曝気循環施設

曝気循環施設には，浅層曝気，深層曝気，全層曝気等がある．この内，浅層曝気施設は植物プランクトンの異常増殖によるアオコ，カビ臭の発生などの水質障害対策として全国で数多く設置されている．この装置は，水温成層を形成している貯水池において，気泡を放出することにより下層の水を連行し，表層の水と混合して貯水池内に循環流を発生させ，表層から中層にかけて循環混合層を形成して，植物プランクトンが異常増殖しにくい環境を創出，維持するものである．具体的には，植物プランクトンにおける光制限効果，水温制限効果，表層における植物プランクトン（特に藍藻類）濃度の希釈を期待している（図4.13 参照）．

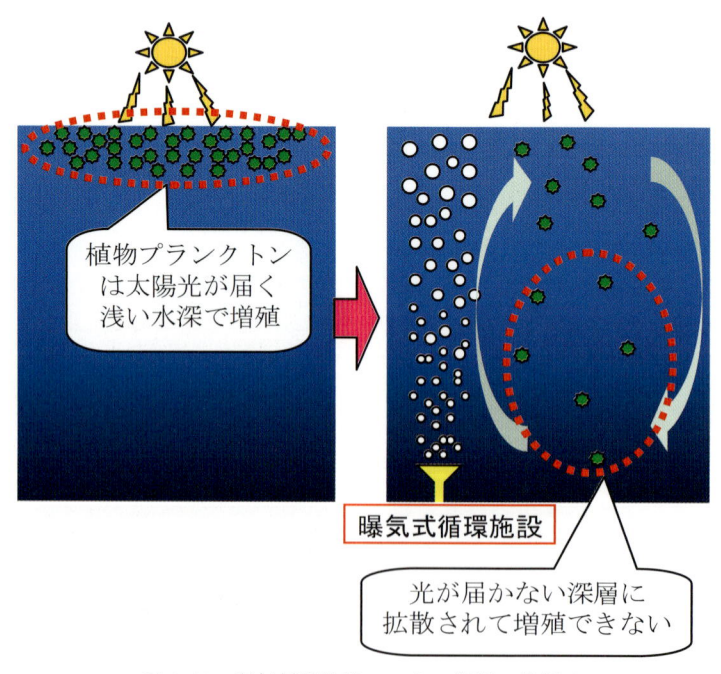

図 4.13 曝気循環施設のアオコ抑制の仕組み

実運用により効果を発揮している事例も多くあり，効果の程度およびそのメカニズムについては，既往の調査研究でかなり明らかになってきているものの，最適な施設の規模，配置計画の手法，運用方法等については，必ずしも明確な手法が確立されているわけではなく，各ダムでの経験的な知見により運用しているのが実状である．したがって，今後とも既往施設での運用モニタリングによるデータの蓄積，効果要因の分析などを進め，より明確な設置計画手法，運用方法について調査研究を進めていくことが課題である．

なお，環境面に配慮した最近の技術開発の事例として，曝気装置の気泡発生の動力源に，クリーンエネルギーであるダムからの放流水を利用した水力コンプレッサを用いたものがある．

(3) フェンス

フェンスを設置することにより貯水池内の水の流動を制御し，濁水長期化現象の軽減，植物プランクトンの異常増殖の抑制を期待するものである．ここ十数年の間に，現地での調査研究・試験を重ねながら設置を進めている事例が増えてきている．貯水池の横断方向にフェンスを設置し，出水時の濁質や栄養分に富んだ流入水をフェンスの下端部の水深に誘導することにより表層部の濁りを低減し，また栄養塩類の表層への流入を抑制し植物プランクトン増殖を抑える仕組みである．図4.14に，貯水池の鉛直2次元数値シミュレーションモデルで予測したフェンスによる濁質の潜り込みの様子を示す．フェンスの設置，運用については，貯水池の形状，出水の規模等に応じた適切な方法で行わなければ，十分な効果が発揮されないことがあるので，このような数値シミュレーション等による事前の十分な調査検討および運用時の適切な操作，モニタリングが重要となる．また，出水時の水位変動，流木の流下の影響やきめ細かい運用方法に対処するためには，容易に撤去，移動，再設置できるような装置の工夫が必要である．

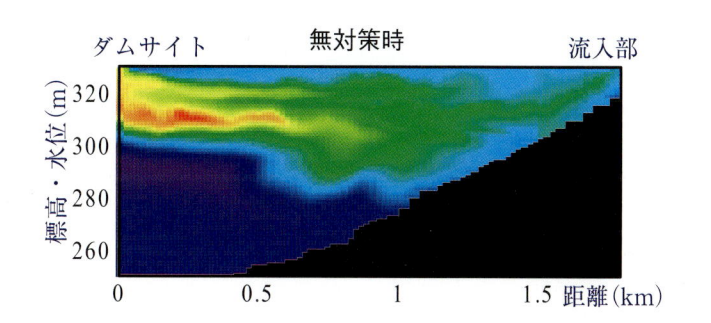

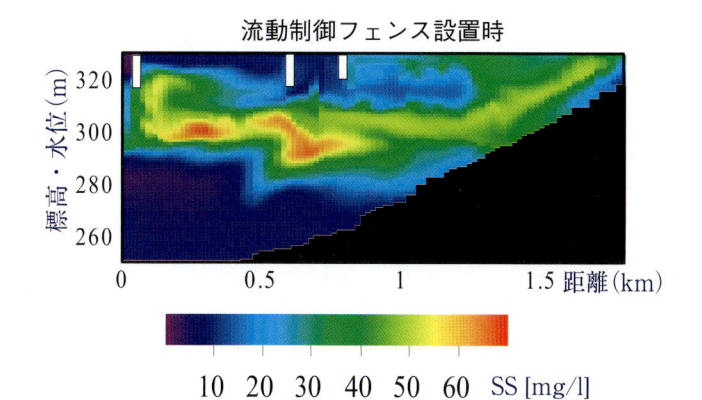

図 4.14　数値シミュレーションモデルによるフェンス設置時の貯水池内濁質変化予測

コラム

礫間浄化と植生浄化

編集事務局

川を人に置き換えてみると，川の水質は人格にあたる．人格者に接すると心が和むように，清らかな川を前にすると心が落ち着く．

水の質を見れば，その地域の文化や社会がわかるともいわれている．

川の水質は，一時期の汚濁の著しい時期と比較すると，徐々に改善されつつあるものの，流域の市街化が進んだ川においては，生活排水の流入等により依然として水環境の改善が進んでいないところもある．

水環境の改善が必要な川に対しては，礫間浄化施設や植生浄化施設などの設置が行われている．

(1) 礫間浄化

礫間浄化とは，礫と礫との間隙を汚濁物質が流れる過程で，沈殿が促される接触沈殿(ろ過)作用，礫表面での付着生物膜による生物膜への吸着作用，および酸化分解作用などにより，川の水質を復元させる方法である．

礫間浄化は，川の自浄作用を最大限に引き出させた浄化方法といえる．

川は流下しながら，瀬での曝気，瀬から淵にかけての汚濁物のろ過・沈殿，河床生物による汚濁物の吸着，酸化分解，を繰り返す．

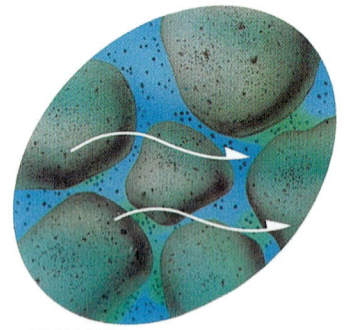

1. 接触沈殿
水中の濁質分は、礫空間を流れることにより礫に接触し、沈殿がおこります。

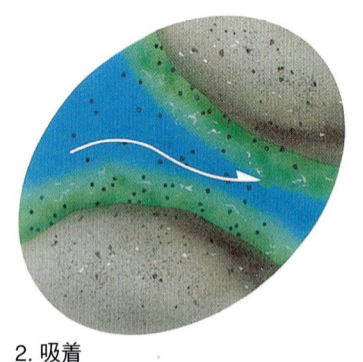

2. 吸着
水中の汚濁物質は、電気的性質や礫表面に発生した生物膜の粘性により吸着されます。

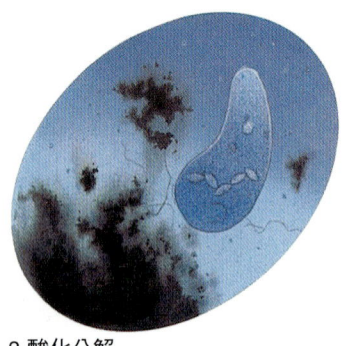

3. 酸化分解
礫表面に生息する生物群は、汚濁物質をエサとして食べ、最終的に水と炭酸ガスの状態まで分解されます。

図 4.15　浄化作用のメカニズム（平瀬川浄化施設パンフレットより）

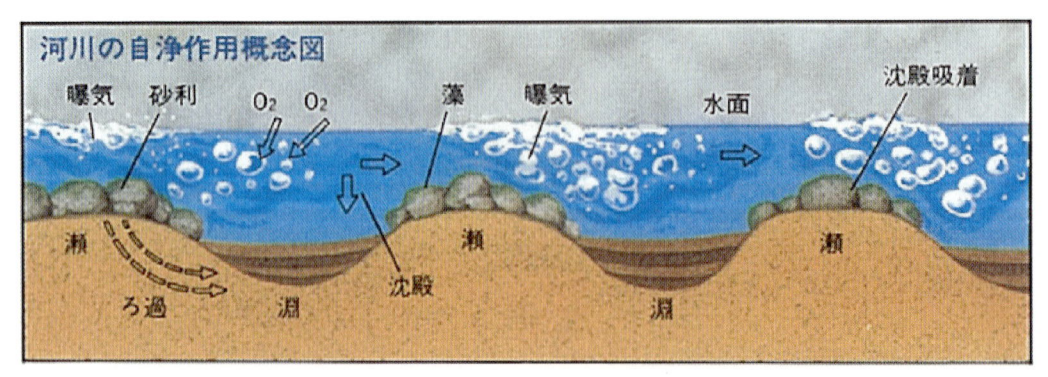

図 4.16　川の自浄作用概念図（平瀬川浄化施設パンフレットより）

自然の川では，汚濁物の除去分解に長い距離と時間を必要とする．

河床面積を増やすため礫を充填し，川の水との接触時間を長くさせたものが礫間浄化法である．

(2) 植生浄化

植生浄化とは，植生を施した浄化施設内に汚濁水を導水し，植生により汚濁物質を除去（水質浄化）しようとするものである．植生に期待できる浄化作用には，主に①「植生内での汚濁物質の沈降作用」，②「汚濁物質の土壌への吸着作用」，③「植物および土壌生物による汚濁物質の吸収・分解作用」がある．

植生浄化は，水質面での効果に加え，生物の生育・生息の場となることや，景観要素としての効果も期待でき，環境に対する啓発にもなる．

参考文献
1) （財）河川環境管理財団:植生浄化施設計画の技術資料，pp.1-2 〜 1-7, 2002.

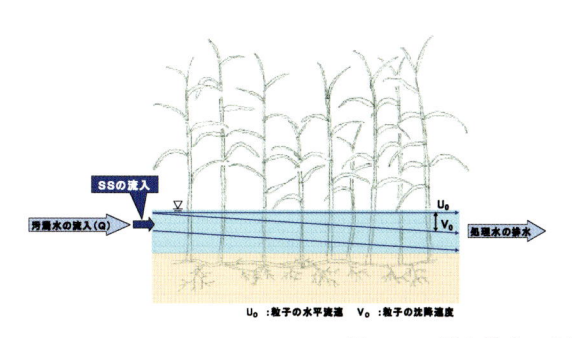

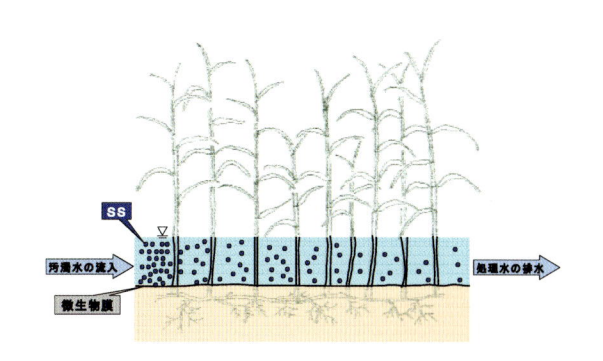

図4.17 植生浄化の概念図　沈降作用　吸着作用

表4.1 植生浄化法

植生浄化法		主目的	施設の特徴	利用されている植物
湿地法	①表面流れ方式	・水質浄化	自然または人工的に造成された湿地を利用し，植物は根を張り水面より上部に現れている．植物は植栽によるか自生で，主な水の流れは地表面より上部で，浄化効果を高めるために植物槽の水深は一様で均一流となる．	(抽水植物) ・ヨシ ・マコモ ・ガマ ・ショウブ ・ハナショウブ等
	②表面流れビオトープ方式	・水質浄化 ・ビオトープ ・景観	表面流れ方式に対し，水質改善効果とともに生物の多様性を求めたもの．水深や形状は多様でビオトープ的である．	(抽水植物) ・ヨシ ・マコモ ・ガマ ・ショウブ ・ハナショウブ等
	③浸透流れ方式	・水質浄化	人工的に造成された湿地を利用し，主な水の流れは浸透流れであるもの．ろ床は土壌や砂利で水平流れや鉛直流れのものもある．	(抽水植物) ・ヨシ等
浮漂植物法	④処理槽方式	・水質浄化	処理槽を設け，ホテイアオイ等の浮漂植物を投入したもの．	(浮漂植物) ・ホテイアオイ等
	⑤水面利用方式	・水質浄化 ・景観	湖沼や河川の水面を仕切り，ホテイアオイ等の浮漂植物を投入したもの．植生下の水の流れは自由である．	(浮漂植物) ・ホテイアオイ等
水耕法	⑥直接植栽方式	・水質浄化	処理槽を設け，クレソンや花卉等を植栽したもの．基材は土壌，あるいは土壌と仕切られたシート張り等であり，水中に根茎が密生している．水耕生物ろ過法もこれに含まれる．	(広義の抽水植物) ・クレソン ・オオフサモ ・セリ ・花卉等
	⑦特殊基材方式	・水質浄化	処理槽を設け，ゼオライト等の特殊基材を用いてこれに根付く，シュロガヤツリや花卉等を植栽したもの．水は基材中も流れるように工夫されている．バイオジオフィルター法もこれに含まれる．	・クレソン ・シュロガヤツリ ・ケナフ ・花卉等
	⑧浮体方式	・水質浄化 ・景観	処理槽を設け，浮体に花卉等を植栽したもの．根は水中に懸垂し，底部には接しない．	花卉等

4.4 生態系を改善する

河道改変による自然再生

服部　敦

ここでは，河川環境（川の生態系）を「ある生物群集とそれが生息する場をメンバーとして，それぞれが機能し，相互に作用を及ぼす多様な仕組みから構成される，生物の持続的生息を可能とするシステム」として捉え，場の一つである河道への人為的かつ物理的な働きかけ（例えば河道掘削や横断構造物の設置）と直接的な因果関係がある河川環境の変質を対象として，その修復の基本的考え方と適用事例について紹介する．

(1) システムという捉え方を軸に据えた修復の基本的考え方

システムという捉え方は，「河川環境とは何か」という定義論をしようというものではなく，修復を実践するにあたっての目標や具体的手法を見いだすための思考や議論の切り口である．その切り口から，修復の考え方は以下のように整理できる．

①生物が生息する場またはある特定の生物種のみの保全にとどまらず，場の形成・維持を支える仕組みとその総体－エコシステム－を理解することに努め，仕組み自体も保全・復元する（エコシステム・レストレーション）．

②主要因－インパクト－の作用の仕方とその結果として生じた変質－レスポンス－の過程と機構に着目して，具体的な修復案を考え得るまで仕組みの理解を深める（インパクト－レスポンスを考慮した修復）．

③修復実施後もモニタリングを行い，修復という新たなインパクトに対するレスポンスから仕組みの理解をさらに深めて適宜，修復手法の改善や実施手順の調整を行う（アダプティブ・マネジメント）．ただし，'適宜'が'場当たり的'になってはならず，そのための予防として常に仕組みについて理解したことを軸に据えてマネジメントしなければならない．

(2) 河原の仕組みとそれに基づく修復の試み－多摩川永田地区の事例－

1920年代以降から1967年に全面禁止されるまでの間に盛んに砂利採取を行ってきた結果，羽村堰の上下流では著しい河床低下が起きた（図4.18参照）．その後，堰上流側の河辺地区では狭窄部での堰上げも手伝って礫が堆積したため河床上昇に転じたが，その結果として礫の供給量が減少した堰下流側の永田地区では河床がさらに低下した．沖積礫層の下には難浸食性の脆弱な岩（以下，

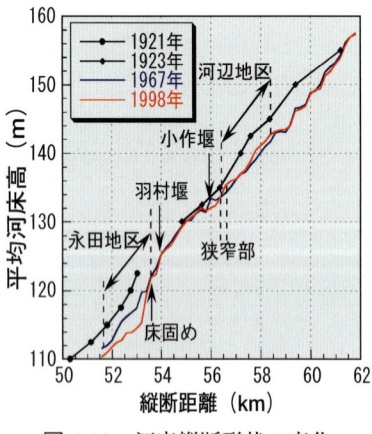

図4.18　河床縦断形状の変化

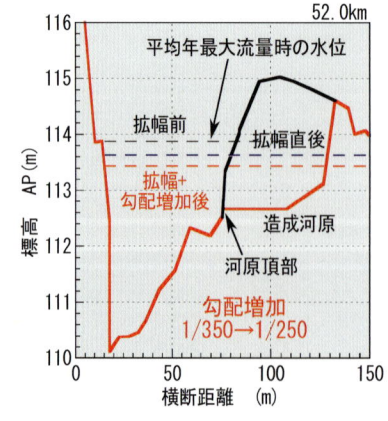

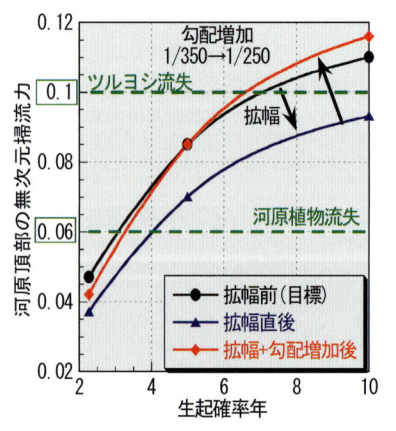

図4.19　堤水路の幅・勾配の変化とそれに応じた掃流力の生起確率分布の変化

土丹と呼ぶ)から構成される基盤層があり，それが河床低下に伴って河岸に露出したため，低水路幅が縮小するとともに左岸側に固定され，右岸側は高水敷となった(図4.19参照)．高水敷化する前は，中小の出水でも冠水し攪乱を受け，そのため裸地とツルヨシなどの草地が時間的に繰り返し出現する河原であった．高水敷化すると，出水による攪乱を受けにくくなったため，安定的にハリエンジュが繁茂する樹林地に変わった(写真4.3参照:①の仕組みの理解)．

河原を回復するための修復として，まず低水路内に河原に隣接する高水敷を掘削することで河原を造成することとした．造成地が河原の一部となるためには，隣接する河原と同様に攪乱を受けるようにならなければならない．しかし，造成は結果的に低水路拡幅であるので，河原上の掃流力は造成前に比較して小さくなり，攪乱が生じにくくなる(図4.20参照)．

造成前と同様な攪乱が生じるように掃流力を回復するためには，河床低下に伴って緩くなった河床勾配を大きくしなければならない．そこで，修復の2つ目の手段として，永田地区の上流端に礫を搬入，敷設することで礫の供給量を増加させることとした(以上，②の具体的な修復の提案)．

この修復では，礫敷設供給量と拡幅規模(掘り拡げる幅と区間長)のバランスが重要である．拡幅規模を大きくするほど，掃流力が回復する勾配まで河床を上昇させるのに必要な堆積量が増える．そのため，回復に費やす期間が長くなり，植物も長時間流失しにくいままとなるので，掘削した場所が樹林地へ戻ってしまい，河原を狙いどおり拡大できない懸念が高まる(写真4.3参照)．

したがって，これが防止できる適度な拡幅規模で段階的に拡幅を繰り返すことにより河原を拡大していく，という修復の進め方となる．その際，出水の発生回数と規模によって，掃流力の回復に要する時間が異なるので，河床高の上昇状況などを常々モニタリングして，次の拡幅のタイミングを調整する必要がある(③のアダプティブ・マネジメント)．

こうした修復は2001年から試みられている．その観測結果の詳細については，参考文献を参照されたい．

参考文献
1) 服部敦，瀬崎智之，伊藤政彦，末次忠司:河床変動の観点で捉えた河原を支える仕組みの復元，河川技術論文集，第9巻，pp.85〜90，2003．

約30年前の多摩川永田地区(1974年撮影)

近年の多摩川永田地区(1998年撮影)
写真4.3　多摩川永田地区の樹林化の状況

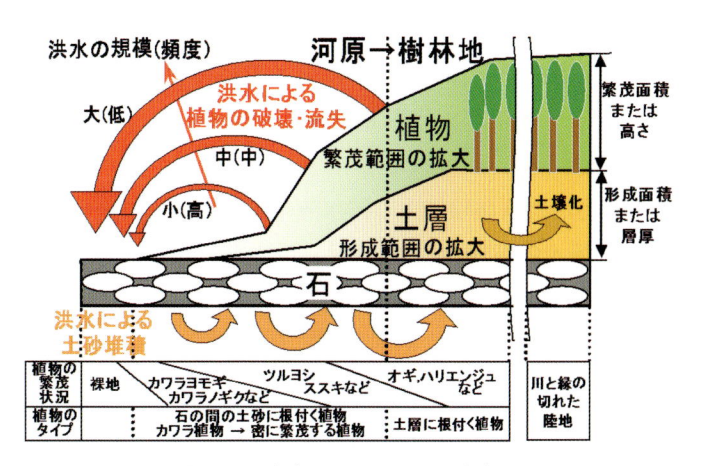

図4.20　出水に関わる河原の仕組み

4.4 生態系を改善する

フラッシュ放流による人工攪乱試験

大本　家正

(1) フラッシュ放流の概要

自然の河川においては，季節的な流量変化をベースに洪水等の発生により年間を通して流量が変化している．こうした流量変化により，例えば，ハビタットが多様化し，その結果，河川の生物多様性が維持されているものと考えられる．しかし，ダムが建設され管理が始まると，ダム下流域では洪水調節により中小出水の頻度が減少するとともに，その規模も同時に縮小していく．また，下流の水利用のために安定した水供給を行うことにより，流況変動の平滑化が生じる．このため，ダム完成後は，攪乱の規模と頻度が減少し，河川環境への影響が懸念される．こうした課題に対応するためにダムの弾力的管理試験により，ダムからフラッシュ放流(ダムから平常時にある程度の規模の流量を一時的に放流する)を行い，下流河川の人工攪乱による河川環境の保全の試みが，1997年度から始められており，その実施事例は，次第に増えてきている．

(2) ダムの弾力的管理試験によるフラッシュ放流の方法

ダムの弾力的管理試験とは，洪水調節に支障を及ぼさない範囲で，降水量の多い梅雨や台風シーズンに空き容量となっているダムの洪水調節容量の一部に流水を貯留し，それを活用し，フラッシュ放流等を行うものである．

ダムの弾力的管理試験による貯水池の水位の変化模式図を図4.21に示す．従来は，洪水期においては，洪水調節後等において気象条件等にかかわらず，速やかに制限水位まで水位低下を行っていたが，治水上の安全性に支障をきたさない範囲で新たな容量(活用容量)を確保し，フラッシュ放流等に活用するものである．

図4.22に，フラッシュ放流パターンの模式図を示す．フラッシュ放流では，下流河川の安全性を確認したうえで，短時間で流量を増加させ，人工的に攪乱を起こそうとするものである．2004年度の実施事例から見ると，ピーク流量10～50 m^3/s 程度を数時間で放流している事例が多い．

なお，弾力的管理試験の実施における技術的な内容については，「ダムの弾力的管理試験の手引き[平成15年度版](国土交通省河川局河川環境課)」に詳述されている．

(3) フラッシュ放流の効果

フラッシュ放流による効果は，大きく分けて河川の自然環境の保全と河川と人との関わりにおける生活環境の保全の2つがあげられる．自然環境の保全は，主として河川の流水に生息・繁茂する水生動植物の生息・生育環境の保全があり，具体

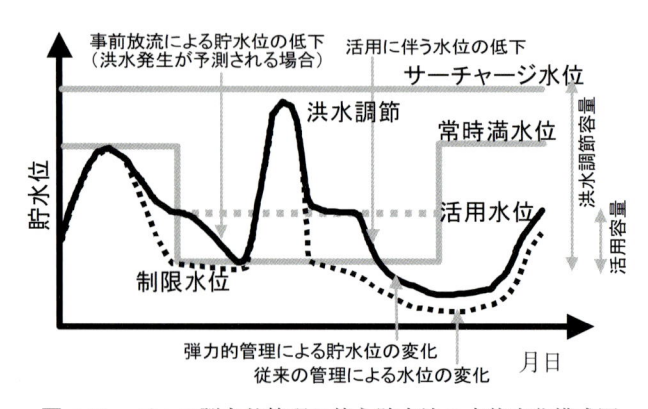

図4.21　ダムの弾力的管理に伴う貯水池の水位変化模式図

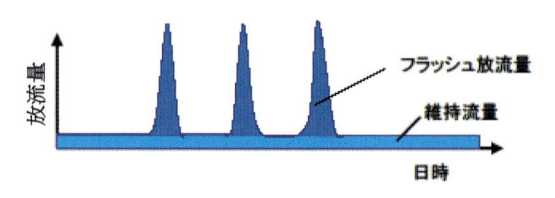

図4.22　フラッシュ放流パターン模式図

的内容としては，魚類の産卵場の保全や付着藻類の剥離更新支援等があげられる．2つめの生活環境の保全としては，河川に関わる水と緑の景観の保全や水質の保全（臭気の除去など）等がある．

フラッシュ放流による自然環境保全のための具体的な効果として，真名川ダムにおけるアユの捕獲調査に基づく「アユの胃内容物と付着藻類の無機物量調査結果」を次に示す[2]．このフラッシュ放流においては，ダム下流の河床勾配，河道幅，河床構成材料等や平常時の維持流量 2.67 m^3/s との比率などを考慮し，ピーク流量は 30 m^3/s，ピーク継続時間は3時間とした．

フラッシュ放流前，放流後（約40時間後），フォローアップ（約2週間後）のアユの胃と腸に含まれる無機物量（灰分）の割合は，放流前の約54％に対して，放流後には63％に増加した．フォローアップ（約2週間後）では，約50％に減少し，フラッシュ放流前に対して約4％の減少となった（図4.23参照）．

また，ダム下流河川において，アユの餌となる付着藻類に含まれる無機物量の割合も，胃の内容物調査と同様な傾向を示した（図4.24参照）．これは，フラッシュ放流に伴い一時的にシルト分等の無機物が河床に堆積し，その後掃流されたことにより付着藻類が剥離更新し，その良質な藻類をアユが採餌したためと考えられる．これらのことから，フラッシュ放流によりアユの餌質が向上したものと考えられる．

(4) 今後の取り組み

弾力的管理試験は，治水安全上支障のない範囲で容量を確保し，フラッシュ放流を行うという制約があり，フラッシュ放流による人工攪乱については，今後とも継続的な実施と効果検証のためのモニタリング調査が必要であると考えられる．

参考文献
1) 浦上将人，田中則和：ダム下流の河川環境に配慮した放流手法の検討，ダム水源地環境技術研究所所報，（財）ダム水源地環境整備センター，pp.46～62，2003．
2) 坂本博文，岡部浩司：2003年 真名川ダムにおける弾力的管理試験「フラッシュ放流」，ダム技術 No.223，pp.48～55，2005．

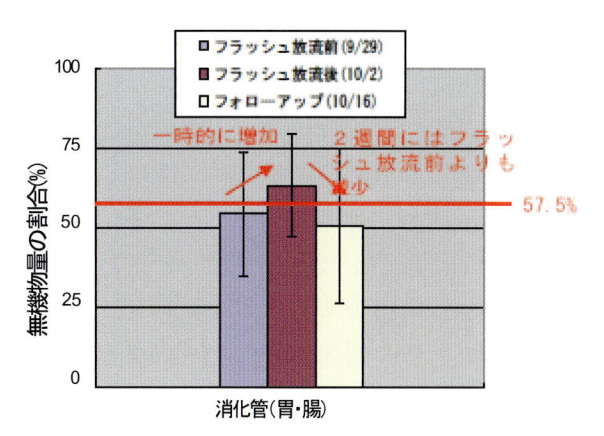

図4.23 アユの胃・腸に含まれる無機物量の割合[2]
（図中の縦棒は標準偏差を示す）

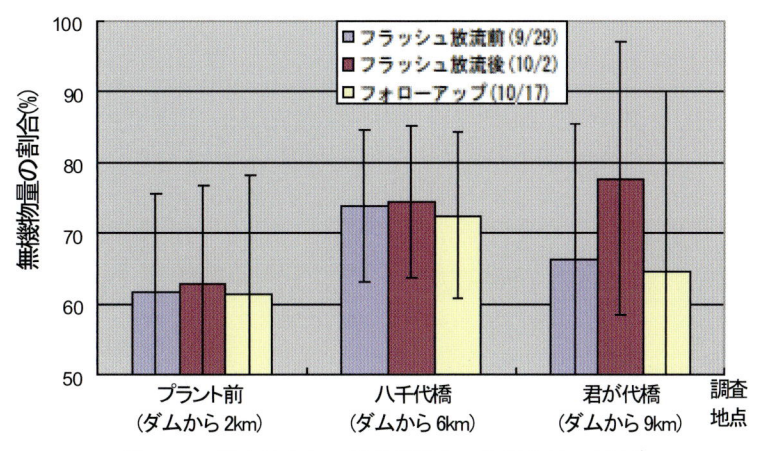

図4.24 調査地点毎の付着藻類中の無機物量の割合[2]
（図中の縦棒は標準偏差を示す）

4.4 生態系を改善する

堰による水位調節

中西　史尚

　大阪平野を流れる淀川では，1970年代からの大規模な河川改修とともに，河口から約10kmの位置にある長柄可動堰が1983年に，現在の可動堰の淀川大堰（写真4.4）に改築された．この改築で，治水・利水的には水位調節能力が向上したことで機能面が向上したが，堰より2kmほど上流に位置する城北地区のワンド群（写真4.5）など，背水区間の水域環境を悪化させる要因の一つにもなった．淀川のワンドには国の天然記念物でタナゴ類の一種のイタセンパラをはじめ琵琶湖・淀川水系の多くの種類が生息しており，ワンドは多くの魚類の繁殖の場として機能している．

　大堰の能力向上で水位が安定したことや，流水疎通能力の増大で流量が増えても水位が上がらなくなり，年間の水位差は2m～3mあったものが約50cm程度に変わってしまった（図4.25）．このような環境変化と合わせるようにワンドの魚類相も変化し，1970年代に最も多かったタイリクバラタナゴが90年代後半では上位10種に入らなくなり，他にアユモドキ，スジシマドジョウ，ツチフキなどが姿を消した（図4.26）．

　そこで，背水区間の環境を回復させるためには，流れや水位の変化という流水環境の回復が必要不可欠の要素と考え，淀川大堰のゲート操作により淀川背水区間に水位変動を与え，水環境改善を検証する実験が行われることとなった．

　実験におけるゲート操作の規模としては，できるだけワンドの水や底質の交換が促進されることが望ましいことから，かつての増水時を考えると2m程度，流速1m/s程度が必要であると考えられたが，治水・利水面から定められた大堰の水位管理上の制約条件があり，管理最低水位から最高水位までの約80cmという可能な範囲での実験となり，その中でどの程度改善に寄与するかをみることとした．

　また，夏季にワンドに温成層が発生すると底層の溶存酸素が低くなりやすいことから，比較的溶存酸素濃度が高く水温も低い本流水をワンドの底層に流入させることで貧酸素化改善効果があるだろうと考えられた．

　実際大堰のゲート操作は，梅雨入り直前の2日間を利用して行われ，平常水位から最低水位まで下げておき，そこから最大水位まで上昇させて平常水位に戻すというものであった（図4.27）．そ

写真4.4　淀川大堰（大阪市都島区）（河口より9.8km）

写真4.5　城北ワンド群（大阪市旭区）

の結果，淀川本川水位も最大80cm変化し，ワンド水位も連動して変化した．また，ワンドは開口部付近では流速70cm/sを超える流れが生じた（図4.27）．さらに，ワンドの底層DO飽和度は，操作前には底層が50%以下であったが，水位の上昇操作後は約70%まで上昇した（図4.28）．

このように水位が変動することで，開口部付近の底質やワンドの底層水質も改善することがうかがえた．さらに，水位上昇に伴いワンド内の確認魚種が1.6倍に増加した．水が動くことで魚類の活動も活発になることも示唆された．

川の環境維持に必要な水位変動や撹乱は堰によって制御されることがあるが，水位調節機能を活用し改善を図ることも可能である．その方法は積極的に水位を調節する場合もあれば，治水・利水のための操作を極力行わないような見直し（規制緩和），つまり自然変動をある程度許容する場合も考えられる．地域により対象や制約条件が違うが，自然に近い水位調節なども考慮した堰水位のあり方についての研究が期待される．

参考文献

1) 中西史尚，紀平肇，森田和博:淀川わんどの現状と環境改善対策について，第9回世界湖沼会議発表文集第4分科会，pp.425〜428，2001.
2) 河合典彦:淀川における河川環境の変化と課題，流水・土砂の管理と河川環境の保全・復元に関する研究(改訂版)，河川環境管理財団，pp13〜24，2005.

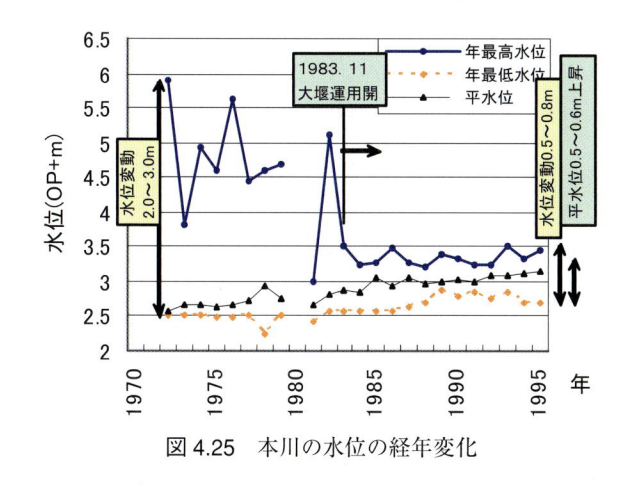

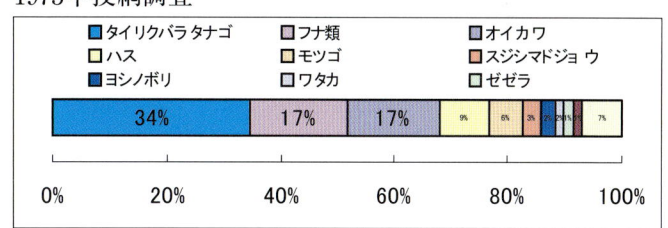

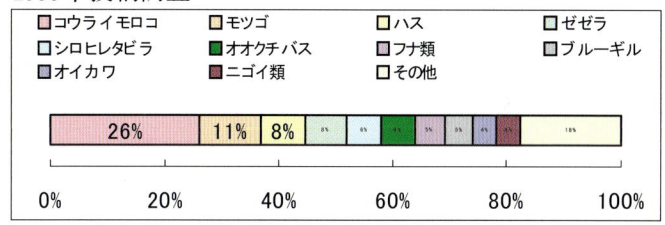

図4.25 本川の水位の経年変化

図4.26 城北ワンド群における魚類相の変化

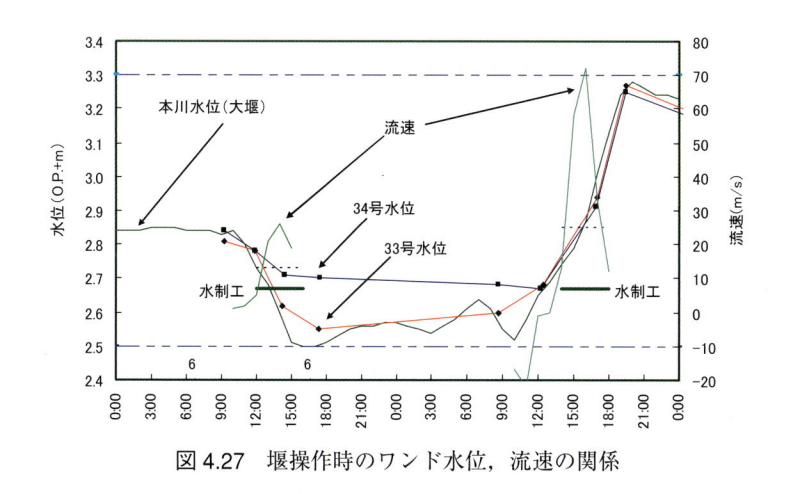

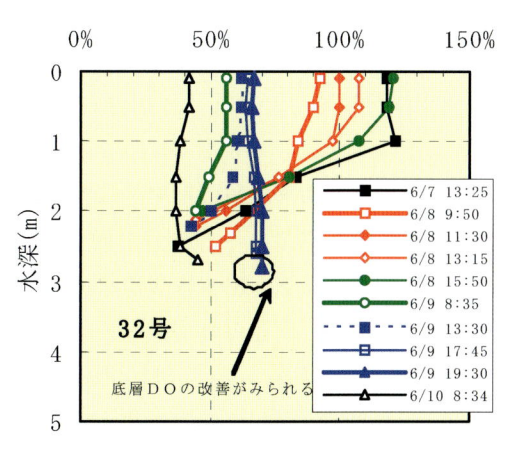

図4.27 堰操作時のワンド水位，流速の関係

図4.28 ワンドDO濃度の鉛直分布の変化

コラム

河口での干潟再生

新清 晃

(1) 概　　要

　干潟域には様々な機能が認められ，その一つに水質浄化機能がある．しかし，その干潟は高度成長期に工業用地整備のため大規模な埋め立てが短期間に進行し，干潟の面積は急激に減少しており，河口域の水質悪化や水産資源の減少などが顕在化してきている．

　このため，近年河口域の環境の健全化を目的として，干潟や浅場の再生が行われつつある．干潟の再生にはその材料となる土砂が必要となるが，再生に適した土砂の質および量を確保することが課題となることが多い．一方，本来河口域に土砂を供給する機能を有する河川では，ダム等の横断工作物により土砂が遮断されダム湖内に堆積するため，必要に応じて浚渫し適正な貯水容量を確保しているが，浚渫土砂の処分方法が課題となっている．

　上記の問題点を踏まえ，三河湾においては矢作ダムの堆積土砂を用いて干潟再生の研究を行っており，この事例を紹介する．

(2) 三河湾における干潟再生

　三河湾では夏季に海底付近で貧酸素水塊が発生しており，この貧酸素水塊が強風により水面近くに上昇する苦塩（にがしお）と呼ばれる現象（写真4.6参照）が頻発し，アサリが大量死するなどの問題が近年深刻化している．貧酸素水塊の発生要因は陸域からの栄養塩類の供給等に加えて，1970年代の埋め立てによる干潟の消失（約1,500 ha）が水質浄化能力の低下を招き貧酸素水塊の発生を加速させていると，考えられている．

　貧酸素化を抑制するには，試算によると1,200 ha程度の干潟・浅場の再生が必要とされ，三河湾では航路維持の目的で発生した浚渫土砂を用いて，これまで600 ha程度の干潟・浅場が再生されてきた．しかし，航路維持浚渫も概ね終了した現在，干潟・浅場の再生に適した土砂の確保が困難となってきた．

　一方，三河湾に注ぐ一級河川矢作水系矢作川の上流約80 km（図4.29参照）には矢作ダム（多目的ダム，集水面積504.5 km^2，総貯水容量8,000万m^3，1971年竣工）が建設され，竣工後30年以上経過した現在，計画堆砂容量1,500万m^{3}に対し

写真4.6　苦潮発生状況

図4.29　概略位置図

堆砂容量は満砂に近い約 1,470 万 m^3(内，約 240 万 m^3 は東海豪雨時の流入)に達しており，治水，利水容量に支障をきたしている．このため矢作ダムでは今後，土砂バイパストンネルの設置等が計画されているが，当面は随時浚渫が必要な状況となっている．

以上の状況を踏まえ，国土交通省と愛知県の共同調査で，三河湾三谷海岸(愛知県蒲郡市)において，干潟・浅場を造成する材料の適正を評価する現地実験が行われている．実験は，矢作ダムの堆積土砂のほか前述した航路維持の浚渫土砂，高炉スラグ，原地盤の砂の 4 種類の材料を用い，それぞれ図 4.30 に示すように 30 m × 30 m(全体で 30 m × 120 m)の試験造成を行い，水質，底質，底生生物に関するモニタリングを実施している．

モニタリングは今後も継続され最終的な評価には至っていないが，ダムの堆積土砂は水質や底質に問題を与えない他，マクロベントスの中でも水質浄化機能の高い二枚貝の生育についても問題なく，干潟再生の材料として適しているとの結果が得られた．

ただし，ダム湖から干潟・浅場の再生地までの陸上運搬費が高く，現時点では費用対効果は低いが，ダムの浚渫で発生する膨大な土砂を何らかの方法で処理する必要があり，今後関係機関がコストの分担を行い実現の可能性を模索していくことが必要である．

参考文献
1) 鈴木輝明，武田和也，本田是人，石田基雄:三河湾における環境修復事業の現状と課題，生物と海洋 146, pp.187～199, 2003.

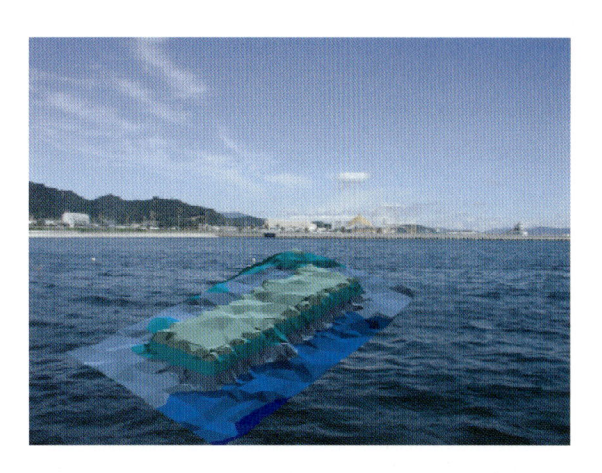

図 4.30　試験区のイメージ

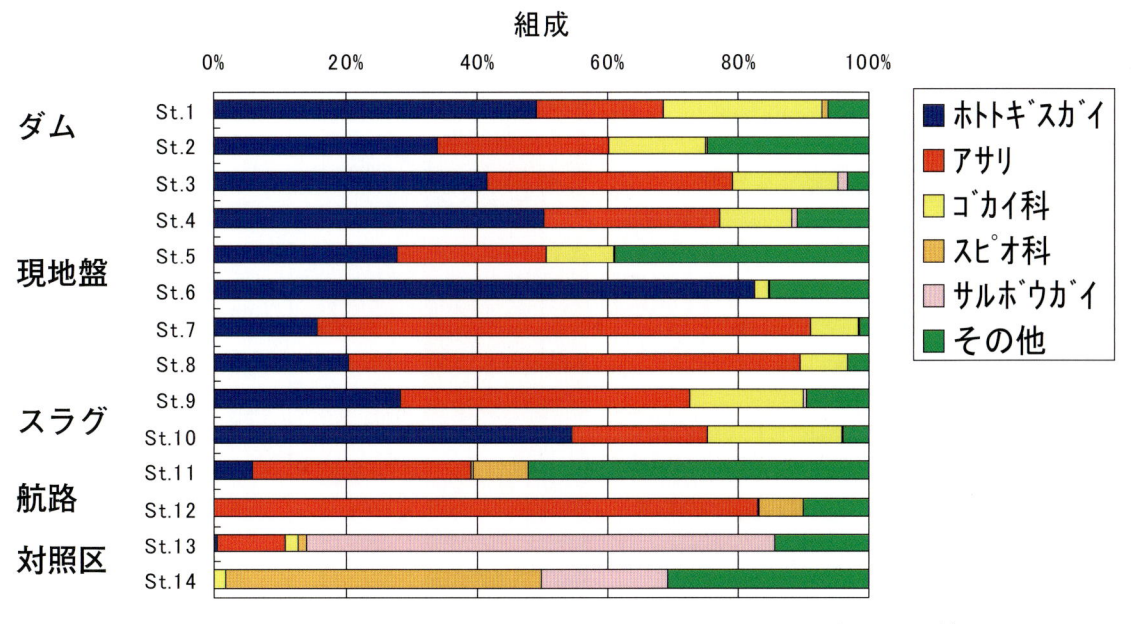

図 4.31　モニタリング結果の一例(マクロベントス重量組成：2004 年 12 月調査)

霞ヶ浦湖岸植生の復元

小野 諭

(1) 湖岸植生帯復元の考え方

霞ヶ浦湖岸植生帯に関する，これまでの変遷や湖岸堤の整備などによる影響をまとめ，減退要因を分析した．その結果，抽水，浮葉植物の減退には波浪による湖岸の侵食や湖岸堤築造による生育場の減少が大きく影響し，また，沈水植物の減退には流入負荷増加に伴う植物プランクトン増大による透明度の低下が大きく影響していると想定された．

減退要因に対して，次の2つの対策が有効であると考えられた．

①波浪の低減：粗朶消波工，石積み工等の消波施設を整備することにより波浪を低減し，湖岸の侵食を抑制する．

②生育場の整備および植生の復元：緩傾斜養浜工や捨砂工により抽水，浮葉植物の生育場を整備する．

また，③浅場の透明度の高い水域を創出し，沈水植物の生育に適した場を整備する．土壌シードバンクからの植物の発芽，植物の植栽・播種を実施し，植生を復元することを計画検討した．

(2) 植生復元の評価検討内容

復元対策においては減退要因が明確に検証されたものではなく，湖岸植生の生態も十分把握されておらず，また対策案自体の影響度も未知のものである．このような不確実性に対応するため，仮説を設定し，それに基づいた検証を実施することとした．

まず，対策の影響と効果を把握するために，物理的および生態的にモニタリング調査を行い，この仮説が科学的に正しかったかどうかを検証する．次に検証結果に基づいて，より効果が期待される新しい仮説を設定，改善対策を実施し，さらにモニタリング調査を行う．このような順応的管理を事業評価の考え方の原則とした．そこで，図4.32に示すように調査データを分析し，科学的な根拠に基づいて対策工の効果と有効性を検討している．

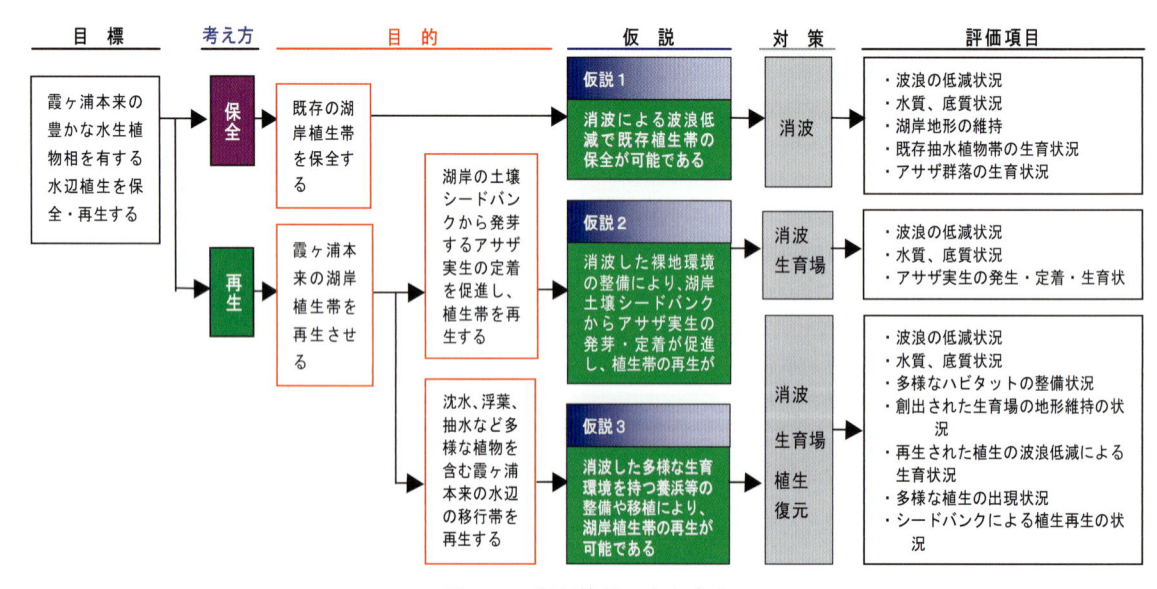

図4.32 評価検討の主な内容

（3） 湖岸植生帯の復元状況

対策実施より2年半経過時点（2004年度データ）では，当初設定した仮説に対して様々な課題はあるものの，次に示すように概ね良好な植生保全・再生ができている．仮説①では，消波による波浪低減効果で既存植生帯の保全は概ね良好にでき，浮葉植物等は減退以前の規模に回復した．ただし，粗朶消波工の消波機能低下が課題となっている．仮説②では，消波によって裸地環境を整備し，敷設した湖岸土壌シードバンクからの発芽・定着が増加した．ただし，定着株が浮葉化されない，裸地環境が植生繁茂で維持できないなどが課題となっている．仮説③では，多様な生育環境を持つ養浜等の整備やなどにより植生帯が再生された．シードバンク活用により比較的短期間に，かつての霞ヶ浦に見られた植生帯へと変化してきている．

写真4.7のように，比較的早期にシードバンクの効果が現れる地区も見られ，数ヶ月で植生が復元でき，その後多くの撹乱を受けながら多様な植生が再生した．図4.33のように，多様な湖岸植生帯が形成され，また，次の植物確認種数の経年変化特性がみられた．施工後1年目において，多数の沈水・浮葉・抽水・湿生植物等の水辺に特徴的な植物が養浜部では確認された．また，施工後3年目においては，確認種の半数以上を水辺に特徴的な植物が占め，多様な湖岸植生帯が形成され，確認種数は経年的に増加する傾向がみられた．

写真4.7 境島地区養浜部の植生の再生および遷移状況

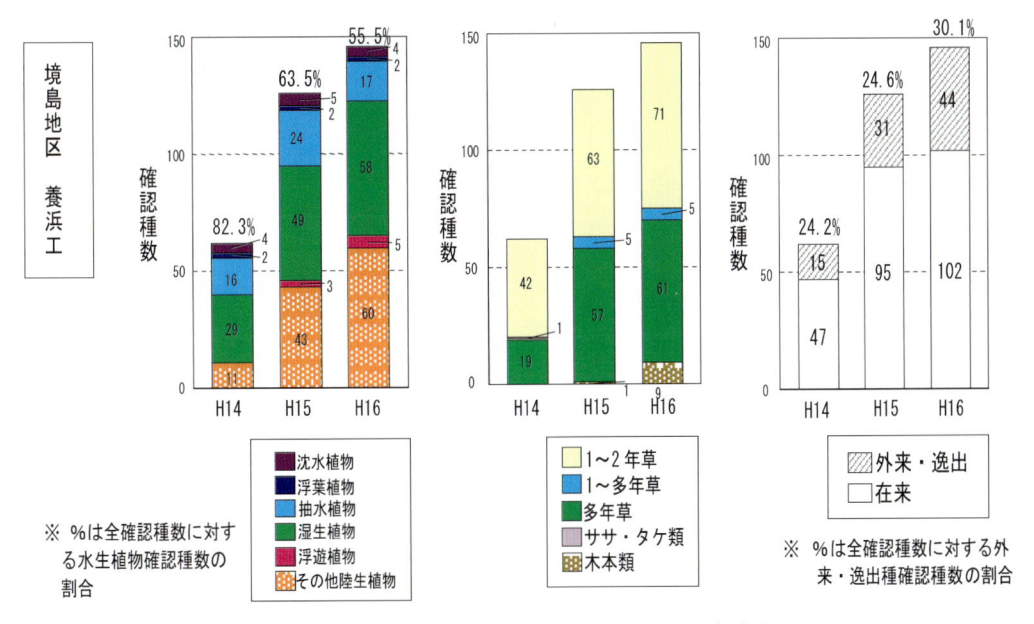

図4.33 養浜工区における植物確認種数の経年変化

Chapter 4 改善する

コラム

堤防の植生管理

新清 晃

（1） 概　　　要

堤防は，河川管理上最も重要な施設の一つであるとともに，多くの人に利用される場所でもある．そのため，除草や点検など様々な管理が定期的に実施されている．実際，堤防除草には河川の維持管理費のかなりの部分が費やされており，除草手法の合理化・適正化による管理費の縮減が望まれている．

また，堤防は日常の散策空間として人々の生活に密着した空間となっているため，堤防植生に関する利用面からの要望や，草丈，花粉症に関する苦情，生育・生息する野草や昆虫の保護に関する要望など多様な要請がある．

このような，治水的，環境的，経済的要請を受け，適切な堤防植生管理のための検討が行われ，新しい堤防管理手法が模索されてきており，以下にその例を紹介する．

（2） 花粉対策を考慮した堤防植生管理

江戸川においては，堤防植生としてネズミホソムギ（写真 4.8）やオニウシノケグサなどのイネ科の外来牧草類が広く分布している．これらの外来牧草類は，春季の花粉飛散によって強いアレルギー症状を引き起こす植物として知られ，江戸川沿川においても小中学校の児童・生徒の集団発症や，沿川住民からの苦情や対策の要望等が寄せられている．

このため江戸川において花粉対策の実証的研究を行い，イネ科花粉を考慮した堤防植生管理手法が研究されている．

江戸川の堤防利用者を対象にイネ科花粉症に関するアンケート調査を実施したところ，全体では約 6％がイネ科花粉症と思われ，特にイネ科の外来牧草類が満開時期のアンケートでは，堤防利用者の実に 3割強にイネ科花粉症と思われる症状が見られた．

堤防天端において空中花粉の捕集を行った結果，図 4.34 に示す通り，イネ科花粉の飛散時期は 5 月上旬～7 月中旬で，5 月下旬がピークであった．捕集器で得られた花粉量は，堤防上の開花穂数とほぼ相関している．

イネ科花粉はスギ花粉よりも花粉の直径が大きく重いので，その飛散距離は数百 m 以内といわれているが，正確な飛散距離に関するデータはない．そこで，実際に堤防周辺で花粉の飛散距離を測定した結果，図 4.35 に示すように晴天で強風

写真 4.8　ネズミホソムギの開花

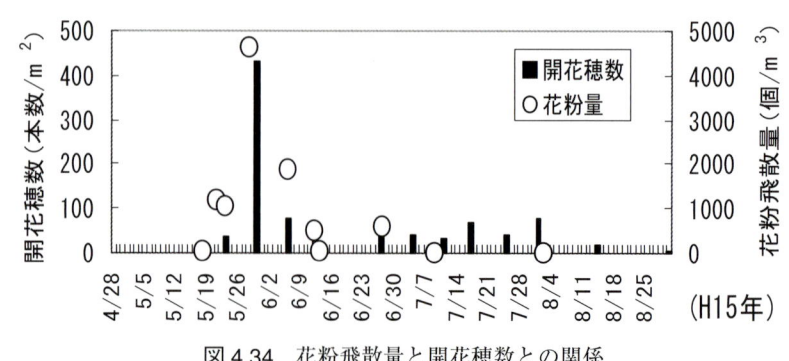

図 4.34　花粉飛散量と開花穂数との関係

下にない場合，その飛散量は堤防から10m離れれば急速に減衰し，花粉の飛散が堤防周辺の狭い範囲に限られることが確認された．

また，ネズミホソムギの開花時期に合わせた除草により，花粉飛散量の著しい抑制効果があることも確認された．したがって，対象となる堤内地への花粉飛散を抑えるには，該当する堤防裏法での開花時期に合わせた除草で十分効果があると考えられる．

一方，ネズミホソムギは5～7月の成長の盛んな季節では，除草により刈り取りを行っても，すぐに次の穂を伸ばし開花する特性を持っている．これについても実験を行った結果，除草後三番穂までは出穂したが，四番穂は形成されなかった．また，小穂の数（花の数）は一番穂が最も多く，二番穂，三番穂になるにつれ減少し，三番穂は一番穂の半分となることも確認された．一番穂が出た直後に除草した際の二番穂が形成されるまでの期間は概ね4週間であり，5週間後には大量の花粉を飛散させていた．このことから，除草後の再出穂に対応するためには，除草後約1ヶ月以内に次の除草を行うことが有効である．

以上の結果から，花粉の飛散量を効果的に抑えるには，一番穂の開花時期を見究めて除草を行い，その約1ヶ月後に2回目の除草を行うことが有効であると考えている．

(3) チガヤを基本とする新たな堤防植生管理

河川堤防は法面保護の目的で植栽が行われている．堤防の植生は築堤時においてはノシバが植栽されているが，その後，周辺から上記の花粉症の原因となる外来牧草など様々な植物が侵入することにより，徐々に植生が遷移している実態にある．シバは根毛量が多く洪水時の耐侵食性が高いため，これまで堤防植生管理の基本とされてきたが，これを良好な状態で維持するには年間4～5回以上の除草が必要など維持管理費が高くなる欠点がある．一方，外来牧草は成長速度が速く，堤防点検の視認性を低下させるほか，刈草量が多いことによる処分費の増大，景観の悪化などの問題が指摘されている．

このため，関東地方の堤防に生育する在来種の中で，耐侵食性がシバに次いで良好で少ない除草回数でも維持可能なチガヤに着目し，これを植生管理の基本とする研究も行われている．これは，年間2～3回の除草を適切な時期に行うとともに，ネズミホソムギ等の発芽時期にチガヤの草丈を高く保つことにより，遮光効果による発芽を抑制する研究も併せて行われている．

参考文献
1) 山本晃一ほか:イネ科花粉対策を考慮した堤防植生管理の研究，河川環境総合研究所報告第11号，pp.63～78，2005．

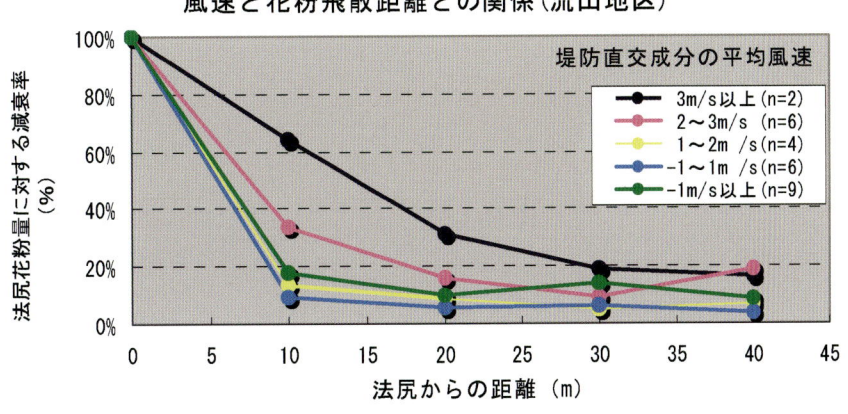

図4.35 風速と花粉飛散距離との関係

Chap.5 説明する

横山　勝英

　これまでに，川の様々な現象を測り，解析し，予測する最新技術について解説してきたが，それらの成果を如何に世の中に示すか，わかりやすく説明するか，これも重要な技術である．

　川の持つ機能は実に多様である．農業用水・工業用水・生活用水の供給，流域から沿岸域への土砂・栄養物質の運搬，生態系の生息場，レクリエーション空間，水辺の潤いなど，実用・物質的な価値から精神的な価値まで網羅している．一方で，ひとたび豪雨となれば土砂災害や氾濫水害が発生して人命や資産価値が失われ，社会に甚大な被害をもたらす．今後の河川整備・管理では1.2『今日の川の課題』で述べられたように，水系全体を見渡してあらゆる価値を最大化するための方策を模索していくこととなる．

　上記の各種機能や水害発生は総てリンクしており，総てを完全に満足させることは不可能であるし，またどれか1つの機能を最大化するという考え方は時代遅れである．さらに住民の価値観も多様であり，川への距離によっても対する意識が異なる．堤防脇の住民は環境要素を多少犠牲にしても氾濫水害を完全に無くして欲しいと考えるかもしれないが，川から離れたところの市民は水辺の潤いを求めるかもしれない．

　今や河川整備・管理は専門技術者だけで計画・判断するものではなくなっている．つまり，川沿いの住民，流域住民や国民を巻き込んだ形で合意形成をはかりながら川をオーダーメイドしていくこととなる．そのためには，対象河川に関する情報を河川整備・管理に関わる人々が共有し，そのうえで判断していくことが必要となろう．

　近年，情報関連技術の進展はめざましいものがあり，高性能のパソコンやインターネットが安価に利用できるようになって個人の生活に普及している．こうした技術を河川情報の伝達に活用することで，情報の共有化を促進させることができる．水害が発生しそうな場面では，雨量や水位のデータをリアルタイムで住民にわかりやすく配信すれば，自宅に居ながらにして個人の判断で避難することも可能になる．川の工事を計画する際には，その川の特徴や動植物の生息状況などをわかりやすく展示し，工事の完成イメージを3D表示すれば，専門的知識を持たない住民でも計画の内容について議論しやすい．

　以下では，情報を集積する技術（河川情報データベース），情報をわかりやすく見せる技術（景観シミュレーター，河川環境の展示），情報を伝達する技術（インターネットによる情報発信，ワークショップによる説明）について述べていく．

5.1 河川情報データベース

小川　鶴蔵

(1) データについての現状認識

河川の技術者は，水防災計画の立案や洪水予報，施設の維持管理を円滑に行うために，日常的に各種のデータを扱っている．しかし，一般にはそのデータがどこに，どんな品質で存在し，どのような条件で利用できるかを知ることは，はなはだ難しい．

国土交通省河川局は，河川管理の基本となる水位，雨量などの基礎的水文データの観測網を古くから整備しているものの，主として内部での利用にとどまっていた．

しかし 2002 年 12 月からは，河川局のホームページで「水情報国土データ管理センター」http://www3.river.go.jp/IDC/index.html を開設し，リアルタイムの雨量，水位情報である「川の防災情報」，過去の雨量，水位などのストックデータである「水文水質データベース」，生物調査データの「河川環境データベース」の提供を開始している．

しかし，河川の管理を合理的に運用するためには，これらのデータは存在するデータのごく一部であり，また，データの所在はそれぞれの河川を管理する事務所に散在し，さらにデータの均一な品質を保つツールである「データ作成ガイドライン」が多くの場合存在していないことなどもあって，現段階では，誰もが容易に利用できるデータ利用環境にあるとはいえない．

(2) 管理運営型河川行政への変換に伴うデータの重要性の向上

国土交通省は，2002 年度の白書で，これまでに建設したストックデータの機能を維持するためには，2025 年には維持管理，更新経費が，新規投資額を上回ることを示している（予算がゼロベースで進むと仮定）．

施設の機能を維持するためには，どの時期に，どのような補修，改築を必要とするかの検討や，現在までに造り終えた堤防やダムが，施設能力を上回る外力に遭遇した場合にも，被害が最小となる防御計画や，避難計画を立案し，運営する必要があり，建設型社会時に比べ，データの重要性やそれを公表して，国民が共有する意義は極めて大きくなってきている．

河川局では，2002 年 4 月に河川局長通達「水情報国土基本方針および整備計画の策定について」を発し，具体的行動方針を打ち出して，現在これにそった政策を推進している．

(3) 均質でかつ品質が明らかなデータが生成されるための，仕組み作りの課題

●データを公表し，これが利用されるための条件としては，データ作成ガイドラインに基づきデータが作成され，真正化されて，データの発生段階でデータベースに格納し，履歴管理がなされ，データのヘルプデスクが運営される一連の仕組みが運営されることが必要であるが，これに対する理解はまだ浸透していない．

●データには，データの由来や品質を明らかにする「メタデータ」を付与することが必要で，検索が容易になる反面，入力にかなりの労力を要する．このため入力テンプレートの開発を，いくつか試行中である．

●国土交通省の工事や業務委託では，完成時に電子データが納品される規定になっているが，データとしてのフォーマットが不統一で，品質も均一ではないため，共通利用に支障があるデータとなっている．これについては電子納品仕様の追加規定を設けて，均一なデータを発生時に入手する仕組みを運用する必要がある．この取り組みは

2005年度からは道路構造物を対象に始まっており，河川データも現在検討を進めている．

(4) データの利用を容易にする「インタフェース」の開発

Web上にあるデータベースの出入り口に共通のインタフェースを装着し，データのやり取りの命令（関数）を定めた「河川GIS・河川アプリケーション標準インタフェースガイドライン第1.0版」が近々河川局から発行される．Web上で共通利用するすべてのデータベースに使用を義務付け，データの汎用利用を容易化することにしている．これを装着したデータベースには，アプリケーションから自動的にデータを要求して，取り出すことができることになる．

ガイドラインは http：//www.river.or.jp/setumei/dr_gis060627.html で提供中

(5) 地理情報標準に準拠した新しいデータ作成への取組み

データの再利用や他機関との相互利用を飛躍的に改善するため，政府全体が今後地理情報標準（ISO/TC211）に準拠したオブジェクト型のデータを普及することにしている．河川全体としての取り組みはまだ本格化していないが，河川（水路）のデータ構造を規定した「水路網データ構造ガイドライン（案）」は，公開に向けての検討を進めている．

(6) まとめ

- データ構造の標準化
- 地理情報標準に準拠したデータ構造標準化ガイドラインを制定し，データ利用を共通化
- インタフェースの標準化
- データの交換を行うための河川GIS・河川アプリケーション標準インタフェースガイドラインを制定し，データ交換を容易化ソフトの標準化
- 汎用利用が見込まれる水循環に関するソフトのパブリックドメイン化を行い，利用環境を向上
- 河川局が目指す3項目の標準化

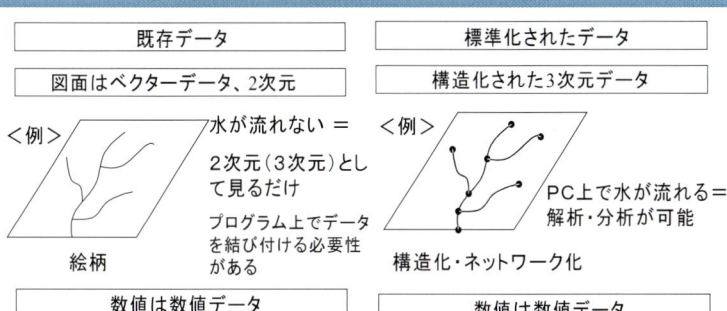

河川情報に関するデータの提供は，現在様々なレベルで具体化しつつあり，準備が整い次第水情報国土データ管理センターから発信されることになる．

河川局では，流域や河川を理解するために，3項目の標準化を提唱し推進している．これによってデータの整備が促進され，その利用環境が飛躍的に改善され，流域や河川に関する合理的な管理に役立つ研究や分析がいっそう活発化することを期待している．

図5.1　データの標準化

図5.2　河川局が目指す3項目の標準化

5.2 景観シミュレータ

小林　英之・小栗　ひとみ

　美しい国づくり政策大綱の策定（2003年7月），景観法の全面施行（2005年6月），地方自治体による景観条例制定の広がり（約500ヶ所），各地における「景観100選」の選定・公表など良好な景観の形成に向けた社会的な関心が高まっている．人々が集い，地域に愛され，郷土の誇りとなるような川の風景づくりには，事業の早い段階から地元住民をはじめとする多様な関係主体とのコミュニケーションを重ね，イメージの共有化を図ることが必要である．

　合意形成にあたって，計画・設計案を視覚的な表現によって提示することは，整備内容の具体的かつ直感的な理解を助けるうえで不可欠なプロセスであり，視覚化のための技術として，フォトモンタージュ，スケッチ・パース，模型，CGといった手法が用いられている．これらの技術は，再現性，操作性，経済性等においてそれぞれ長所，短所があるため，検討段階や検討内容に応じて最も効果的な手法を選択する必要がある．

　このうち3次元CGは，検討に必要なデータさえ入力できてしまえば，空間内の任意の位置・角度から，自由に視点を移動しながら対象の見え方を確認することができ，また形状や色・材質の変更など複数の代替案の比較検討がリアルタイムに行えるなど，景観設計および合意形成支援ツールとして高い効果を発揮する手法である．

　CGによる画像の作成は，10年余り前まで，500万円程度の専用グラフィック・ワークステーションの上で300万円程度の外国製ソフトウェアを用いて，熟練したオペレータが作業を行っていた．しかし，現在では，その後飛躍的な性能向上を遂げたパーソナルコンピュータ上で動作する数万円〜数十万円台の安価なCGソフトが多数供給されるようになっており，初心者も習得可能なように操作性も向上している．

　インターネットでダウンロード可能なフリーソフトもいくつか出ているが，その1つに国土技術政策総合研究所が1997年から公開している国土交通省版景観シミュレータがある．これは1993〜1996年にかけて，現場の景観計画担当職員が自ら操作することのできるパソコンで動く操作性・実用的に優れたシステムの実現を目標に開発を行ったもので，ホームページからソースコードを含め広く一般に公開している（http：//sim.nilim.go.jp/MCS）．

　基本部分の開発終了後は，土木系・建築系のモデル現場に適用しながら，安定性・信頼性の向上と機能の充実を図ってきた．さらに，2001年には本システムの発展として，まちづくりの分野で，ネットワークによる3次元データの配信と意見交換を可能にするコミュニケーションシステムの開発を行い，全国15カ所のまちづくり事業に適用した．

　このコミュニケーションシステムでは，市民が計画案をダウンロードし，時間と場所の制約なしに評価できるだけでなく，手元で計画案の編集を行い，新たな提案として返信することが可能となっている．

　現在，河川整備においても，各地で合意形成のためのワークショップが盛んに行われているところであり，従来の集会所等でのプレゼンテーションに加えて，本コミュニケーションシステムを活用した情報発信・意見交換を進めることにより，より身近で親しみのある川づくりに寄与できるものと思われる．

　国土交通省版景観シミュレータの主な機能は，以下の通りである．

①各種モデリング機能による構造物・景観構成要素の3次元データの作成
②背景写真と3次元構造物の合成表示（図5.3）

③材料の経年変化や，樹木の季節変化など，景観の時間変化シミュレーション
④任意の視点からの景観表示（図5.4）と動画表示，可視範囲の解析
⑤色や質感の変更，光の具合による仕上がりのシミュレーション
⑥景観データベースによる部品データの利用

CGの利用においては，データ作成にかかる時間やコストが課題となる場合が多いが，上記①，⑥の機能や，数値地図，CAD，GIS等の各種関連システム，電子納品データ，レーザスキャナによる計測データ等とのデータ互換を通じて，利便性，汎用性を向上に努めているところである．関連資料や最新版のプログラムについては，前述のWebサイトから情報提供を行っているので，まず操作を体験してみていただきたい．

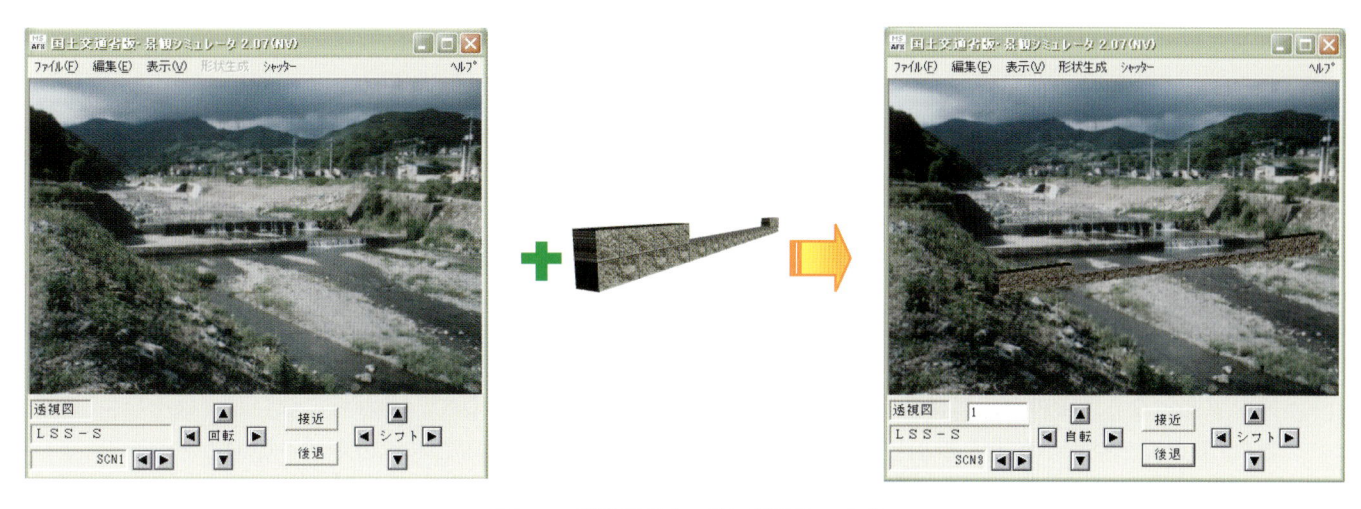

図5.3　背景写真と3次元構造物の合成
デジカメ等で撮影した現場の写真をパソコンに取り込み（左），モデリング機能を使って作成した構造物を（中央），画像視点抽出機能により位置合わせを行って合成した例（右）．初心者でも，この程度の画像はすぐに作成することができる．

図5.4　3次元データによる任意の視点からの景観表示
3次元CGでは，右岸側の堤防や（左）河道内から（中央）下流を眺めたり，橋の上から上流を見たりといった自由な視点移動が可能．視点移動の経路に沿って，動画表示を行う機能もある．

5.3 水中映像を組み合わせた展示空間におけるハビタットの創出

吉冨　友恭

(1) 捉えにくい河川の事物・事象

　自然環境を理解するうえでは実際のフィールドの観察が基礎となるが，河川の場合はフィールドで直接認識しづらい事物や事象が多い．水面下で生じる流れの変化や河床の状況，そこに依存して生息する生物の様子を水辺から理解することは容易ではない．また，水の中に入ったとしても，深い場所や流れの速い場所があり視点場も限られ，タイミングよく生物の行動や物理的な現象を観察することも難しい．したがって，人々に河川の自然環境に対する理解を促すためには，フィールドでの観察を補完する展示や教材等のメディアの役割が重要となり，そのためには，水中に隠れた事物・事象を捉えやすく表現することが必要となる．

(2) ハビタットの創出と空間における映像展開

　映像表現は，捉えにくい河川の水面下を画面上に鮮明に写し出し，対象者にタイミングを合わせて再生できる利点を持つ．つまり，水面下の環境を捉えやすい状態に置き換え，生物や現象との遭遇の確率を高めることを可能とする．河川の空間は縦断方向(流れの方向)，横断方向(水際から流心)，鉛直方向(深さ方向)に複雑に変化し，このような空間的な特徴にハビタット(生物の生息空間)としての重要な役割がある．しかしながら，わが国の展示施設等における河川の映像表現をみると，一面(2次元的)に表示する方法が主流であり，河川の空間的な特徴を立体的に捉え，複数の映像を組み合わせて利用者に臨場感を与えながら表現しているものは見あたらない．

　本手法は，河川の水中の様子を3次元的に捉えて映像に収め，これらを組み合わせて水面下の環境を空間に立体的に再現し，利用者が自由に動き回りながら観察できる場を構築するものである．河川の環境が多様で，それらに依存して様々な生物が生息していることへの理解を促すことが本手法の意図である．

(3) 展示空間における映像の構築

　上述の考え方に基づいて「建設技術フェア2003 in 中部」で構築された上流域の瀬・淵を対象とした事例を以下に紹介する．撮影は高賀川(岐阜県)で行われた．まず，上流にレンズを向け，水面上と水面下の映像を対応させて記録，次に，流心か

写真 5.1　撮影現場と展示空間の対応イメージ

写真 5.2　展示空間全体

ら両岸にレンズを向け，早瀬から淵にかけて縦断方向に連続的に記録された．各映像には水面から河床までが収められている．

約 30 m² の空間を使用し，正面スクリーン（300 in）には上流方向に見た水面上と水面下の映像を対応させて配置．両側面には正面と対応させて水中映像が連続的に表示されている（写真 5.1，写真 5.2）．右側スクリーンは「流れ」の面（「早瀬」「早瀬から淵」「淵」），左側スクリーンは「川底から水際」の面（「石の隙間や下」「石の表面」「水際の緩やかな流れ」）となっている．計 6 つの側面スクリーン（100 in × 6）に，それぞれの環境で記録された魚類，両生類，水生昆虫等の生物の映像が振り分けられ，別画面として呼び出せるよう配置されている．総ての映像はコンピュータで制御され，リアプロジェクションによりスクリーンに投影されている（図 5.5）．

（4） 展示の機能と応用の可能性

本手法により構築した展示では，観覧者が空間を自由に歩きながら興味を持った場所に止まることができるため，空間全体が情報のインタフェースとして機能する．また，環境映像の細部に触れて対応する生物の映像と解説が呼び出せる仕組みは，様々な環境とそこに依存する生物との関係の表現し観覧者に伝えている．本手法により，生物の採餌，産卵，成育の場等として多くの役割を持つハビタットの状況が詳細に表現され，これにより観覧者は多くの生態的情報を得ることが可能となる．ハビタットの視点だけでなく，河川の出水等の状況を記録した映像を用いて展開することにより，観察の機会を得にくい事象を題材とした表現も実現することができる[1]．

本手法は，河川の事物・事象に対する気づきを促すうえで効果的であると考えられ，博物館等の展示施設における企画展示や，展示会等における学習空間の構築に役立つと考えられる．一方，身近に近づける河川のない都市部の人々や，現場に足を運ぶことが難しい障害をもった人々に対しても，仮想的に自然体験の機会を提供する機能を有しており，河川に関する情報提供や環境教育の枠

組みの拡大にも寄与するものとなろう．応用に際しては，対象とする環境の綿密な調査を行うとともに，展示に表現した情報を適切かつ効果的に利用者に橋渡しするための解説手段を十分に検討することが必要とされる．

参考文献

1) 吉冨友恭，今井亜湖，山田雅行，埴岡靖司，前迫孝憲：河川の流量変動を映像化した展示システムが児童に及ぼす影響，日本教育工学会論文誌，第 28 巻，第 3 号，pp.237 〜 243，2004.

写真 5.3　映像を呼び出す観覧者

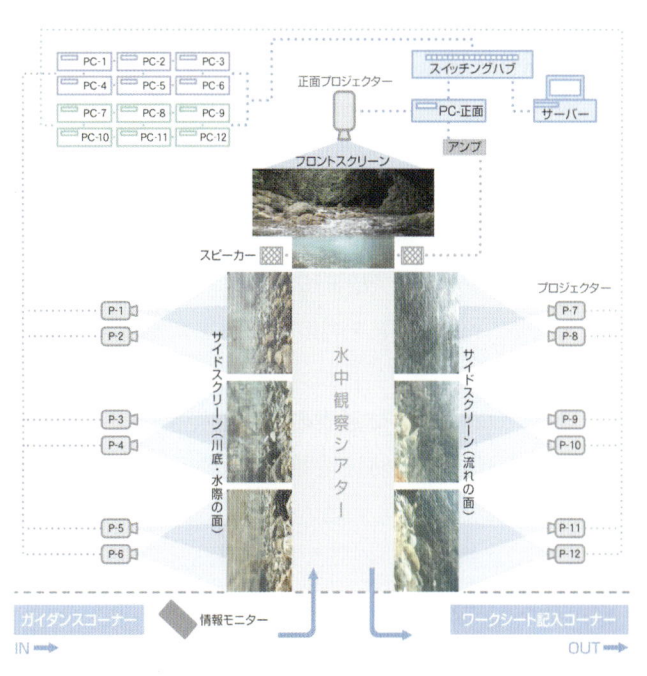

図 5.5　空間における映像の展開図

5.4 インターネットによる情報配信

編集事務局

(1) インターネットによる情報配信の意義

　行政におけるインターネットによる情報配信は様々な分野に及び，むしろ，インターネット抜きには考えられない．河川行政においても同様であるが，「危機管理」におけるインターネットの情報配信の必要性は最も高いレベルの一つだといえる．災害時は自助・共助・公助が有効に機能することが肝要であり，特に昨今の水害の経験からは個人が自発的に避難行動をとれるような自助・共助に役立つ防災情報（とりわけ自宅近くにある川の水位等の状況をリアルタイムで知ること）の提供が根強く望まれていた．このような背景の中で，防災に責務を持つ各行政機関ではインターネットによる防災情報の提供が強力に進められている．

(2) インターネットによる防災情報配信の事例

　水災においては出水状況や被災状況をリアルタイムに把握することが重要であることから，河川管理者は光ファイバー等の情報通信機器の整備，河川の状況をリアルタイムで把握するための河川管理用CCTVカメラの設置等を行い（平成15年12月現在で国土交通省として光ファイバー約28,000 km を整備．河川管理用CCTVカメラ約4,800基を整備），雨量情報，河川の水位情報等をインターネット等を利用してリアルタイムで公表している．

　ここでは国土交通省のHPで提供している「リアルタイム川の防災情報」と，現場事務所の例として国土交通省九州地方整備局武雄河川事務所のHPで提供している「SATRIS（saga takeo river information system）」を紹介する．

①　リアルタイム川の防災情報
（http://www.river.go.jp）

　国土交通省河川局では，平成13年6月より「リアルタイム川の防災情報」システムにより，インターネットで河川情報の提供を行っている．現在の主な提供情報は，国土交通省のレーダ雨量，国土交通省と都道府県の河川水位情報，河川予警報情報，ダム放流通知情報，ダム情報および国土交通省と気象台のテレメータ雨量等である．情報提供開始後，利用者から寄せられた要望・意見等に基づき表示の改善やそれに必要な機能の追加が実施されてきた．テレメータの水位・雨量情報は選択した地域単位で現在の状況が色でランク分け表示される．表示される時間間隔は1時間，10分が選択できるようになっている（図5.6）．また，雨量・水位観測所毎の情報は直近過去の水位・雨量の履歴と変動が数表とポンチ絵・グラフで表示されている（図5.7）．単なる数値情報等の提供にとどまらず状況判断に役立つように，水位情報は水防団待機水位，氾濫注意水位，避難判断水位，氾濫危険水位，計画高水位と現況水位との関係がわかるよう工夫されている．

②　SATRIS（http://www.qsr.mlit.go.jp/takeo/bousai/）

　国土交通省の現場事務所ではHPで防災情報を提供している．特徴的なのは雨量・水位情報の提供に合わせてより避難判断の助けとなるよう河川管理用CCTVカメラ映像を提供していることである．カメラの感度が大幅に向上し，月明かり程度の明るさがあれば撮影が可能で，映像は10分単位でキャプチャし静止画として掲載されている．

　SATRISで特徴的な点はTOP画面の左側に緊急情報としての河川水位，雨量の情報，予警報等を配置し，右側には平常時向けの事前情報として，水防情報図，浸水想定区域図，洪水ハザードマップが配置（図5.8）されており，さらに，事前情報

では，地域住民の居住地域周辺と住居などの危険度を確認することが求められることから，地図の自由な拡大・縮小および地図の縦・横・斜めの自由でスムーズな移動が可能で拡大時でも画面が劣化しない方式を選択している．また，雨量・水位・カメラ画面では水位，雨量，河川映像の他に予警報(発令時)，喚起文章(緊急時)のリアルタイム情報はすべてこの画面に集約して提供されている(図5.9)．

(3) 今後の課題

これまでのような水位等の観測データの提供だけでなく，住民が自らの避難行動に結び付けられるリアルタイム情報として，よりわかりやすい目安となるような情報提供の検討が必要である．その一つとして洪水予測情報は今後の追加河川情報として望まれるが，洪水予測は，降雨予測に内在する課題など，多くの課題を有しており，実用上十分に満足できる精度を確保していくにはさらなる改善が必要である．また，情報提供手段は多様な広報手段を用いるべきであるが，通常放送と同じ画面にデータ放送を表示でき，データ放送を通じてインターネットへの接続も可能となる地上デジタル放送も考えるべきであろう．

参考文献

1) 直江延明，秋常秀明，光武富雄，佐藤征雄，佐藤稔，松崎豊，中川七海，三澤徹：わかりやすい情報提供の検討，平成17年度河川情報シンポジウム講演集，2005

図5.6 テレメータ水位・雨量情報(小地域)【リアルタイム川の防災情報】

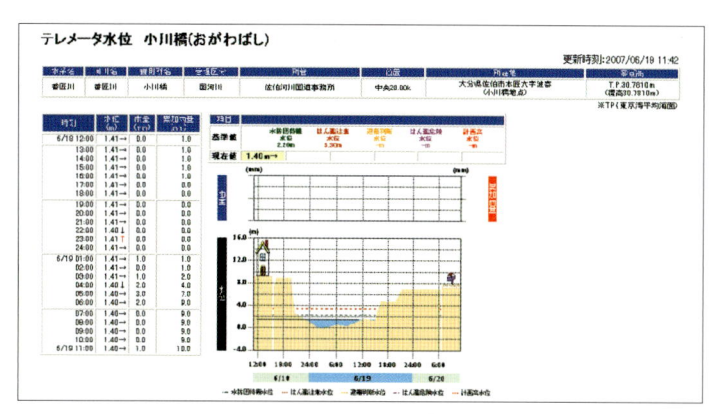

図5.7 テレメータ水位情報(観測所単位)【リアルタイム川の防災情報】

図5.8 SATRIS トップ画面

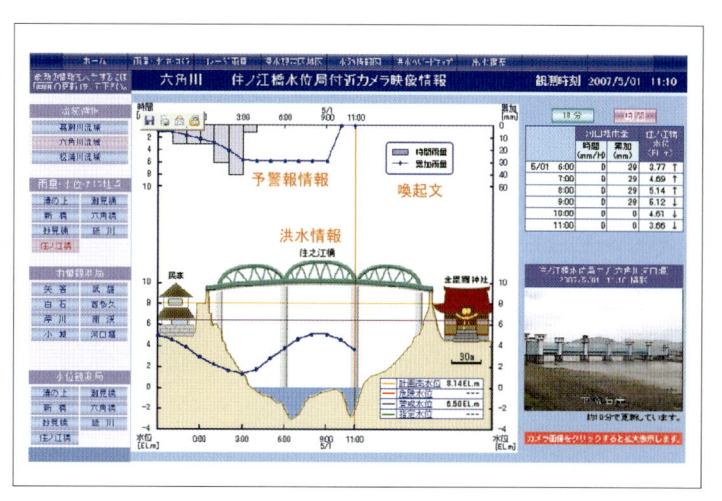

図5.9 雨量・水位・カメラ画面【SATRIS】

コラム

ワークショップによる説明

編集事務局

(1) ワークショップとは？

1999年2月，建設省(当時)は，「公共事業の説明責任(アカウンタビリティ)向上行動指針」を策定し，公表した．これは，社会資本整備に対する国民の理解と協力を得るために事業者が果たすべき責任を明確にしたもので，昨今の公共事業にはアカウンタビリティが欠かせないものとなっている．

さて，その責任を果たす説明の方法であるが，概ね表5.1の通りに分類できる．この中で，最も市民とのパートナーシップ(協働)の度合いの高いものが「ワークショップ」である．ワークショップは，説明の範囲を越え合意形成の手法としても注目を浴びている．

ワークショップとは，もともとは「共同作業場」「工場」を意味する言葉だが，1960年代以降，「参加体験型のグループによる学び方」として欧米から世界中に広まってきた．一方的な説明を受けるだけでなく，参加者が共通して理解できる感覚的なプログラムを通して，信頼関係を構築しながら，関係者の固定観念にとらわれない発想や合意を導き出していくことができる手法である．

近年，河川事業においても，ワークショップは積極的に行われるようになった．一般的には，河川整備事業などの個々の計画において，地域住民をはじめとする河川に関わる様々な人の意見を反映させるために行われることが多い．

(2) ワークショップの例

● 「多摩川サロン(川崎市)」〜川に関する総合計画を立てる際のワークショップ

川崎市地先の多摩川に関する総合計画を立案するための準備として，2005年に市民への説明と意見収集をかねて行った例であり，サロンの一部をワークショップの形で実施した．全3回が開催されたが，各回に設定されたテーマに沿って，多摩川の現状を学びながら，抱えている課題やその解決策・可能性について，参加者で知恵を絞りながら探っていく試みであった．毎回6グループ程

表5.1 公共事業の主な説明・意見聴取の方法

説明・意見聴取方法	方法の概要
住民投票	・行政等が提示する計画に対する賛否等の意志表示を住民が直接投票により行う方法．
アンケート・ヒアリング	・計画等に対する住民の意見や要望をアンケートやヒアリングにより収集する方法．
公聴会・説明会等	・行政が計画等について説明し，利害関係者等から意見・要望を求める方法．
審議会・委員会等	・行政が計画立案に際し，合議制の諮問機関(第三者機関)を設置して審議する方法．
協議会・懇談会等	・行政・住民等の関係者がうちとけて話し合う方法．
ワークショップ	・行政・住民等の協働作業により，参加者が互いに学びながら，計画案の作成・提案を行っていく方法．
オープンハウス(インフォメーション)	・計画に関連する展示や情報開示のための施設を設置し，住民が立ち寄って情報を得たり，質問や要望を述べたりする方法．
公告・縦覧等	・環境アセスメントや都市計画において制度化されている方法であり，一定期間計画案を提示し，その後意見を収集する方法．

度に分かれてワークショップが行われ，グループごとの作品を発表および評価しあった．同じテーマでもグループによって様々な成果が出来上がったのが，このワークショップの特徴であり，成果でもあった．

- 「梅田川・川づくりワークショップ（横浜市）」
〜個別箇所の河川改修のためのワークショップ

横浜市を流れる梅田川では，1997年に「梅田川・川づくりワークショップ」が行われた．主な目的は，農業用の取水堰周辺の川の整備プランを作ることにあったが，全6回のワークショップを通して，梅田川と地域の関わりを理解しながら，整備プランを描いていった．グループ別のワークショップにより全部で7つの整備案が作られたが，最終的に全参加者による討議により，1つの案に絞られていった．参加者それぞれの想いが形になったことで，参加者の満足度はとても高かったようである．

- 「『川の日』ワークショップ（川の日ワークショップ実行委員会）」

河川管理者と市民の間で「いい川とは何か」ということについて話し合う機会として，1998年から始められた全国的なワークショップであり，2005年までに8回が開催された．市民団体と河川管理者が一堂に会して，それぞれの事例を発表し，いい川・いい川づくりとは何かを考え，お互いに共感できるものを発見していく取り組みである．

このワークショップでは，発表事例を公開選考会の形で選考し，グランプリ等各種の賞を決めている．公開選考を通じて，発表者，参加者，選考員の間に「いい川とは何か」という河川観を共有することがじわじわと成果をあげているといえる．

写真 5.4

（3） ワークショップの可能性と注意点

このように，ワークショップは参加者自らが考えたことが成果につながるので，参加者の満足度はとても高くなる．また，公共事業の説明責任という側面から見ても，事業者と参加者とがきめ細かなやりとりができることから，その熟度も高まり，公共事業におけるワークショップの可能性はまだまだ開けて行くであろう．

一方で，参加人数が限られることから，参加者の自己満足に陥りかねないこと，参加者以外への説明責任を他の手段で果たす必要があることなど，注意すべき点があることも知っておくべきである．

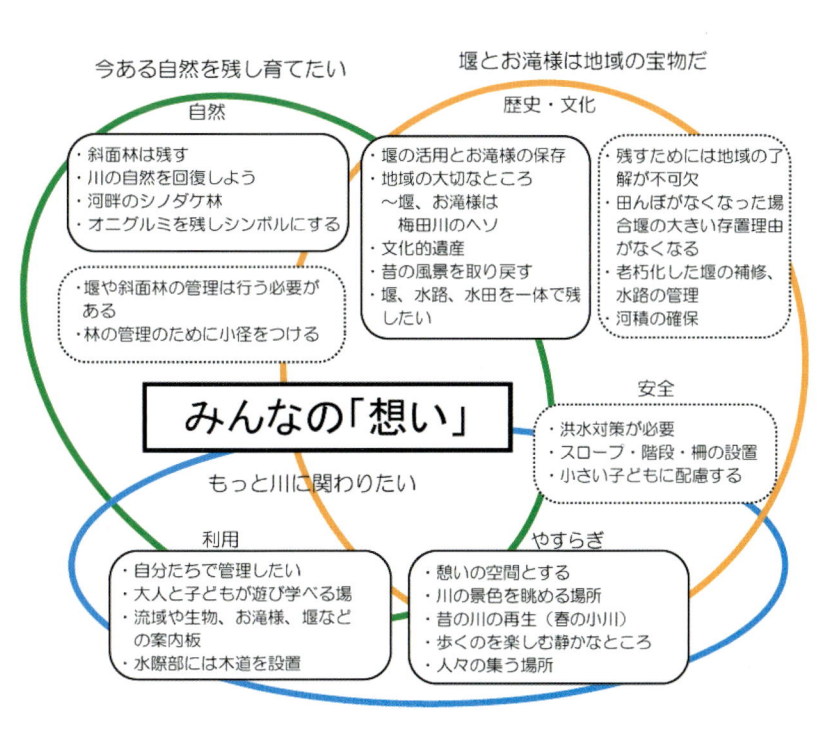

図 5.9　ワークショップで出た意見のまとめ（「梅田川水辺の楽校新聞」より）

参　考　資　料

資料—1　川の管理区分について

資料—2　関連行政組織

資料—3　日本の水制技術の歴史〜何が技術を動かすか〜

資料1　川の管理区分について

　我々の身近には，大小様々な川や水路がある．これらの川は，大雨が降った際の雨水の排水先になったり，地域住民にやすらぎと憩いを与える貴重な空間になっている．しかし，川を放置しておくと，これらの貴重な空間が失われ，地域住民が安心した生活することができない．このため，ほとんどの川は，管理者が決まっており，川の整備や管理を行っている．

　川は，大きく「一級水系」と「二級水系」に分かれる（水系とは，ある川とそれに合流する他の川・湖・沼を総称したもので，水の線的なつながりを示す）．

　一級水系は，河川法に定められた日本の水系区分のうち，国土交通大臣が国土保全または国民経済において，特に重要として指定した水系であり，全国で109水系が一級水系として指定されている（表一資料1.1参照）．一級水系に属する河川は，ごく一部の小河川や上流の細流を除き，すべて一級河川の扱いを受ける．このため，一級河川の数は13,989河川にのぼる．一級河川は，国道交通大臣（国土交通省河川局）が管理を行うが，一部の区間を「指定区間」として指定し，都道府県知事に管理を委任しているものもある．

　二級水系は，一級水系以外の水系で，公共の利害に重要な関係がある河川で，都道府県知事が指定したものである．二級水系の総数は，2,732水系で，一級河川と同様に，一部の区間を除き，水系内の河川はすべて二級河川として扱われている．その総数は，7,084河川になり，都道府県が管理している．

　一級水系と二級水系の違いは，複数の都道府県を流れる水系は，一級水系として指定され，一つの都道府県だけを流れる水系は二級水系として指定されている．したがって，海のない「栃木県」，「群馬県」，「山梨県」，「長野県」，「岐阜県」，「滋賀県」，「奈良県」が管理する河川は，すべて一級河川となっている．

　一級水系や二級水系のうち，一部の小河川や上流の細流，直接海へ流れ込む小規模の河川は，「準用河川」や「普通河川」と呼ぶ．

　準用河川とは，一級河川および二級河川以外の河川で，市町村長が指定し，管理する．河川法における二級河川の規定を準用するため，「準用河川」と呼ばれ，水系数で2,524水系，河川数で14,253河川ある（2003年4月30日現在）．

　普通河川とは，一級河川や二級河川などと異な

表一資料1.1　川の分類方法と管理者

	分類方法	水系または河川数		管理者	準拠法律
		水系数	河川数		
一級河川	源流から河口まで，2つ以上都道府県を流れている水系内の河川	109	13,989	国土交通大臣（一部指定区間は都道府県知事）	河川法
二級河川	源流から河口まで，1つの都道府県を流れている水系内の河川	2,723	7,084	都道府県知事	河川法
準用河川	一級河川または二級河川以外の河川で，市町村長が指定した河川	2,524	14,253	市町村長	二級河川を準用
普通河川	上記以外の河川	―	―	市町村長	条例

り，河川法の適用を受けない河川である．市町村の条例などに基づいて管理している河川であり，場合によっては，下水道として事業認可を受け整備されることもある．

● 一級水系名

地区名	水系名
北海道	天塩川水系，渚滑川水系，湧別川水系，常呂川水系，網走川水系，留萌川水系，石狩川水系，尻別川水系，後志利別川水系，鵡川水系，沙流川水系，釧路川水系，十勝川水系
東北	岩木川水系，高瀬川水系，馬淵川水系，北上川水系，鳴瀬川水系，名取川水系，阿武隈川水系，米代川水系，雄物川水系，子吉川水系，最上川水系，赤川水系
関東	久慈川水系，那珂川水系，利根川水系，荒川水系，多摩川水系，鶴見川水系，相模川水系，富士川水系
北陸	荒川水系，阿賀野川水系，関川水系，姫川水系，黒部川水系，常願寺川水系，神通川水系，庄川水系，小矢部川水系，手取川水系，梯川水系
中部	狩野川水系，安倍川水系，大井川水系，菊川水系，天竜川水系，豊川水系，矢作川水系，庄内川水系，木曽川水系，鈴鹿川水系，雲出川水系，櫛田川水系，宮川水系
近畿	九頭竜川水系，北川水系，由良川水系，淀川水系，大和川水系，円山川水系，加古川水系，揖保川水系，紀の川水系，新宮川水系
中国	千代川水系，天神川水系，日野川水系，斐伊川水系，江の川水系，高津川水系，吉井川水系，旭川水系，高梁川水系，芦田川水系，太田川水系，小瀬川水系，佐波川水系
四国	吉野川水系，那賀川水系，土器川水系，重信川水系，肱川水系，物部川水系，仁淀川水系，渡川水系
九州	遠賀川水系，山国川水系，筑後川水系，矢部川水系，松浦川水系，六角川水系，嘉瀬川水系，本明川水系，菊池川水系，白川水系，緑川水系，球磨川水系，大分川水系，大野川水系，番匠川水系，五ヶ瀬川水系，小丸川水系，大淀川水系，川内川水系，肝属川水系

● 一級河川（A 川）の管理区分

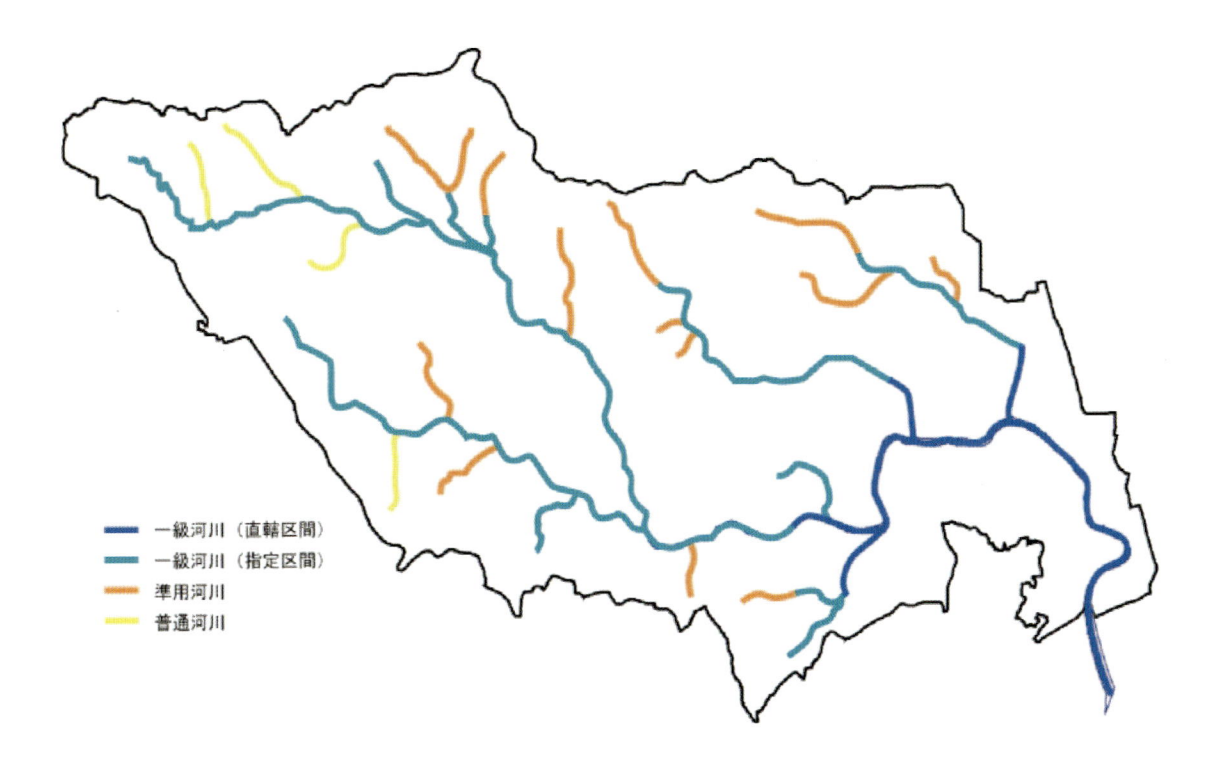

資料2　関連行政組織

　前述の河川の管理区分のとおり河川の管理は基本的には「河川法」という法律に基づき各種行政機関の長（国土交通大臣，都道府県知事，市町村長）によって行われているが，具体的な各河川の管理は，各種行政機関の長の指揮監督の下，各種地方組織で分担して行われている．

(1) 組織構成

1) 国土交通省

　国土交通省の河川の管理に係わる組織構成は次のようになっている．

　このうち地方整備局としては次の8整備局がありそれぞれに河川部が設置されている．

東北地方整備局，関東地方整備局，北陸地方整備局，中部地方整備局，近畿地方整備局，中国地方整備局，四国地方整備局，九州地方整備局

　また各地方整備局には次のような種類の下部組織が設置されており，具体的な河川の管理等を行っている．

○○河川国道事務所，○○河川事務所，○○ダム統合管理事務所，○○ダム管理所，○○川総合開発調査事務所，○○ダム工事事務所，○○技術事務所等

```
国土交通省 ─┬─ 本省
            │     ・内部部局 － 河川局（水政課，河川計画課，河川環境課，治水課，防災課等），
            │       土地・水資源局，北海道局等
            │     ・施設等機関 － 国土技術政策総合研究所等
            │     ・地方支分部局等 － 地方整備局，北海道開発局，沖縄総合事務局
            │     ・独立行政法人 － 土木研究所，寒地土木研究所，水資源機構
            │
            └─ 外局 － 気象庁
```

2) 都道府県

　都道府県により呼称はまちまちであるが，河川の管理に係わる代表的な組織構成は次のようになっている．

```
都道府県 ─── 県土整備（土木）部
                ・内部部局 － 河川課
                ・出先機関 － ○○県土整備（○○土木）事務所，○○（総合）治水事務所，
                  ○○ダム建設事務所，○○ダム管理事務所，土木技術研究所等
```

3) 市町村

　市町村では河川課が単独で設置されているのは稀であり，関係組織の呼称もまちまちになっている．

(2) 国土交通省河川局の主な業務の事例

主な業務は，河川の整備・利用・保全その他の管理，水資源の開発・利用のための施設の整備・管理，流域における治水・水利，水防，公共土木施設の災害復旧，防災等である．

主な所掌業務である河川事業の内容を一例として図－資料2.1に示す．

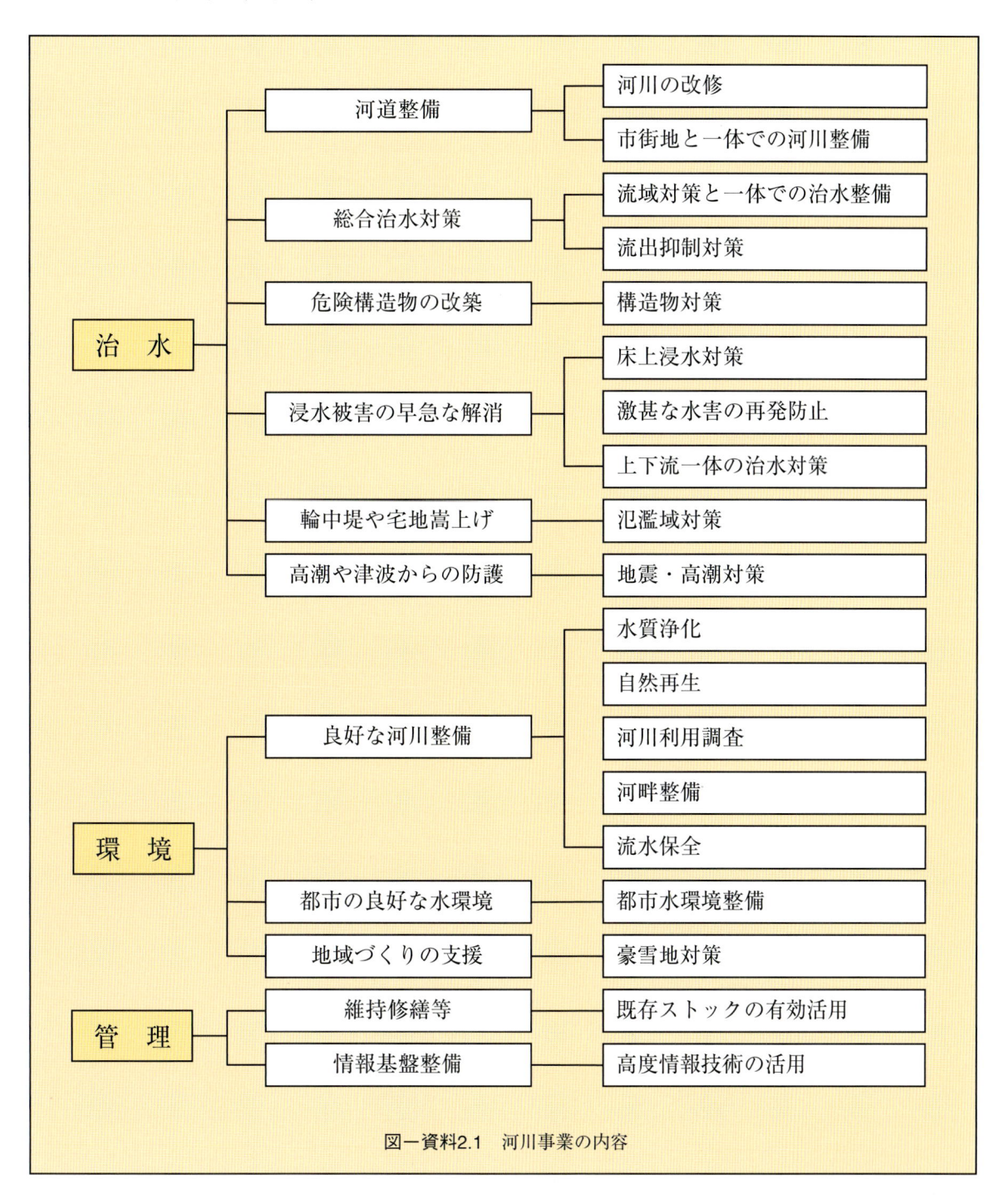

```
治水 ─┬─ 河道整備 ─┬─ 河川の改修
      │            └─ 市街地と一体での河川整備
      ├─ 総合治水対策 ─┬─ 流域対策と一体での治水整備
      │              └─ 流出抑制対策
      ├─ 危険構造物の改築 ── 構造物対策
      ├─ 浸水被害の早急な解消 ─┬─ 床上浸水対策
      │                      ├─ 激甚な水害の再発防止
      │                      └─ 上下流一体の治水対策
      ├─ 輪中堤や宅地嵩上げ ── 氾濫域対策
      └─ 高潮や津波からの防護 ── 地震・高潮対策

環境 ─┬─ 良好な河川整備 ─┬─ 水質浄化
      │                  ├─ 自然再生
      │                  ├─ 河川利用調査
      │                  ├─ 河畔整備
      │                  └─ 流水保全
      ├─ 都市の良好な水環境 ── 都市水環境整備
      └─ 地域づくりの支援 ── 豪雪地対策

管理 ─┬─ 維持修繕等 ── 既存ストックの有効活用
      └─ 情報基盤整備 ── 高度情報技術の活用
```

図－資料2.1　河川事業の内容

資料3　日本の水制技術の変遷
～何が技術を動かすか～

時代	社会情勢等	河川にかかわる動き	代表的な技術書および技術思想等	水制に期待される役割	水制技術の動向	特徴的な工法・材料
弥生時代（紀元前300年）	稲作が始まり，土地を守る意識が芽生える．	人間が河川に能動的に働きかけ始める．		法崩れの防御		詰杭工，板柵工
奈良時代初期	墾田永代私有令等により土地の私有化が始まる．	地先単位の洪水防御の必要性が高まる．				詰杭工，板柵工，竹蛇籠，玉石積み工，猪子三又
戦国時代	国力増進のため治水やかんがいが戦国大名の指揮により能動的に実施されるようになる．			河岸の侵食防止	釜無川での牛類・枠類の開発．	
近世　水はね効果による河岸侵食軽減を期待した時代	物資運搬のための航路開発が進む． 幕府支配のもとに沖積地の開発が進み，大規模な治水，干拓事業が開始される．	慶長16年（1611）角倉了似が高瀬川を水運路として整備 利根川の東遷（承応3年）（1654） 寛文11年（1671）河村瑞賢が東回り航路を整備	地方書に水制工事の心得が示されるようになる．地方竹馬集（元禄2年）（1669）平岡道敬 百姓伝記（1680～1683）（延宝8年～天和3年）著者不明等 百姓伝記は三河地域について書かれた技術書ではあるが，関東，東海といった情報も広く収集して記載されている． 寛政6年（1794年）高崎藩郡奉行大石猪十郎久敬が「地方凡例録」により，他国の工法も比較分析しながら紹介．	水制が適用された河川区間は自然堤防帯を流下する河川（セグメント2-1～2-2, 3） 水はねの効果 派川締切り，分派量の制御，航路水深確保にも適用	定性的ではあるが河道分類（石径，川幅，河道平面形）ごとに適用工種が示された． 早期の地方書は，いずれも狭い地方での経験的知識を中心に記述され，工種も少なく，全国へ適用できるものとなっていないが，17世紀を通して工法が増加し，幕府に技術が集約化される． 18世紀中頃より幕府財政の逼迫により費用のかからない工法を採用するようになる．技術的改良が停滞した．	猿尾，出しに加え，乱杭，枠工，牛枠などの透過型工法 九州における石積石出し水制（中国技術の影響）
明治初期～中期　ケレップ水制による航路確保の時代	廃藩置県（明治6年）による中央集権体制の確立 欧米科学技術の導入 近代国家の形成を目指した殖産興業政策 明治憲法発布（明治22年）	直轄低水工事の開始（明治7年） 輸送手段としての舟運改善のための低水工事は国が，堤防，護岸などの高水工事は地方庁が実施 お雇外国人技術者の招聘による淀川低水工事に着手（明治13年）	内務省土木局は『土木工要録』を発刊（明治14年） ファンドールンが『治水総論』でケレップ水制紹介（明治6年）（1873）水制工を『水刎ね』と紹介し『河流を所定の方向に向かわせるもの』と説明．伝統的な杭出し水制は，流勢は弱めるが流向を変化させることができないと判断．	航路の確保 航路の確保が課題であったためセグメント2-2～3の区間を対象として水制を設置 水流の制御・流勢緩和	現在の河川計画にはない，航路設計のための計画低水流量，低水路幅，低水水深等の計画懸念があった． オランダから導入された粗朶沈床工法は，土木工要録に掲載され標準仕様となった．そのため，航路安定を目的とした使用以外にも適用実績は拡大した． 再三の被災にもかかわらず，多摩川のような扇状地河川や天竜川上流にもケレップ水制を適用した． 真田秀吉が，利根川第三期改修事業でケレップ水制の改良工法を提案するまで，国内の砂礫川～砂利河川でケレップは設置され続けた．	不透過型ケレップ水制（粗朶沈床工法）が導入される． 粗朶を活用した工法（沈床，単床など）の展開

時代	社会情勢等	河川にかかわる動き	代表的な技術書および技術思想等	水制に期待される役割	水制技術の動向	特徴的な工法・材料
明治中期～大正　水制工種の開発と水制技術の日本化の時代	鉄道敷設法（明治25年）輸送の主役は鉄道となり舟運は衰退期に入る 日清戦争（明治27年～28年） 日露戦争（明治37年～38年） 第一次世界大戦（大正3年～7年） 関東大震災（大正12年）	頻発する大水害（明治18年，22年，29年） 河川法の制定（明治29年） 直轄高水工事の開始（明治29年） 高水防御を目的とした治水事業が全国に展開される． 東日本を中心に大水害（明治43年） 第一期治水長期計画の策定（明治43年） 利根川第三期工事（明治42年～昭和5年）	数学や力学等の近代科学を背景とした技術の体系化が始まる． 治水技術も標準化の時代となり，いくつかの技術書が刊行されたが，いずれも欧米の実践例にとどまっている． 財政投資の拡大により，技術者の育成が課題となり，さまざまな分野で多くの技術書が刊行された． 『河工学』（長崎敏音）（大正元年）（1912） 『治水』（岡崎文吉）（大正4年）（1915） 『河海工学第三編河工』（君島八郎）（大正10年）（1912）	航路の確保だけでなく，低水路の安定の役割が付加される	護岸や水制等の設計に力学的な視点が導入されるようになるが，発展しなかった． 技術書は，個々の河川特性や河道の違い，現象の複雑さを十分に分析しえないという技術段階であったことより経験の総括による工法の紹介や欧米の事例紹介にとどまっている． 各技術書で用語の定義が図られていない等，技術の統一化まで進んでいない．	河岸処理工の材料にコンクリートが使用されるようになる．
昭和初期～昭和20年　透過型水制の再評価と急流河川への適用の始まり	大恐慌（昭和4年）時局匡救事業（昭和7年～8年） 太平洋戦争（昭和16年～20年）	急流河川工事に着手河川事業は高水防御中心となる 中小河川事業始まる 淀川で舟運目的の低水路工事（昭和8年～10年） 河水統制事業（昭和12年～）により，水利，舟運，水害防御などの総合的な河川事業に着手	 真田は第三期利根川改修工事の経験を『日本水制工論』（昭和7年）として取りまとめる． 舟運のない上流部での法覆工，根固め工を保護するための水制工法を紹介 立神弘洋は，物部長穂『水理学』の影響を受け，『護岸水制』（昭和12年）において，掃流力の概念など水理学的に河川を捉えようとした．富永正義『護岸水制』（昭和14年）において，局所洗掘の恐ろしさを指摘．富永は局所制御から河道をより大きなスケールで捉えようとした． 水野鍊三『河川常識』（昭和14年）（庄川，常願寺川） 金子高三郎『急流河川護岸水制工法について』（昭和16年）（富士川） 安藝皎一『河相論』（昭和19年）（鬼怒川） 現象を観察（安藝は河相の把握と称した）し設計論に取り入れる考え方が生まれる．	水制の役割は，航路維持から河岸侵食防止や堤防の保護に急速に移行 セグメント2-1の区間にも急速に設置されるようになる 扇状地河川の河岸侵食防止 水制に根固めの役割が期待されるようになる 庄川，常願寺川，黒部川，富士川などのセグメント1～2-1区間に水制が多用される	外来工法中心から，在来の急流河川工法を改良した工法の適用が進む 真田は透過型を強調し，不透過型のケレップ水制の欠点を補う杭打ち上置工，合掌枠水制を提案．石張りから杭を使う工法に変更したことで，流速が減少し破壊しにくくなったこと，水制上下流の土砂堆積を促し，低水路の安定にも効果があった． 合掌枠水制を抵抗の少ない透過工法に改良し，急流部の水制や床固めとしても効果 急流河川での水制のあり方が模索される． 低水路維持から堤防防御の手段のひとつとなる．水制開発の対象河川は扇状地河川～砂利河川に移行した．	通常の杭出し水制は水制長50m程度であるが，利根川で適用された杭打ち上置工は200m近いものもあった． 杭打ち上置工，合掌枠水制 水野は急流河川工法として根固め水制を紹介．ただし，緩流河川の配置法を踏襲していた． コンクリート製品が登場し，急流河川の水流に耐えうるようになった．合掌枠や聖牛にコンクリート材が使用される安藝による急流河川用水制の開発（三基構・四基構等）

時代	社会情勢等	河川にかかわる動き	代表的な技術書および技術思想等	水制に期待される役割	水制技術の動向	特徴的な工法・材料
戦後～昭和30年代前半　大型コンクリートブロックの適用開始	カスリーン台風（昭和22年） アイオン台風（昭和23年） キティ台風（昭和24年） 建設省発足（昭和23年） 国土総合開発法（昭和25年） 土木施工機械の進歩や施工管理技術の高度化に伴い、土木事業が大型化	治水調査会における10大河川改修計画（昭和24年） 治山治水基本対策要綱の策定（昭和28年） 河川砂防技術基準（案）作成（昭和33年）	鷲尾蟄龍が『護岸と水制』（昭和21年）発表．その中で『根固めの安全を図るような小規模の水制』（根固め水制）を紹介した． 橋本規明『北陸急流河川の工法について』（昭和24年）で急流荒廃河川の河道処理に根固め水制の役割を強調．砂州の長さに応じて水制を配置する方法を提案． 高野『利根川上流部（前橋付近）における護岸水制の特異性について』（昭和28年）において、護岸水制の配置を河道全体の問題として捉える． 秋草『護岸水制に関する研究』（昭和32年）では、水制の全国的調査、統計処理に実験的理論的考察を加えた	水制に河岸侵食防止を期待し多くの河川で施行 北陸急流河川において水制に河岸線防御水制機能を期待する 定量的な評価への試みが始まる	法覆工・根固め工・床止め工が一体となって堤防の損傷に耐えようとする思想が登場する．鷲尾は『守備の分散』と解説した． 急流河川において大型の水制の開発とコンクリート異形ブロック根固工の開発がなされた． 水理学研究者による水制の研究が始まる．研究方法が水理学的となるが、現地での実践とは結びつかなかった． 一方、設計技術や現場の経験・知識を生かした構造的な研究はほとんど進展しなかった．	橋本により、大型のコンクリートブロックを用いたシリンダー型水制、ピストル型水制が黒部川、常願寺川に登場（昭和23年～29年） コンクリート製根固めブロックが登場し、災害復旧工事はほとんどこの方法が採用された
昭和30年代後半～昭和50年代初期　水制に代わる根固め工の時代	高度成長の始まり 伊勢湾台風（昭和33年） 狩野川台風（昭和36年） 環境庁設置（昭和46年） オイルショック（昭和48年） 河川環境管理のありかたについて（答申）（昭和48年）	水資源開発法（昭和36年） 河川法改正（昭和39年） 大東水害訴訟判決（昭和59年）	事業量の増大に伴う事業実施手法が変化し、技術の統制化・マニュアル化が始まる． 河川砂防技術基準（案）作成（昭和33年） 縄田照美『解説・河川管理施設等構造令』（昭和48年） 河川砂防技術基準（案）改訂（昭和51年）	水制の設置はセグメント1の区間が中心となる 異形大型コンクリートブロックにより、護岸の根固めが確実にかつ容易に行われるようになり、水制の設置は急激に減少	利根川では昭和45年移行後、新しい水制工は設置されなくなる 急流河川ではピストル水制、ポスト水制なども継続して設置し、防衛線を二重にする方法が採用された． 昭和51年の河川砂防技術基準（案）では、水制に若干の記述を与えているが、河川管理施設等構造令では護岸の記述はあるが水制についてはポジティブな記述はない．	
昭和50年代後半～現在　新たな水制の模索の時代	第四次全国総合開発計画（交流ネットワーク構）（昭和62年） 環境基本法（平成5年） 多摩川水害訴訟結審（平成12年）	多自然型川づくりの開始 魚の上りやすい川づくり推進モデル事業の創設（平成3年） 長良川河口堰完成（平成7年） 改正河川法施行（平成9年） 第9次治水事業五カ年計画（平成10年）	山本晃一『沖積河川学』（平成6年） 山本晃一『日本の水制』（平成8年） 河道計画検討の手引き（平成14年）	セグメント2-1～2-2区間を対象とした水制が実験的かつ局所的に設置される 水制設置目的の多様化 ①生態系への配慮 ②河川景観の改善	渡良瀬川、多摩川、信濃川等で実験・数値シミュレーションを行い、河岸防護に水制を設置（昭和60年～63年） 黒部川における縦工の設置 水理学的計法への移行 扇状地河川の複断面化と低水路河岸処理の必要性の発生 減災システムとしての水制の模索	環境・景観を重視した水制の登場 河岸線防御水制の登場

注）山本晃一，日本の水制（山海堂），河道計画の技術史（山海堂）より作成

川の技術のフロント	定価はカバーに表示してあります
2007年7月30日　1版1刷　発行	ISBN 978-4-7655-1718-8 C3051

監修者	辻　本　哲　郎
編　者	(財)河川環境管理財団
発行者	長　　滋　彦
発行所	技報堂出版株式会社

日本書籍出版協会会員
自然科学書協会会員
工学書協会会員
土木・建築書協会会員

Printed in Japan

〒101-0051　東京都千代田区神田神保町
　　　　　　1-2-5（和栗ハトヤビル）
電話　営業　(03) (5217) 0885
　　　編集　(03) (5217) 0881
FAX　　　　(03) (5217) 0886
振替口座　　　00140-4-10
http://www.gihodoshuppan.co.jp/

©Foundation of River and Watershed Environment Management, 2007

装幀・印刷・製本　技報堂

落丁・乱丁はお取り替えいたします．
本書の無断複写は，著作権法上での例外を除き，禁じられています．

◆ 小社刊行図書のご案内 ◆

河川の水質と生態系
～新しい河川環境創出に向けて～
大垣眞一郎監修／河川環境管理財団編
● A5・262頁　　ISBN:978-4-7655-3418-5

河川生態系からみた有機物・栄養塩の動態把握に関する提言，毒性物質の影響評価に関する提言，河川環境のモニタリングに関する提言部分と生物指標の必要性に関する提言，および停滞水域における生態系機能を利用した水質浄化に関する提言．この4つの提言に向けて，生態系と水質の相互関係について，できる限り新しい知見に基づき，河川環境の新しい創出への応用も考慮に入れて，研究した成果をまとめた．

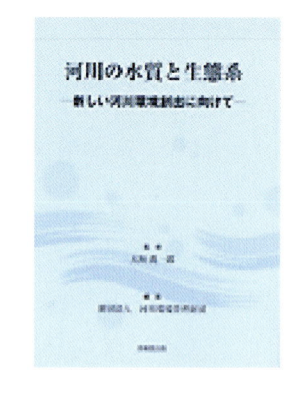

河川と栄養塩類
～管理に向けての提言～
大垣眞一郎監修／河川環境管理財団編
● A5・192頁　　ISBN：4-7655-3403-0

河川における栄養塩類は，湖沼，内湾等の閉鎖水域の富栄養化原因，水質および生態環境に様々な影響を及ぼす．取り組むべき具体的政策と研究調査の方向性について提言している．

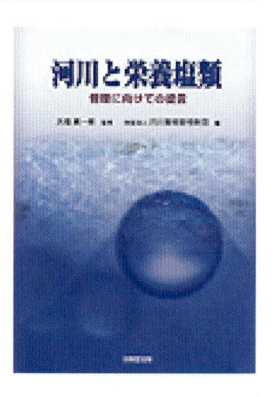

流域マネジメント
～新しい戦略のために～
大垣眞一郎・吉川秀夫監修／河川環境管理財団編
● A5・282頁　　ISBN：4-7655-3183-X

河川の水質環境の保全・向上のためには，流域全体を視野に入れた総合的な対策が必要である．そのような対策に資することを目的に，複雑化・多様化している河川の水質汚染の機構，要因の解明や特定，対策方法，河川管理手法などについて，最新の研究成果に基づき，体系的に論じるとともに，理想的な水質環境の創出における課題についても言及している．

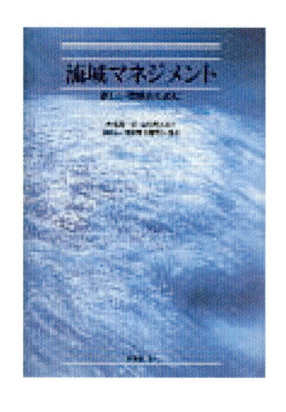

自然的攪乱・人為的インパクトと河川生態系
小倉紀雄・山本晃一編著
● A5・374頁　　ISBN：4-7655-3408-1

河川とその周辺は，流水・流送土砂により侵食堆積等の攪乱を受ける特異な場所である．攪乱の形態・規模・頻度が生息する植物・動物等の生態系の構造と変動を規制し，その特異性と生物多様性を形成する．自然的攪乱と人間活動に伴う人為的インパクトが生態系の構造と変動形態に及ぼす影響の知見を集約，要因間の関連性も含めて詳述．

技報堂出版　TEL 編集03(5217)0881／営業03(5217)0885
　　　　　　FAX 03(5217)0886　　http://www.gihodoshuppan.co.jp